21 世纪高等院校自动化专业系列教材

计算机软件技术基础

李宛洲　孙宏波　编著

机械工业出版社

本书从实用的角度，首先系统地介绍了计算机软件技术的概念和基本问题；从实际编程的需要介绍了存储器管理、文件管理以及处理机管理 3 部分内容；针对典型数据结构线性表、树、图及其基本运算，结合大量的例题进行了深入的讲解；介绍了一些编程中的常用算法，并以实例说明了算法与数据结构之间相辅相成的关系；对数据持久存储的几种形式——文件、数据库、数据仓库进行了比较和说明，以实例的形式逐步展开讲解了应用软件研制的过程。本书附录中给出的专题作业及实验设计，可用以全面考查学生对于本书内容的掌握。

　　本书既可作为全日制高等学校本科非计算机类专业的软件技术课程的教材，也可作为软件应用工程师的入门参考。

图书在版编目（CIP）数据

计算机软件技术基础 /李宛洲，孙宏波编著. —北京：机械工业出版社，2010.3
（21 世纪高等院校自动化专业系列教材）
ISBN 978-7-111-29853-3

Ⅰ.①计… Ⅱ.①李… ②孙… Ⅲ.①软件—高等学校—教材 Ⅳ.①TP31

中国版本图书馆 CIP 数据核字（2010）第 030532 号

机械工业出版社（北京市百万庄大街 22 号 邮政编码 100037）
策划编辑：时　静
责任编辑：郝建伟
责任印制：李　妍
北京富生印刷厂印刷
2010 年 6 月·第 1 版第 1 次印刷
184mm×260mm·18.5 印张·452 千字
0001—3500 册
标准书号：ISBN 978-7-111-29853-3
定价：32.00 元

凡购本书，如有缺页、倒页、脱页，由本社发行部调换

电话服务	网络服务
社服务中心：(010)88361066	门户网：http://www.cmpbook.com
销 售 一 部：(010)68326294	教材网：http://www.cmpedu.com
销 售 二 部：(010)88379649	
读者服务部：(010)68993821	封面无防伪标均为盗版

21世纪高等院校自动化专业系列教材
编审委员会

出 版 说 明

　　自动化技术是一门集控制、系统、信号处理、电子和计算机技术于一体的综合技术，广泛用于工业、农业、交通运输、国防、科学研究以及商业、医疗、服务和家庭等各个方面。自动化水平的高低是衡量一个国家或社会现代化水平的重要标志之一，建设一个现代化的国家需要大批从事自动化事业的人才。高等院校的自动化专业是培养国家所需的专业面宽、适应性强，具有明显的跨学科特点的自动化专门人才的摇篮。

　　为了适应新时期对高等教育人才培养工作的需要，以及科学技术发展的新趋势和新特点，并结合最新颁布实施的高等院校自动化专业教学大纲，我们邀请清华大学、南开大学、上海交通大学、西安交通大学、东北大学、华中科技大学、山东大学、北京科技大学等名校的知名教师、专家和学者，成立了教材编写委员会，共同策划了这套面向高校自动化专业的教材。

　　本套教材定位于普通高等院校自动化类专业本科层面。按照教育部颁布的《普通高等院校本科专业介绍》中所提出的培养目标和培养要求、适合作为广大高校相关专业的教材，反映了当前教学与技术发展的主流和趋势。

　　本套教材的特色：

　　1. 作者队伍强。本套教材的作者都是全国各院校从事一线教学的知名教师和相关专业领域的学术带头人，具有很高的知名度和权威性，保证了本套教材的水平和质量。

　　2. 观念新。本套教材适应教学改革的需要和市场经济对人才培养的要求。

　　3. 内容新。近 20 年，自动化技术发展迅速，与其他学科的联系越来越紧密。这套教材力求反映学科发展的最新内容，以适应 21 世纪自动化人才培养的要求。

　　4. 体系新。在以前教材的基础上重构和重组，补充新的教学内容，各门课程及内容的组成、顺序、比例更加优化，避免了遗漏和不必要的重复。根据基础课教材的特点，本套教材的理论深度适中，并注意与专业教材的衔接。

　　5. 教学配套的手段多样化。本套教材大力推进电子讲稿和多媒体课件的建设工作。本着方便教学的原则，一些教材配有习题解答和实验指导书，以及配套学习指导用书。

机械工业出版社

前　　言

　　随着计算机的日益普及，各专业的在校本科生都需要对计算机的各个方面有一个大概的了解。一个完整的计算机系统包含诸多要素。对于非计算机专业的本科生来讲，系统而全面地掌握各个方面的内容是不现实的。即使就软件方面，自1946年冯·诺依曼提出"存储程序"的概念以来，它就作为一个独立的要素为计算机的普及和应用不断注入能量与活力。经过半个多世纪的发展，软件的研制也经历了个人经验主导、结构化程序设计、面向对象程序设计、面向服务程序设计等阶段。但是，无论什么样的软件研制方法，归根到底都是由程序片段构成的，这就必然涉及求解过程、中间结果暂存、现实问题计算机表达等问题，也就是算法与数据结构的问题。

　　本书从实用的角度出发，选择软件类课程的基础部分，系统地介绍了计算机软件技术的概念和基本问题；对于底层的系统支撑软件——操作系统，从实际编程的需要选择了存储器管理、文件管理以及处理机管理3部分内容进行了介绍；在做好这些铺垫工作之后，针对典型数据结构线性表、树、图及其基本运算，结合大量的例题，进行了深入的讲解；当读者了解了基本的数据结构之后，对算法的基本概念和一些编程中的常用算法进行了介绍，并以实例说明了算法与数据结构之间相辅相成的关系；对于软件工程的相关内容，本书并未以传统的方式罗列枯燥的文字，而是在第5章中，从讲述关系数据库理论开始，以实例的形式逐步展开讲解了应用软件研制的过程，而且在论述的过程中还对数据持久存储的几种形式——文件、数据库、数据仓库进行了比较和说明。本书附录给出了4个专题作业，可用这种形式全面考查学生对于本书内容的学习和掌握程度。

　　建议本课程授课学时为48小时，实验学时为20小时，并要求先修C语言。本书中所介绍的实例都在VC 6.0下编译运行过。

　　本书内容来自作者多年的教学及科研素材，每章后附有针对性的习题。作为教材，附录A、B分别是"数据结构"课程设计及实验汇集。本书还配有全套的教学课件。

　　本书由李宛洲主笔；第1章、第2章和第5章的部分内容由孙宏波执笔。此外，第5章5.5节的部分内容引自清华大学自动化系李薇、齐红胤硕士论文中的有关章节。

　　由于时间仓促，书中难免存在不妥之处，请读者原谅，并提出宝贵意见。

编　　者

目　　录

第 1 章 计算机软件技术概述

随着计算机的日益普及，各专业在校本科生都需要对计算机的各个方面有一个大概的了解。计算机系统从概念上可以分为硬件和软件两个方面。本章从软件角度概述了计算机软件和计算机软件研制的相关概念，希望读者能够通过学习本章内容，对计算机软件的体系、概念以及研制过程有一个概要的了解。

1.1 计算机软件

1.1.1 计算机系统构成

一个完整的计算机系统包含诸多要素。自 1946 年冯·诺依曼在"电子计算装置逻辑结构初探"一文中提出"存储程序"的概念以来，冯·诺依曼机这种结构被广泛采用，其特点包括：计算机由运算器、控制器、存储器、输入设备、输出设备 5 大设备组成；其中的数据以二进制表示；编好的程序和数据事先存入主存，然后启动计算机工作。计算机在不需要人工干预的情况下，自动高速地从存储器中取出指令并加以执行。直至现在，冯·诺依曼机仍旧是计算机的主流体系结构。计算机系统的软硬件构成如图 1-1 所示。

图 1-1 计算机系统软硬件构成

在计算机硬件之上，首先是指令系统。指令系统能够直接对计算机硬件进行操作，但是既不容易理解也不容易使用，因此要在其基础上进行若干层扩展。没有安装任何软件的计算机系统被称为裸机。指令系统的首次扩展是操作系统核心部分，它为计算机系统的各种硬件和软件资源提供了最基本的操作和控制手段；然后是语言、Command&Utility 以及网络软件 3个部分。这里的语言指的是计算机的编程语言。语言是应用软件开发人员和计算机打交道的主要桥梁；Command&Utility 是以命令行方式提供给用户的操作和控制计算机的功能集合；网络软件提供了多个计算机系统之间互联的手段，对于每一个计算机系统来讲都可能通过网络获得更多的软硬件资源。下来是各种工具软件、DBMS 系统以及协同支持软件。工具软件指的是为了某种特定目的而开发的、方便用户或者程序开发人员的程序集合，它与操作系统的不同在于，首先它们需要操作系统的支持，其次它们针对的是特定的需求，而操作系统更偏向于用户或者程序开发人员的通用需求；DBMS 系统管理的是计算机系统的各种数据；协同支持软件在资源共享的基础上提供了多个计算机之间合作、交流、协同的手段和工具集合。再外层，GUI（图形化用户界面）为最终用户提供了操作和管理计算机系统的友好界面，有的时候自它以下、操作系统核心以上的部分又被称为操作系统外围。最接近最终用户的部分就是一系列的应用软件，它们是为了某个目的而开发的专用软件。

1.1.2 计算机软件构成

计算机的快速发展与集成电路，也就是硬件的发展是不可分割的，但是计算机软件自从其产生以后，就不断为计算机的普及应用注入能量与活力。从大体上看，计算机软件可以被粗略地分为以下两类。

1. 系统软件

系统软件它是用于计算机的管理、维护、控制和运行，以及对程序进行翻译、装入等工作的程序集合，包括操作系统、编译程序等。

2. 应用软件

应用软件是为某一类应用需要而设计的程序，或用户为解决某个特定问题而编制的程序。

1.1.3 计算机软件定义

软件即由计算机硬件执行、以完成一定任务的所有程序以及数据。

计算机软件首先必须转化为硬件指令才能得以实现和完成。因此程序编制完成之后，如何能够被计算机识别并予以运行，是"存储程序"计算机系统在程序实际运行之前需要做的重要准备工作。这一部分内容由计算机类的基础课程从各方面给予回答，课程体系如图 1-2所示。

在计算机相关的课程体系中，所有课程都在计算机体系结构的基础上展开。从计算机体系结构的角度来说，计算机软件和硬件在逻辑上是等价的。计算机体系结构就回答了计算机软件与计算机硬件功能分配以及软件、硬件界面的确定，即确定哪些功能由软件完成，哪些功能由硬件完成的问题。

在计算机体系结构的基础上，硬件部分的基础课程是计算机组成原理，它回答了通用的计算机系统在硬件上的构成以及其协作的内容与方式问题；软件部分的基础课程是操作系统，它回答了用户和应用软件开发者如何通过操作系统软件，控制和管理计算机的各种软硬件资源，以及合理地组织计算机工作流程的问题。

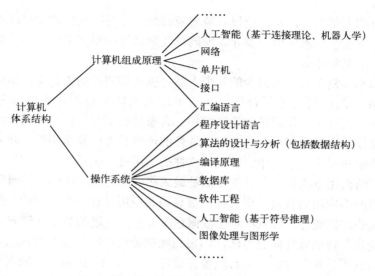

图 1-2　计算机相关课程体系

　　在计算机组成原理的基础上，可以继续展开汇编语言、接口、单片机、网络、人工智能（基于连接理论以及机器人学）等课程；在操作系统的基础上可以继续展开汇编语言、程序设计语言、算法的设计与分析（包括数据结构）、编译原理、数据库、软件工程、人工智能（基于符号推理）、图像处理与图形学等课程。在这些课程中，汇编语言需要软件和硬件两方面基础知识的支持，而语言类课程由于可以忽略软件系统和硬件系统的差异，又与最终用户距离较近，因此往往可以先于其他课程开设。

　　另一方面，计算机软件由程序和数据组成。如何构建软件，什么样的软件是好的软件，怎样编写好的软件，这些问题需要由软件的研制来解答。

1.2　软件的研制

　　在计算机发展的早期，硬件是计算机发展的主要瓶颈，因此计算机软件（程序）没有受到足够的重视。包括 ACM 图灵奖和 IEEE 先驱奖这样的奖项大多也颁给了对于计算机体系结构或者在硬件领域有突出贡献的科学家。那个时候的人机界面都是字符式的，计算机应用也主要局限于科学计算，算法也就是求解现实问题的过程得到了极大的重视。鉴于 GOTO 语句的滥用，以及其对于程序可读性和健壮性的负面影响，1968 年 Dijkstra 在《计算机通信》上发表文章《Go To Statement Considered Harmful》，其中不鼓励程序中 GOTO 语句的使用，而使用编程控制结构，随后结构化程序设计被大家广泛接受。数据结构作为现实问题，在计算机中求解的暂存方式也日益受到广泛的关注。

　　自 20 世纪 90 年代中期，GUI 被广泛采用，使用户不加以特殊训练也能够很容易掌握计算机的基本操作，计算机应用的门槛大为降低。计算机应用的范围也不再仅仅限于科学计算领域了，业务过程处理也逐渐应用计算机来辅助完成，形成 20 世纪 90 年代开始的 MIS（管理信息系统）热潮。这个时候，由于数据量的扩大，将给定数据结构的数据存储在文件当中已经不能够满足软件开发的所有需求了，数据库系统以其通用性和方便性被广泛采用。

3

由于计算机的大量普及，软件也日益被重视起来。这时的软件研制已经不仅仅是程序和数据的问题了，包括了需求分析、设计、编码以及测试等一系列工作，而且数据库的设计也是不容忽略的一个重要环节。

软件研制也不再是个人或者很少的几个人就可以按期完成的工作了，如何能够使更多的软件开发者能在一起高效地进行合作，高质量地完成软件研发任务也成为了一门新的学科——软件工程。而且由于代码量的急剧增加，大家开始审视软件开发的角度。20 世纪 90 年代，面向对象技术也风靡起来，它着眼于软件的可维护性以及重用性，将对象作为程序的基本单元，将数据和程序封装其中，以提高软件的重用性、灵活性和可扩展性。在诸多的软件研制方法中，结构化方法和面向对象方法是最成熟、应用最广泛的软件研制方法。

随后，随着网络应用的普及，更大量的信息需要应用软件拥有更强的存储能力和对于数据中的隐藏知识的挖掘能力，这就产生了数据仓库等更为先进的数据存储方式。

但是，无论什么样的软件研制方法，归根到底都是由程序片段来构成的，只是构成的形式不同而已。而只要是程序片段，就必然要完成特定的功能、满足一定的需求，就必然涉及求解过程、中间结果暂存、现实问题计算机表达等问题，也就是算法与数据结构的问题。

1.3 小结

一个计算机系统包含软硬件在内的诸多要素。自"存储程序"的概念提出以来，软件就作为一个独立的要素为计算机的普及与发展不断注入能量与活力。从分类上看，软件可以被粗略地分为系统软件与应用软件两类。随着各种计算机技术的发展，软件研制的重点不断发生着变化，但是无论什么样的软件研制方法最终都由程序片段来构成，而这些程序片段的构建就离不开算法与数据结构相关知识的支持。

1.4 练习题

1．名词解释：裸机、存储程序、GUI。
2．思考 GOTO 语句为什么对于程序开发来说是有害的。

第2章 操作系统

在非计算机专业本科教学中，学习本章的目的是了解计算机运行的基本工作原理，通过诸如存储器管理中的虚拟存储器概念、文件管理中的文件组织、处理机进程调度问题、设备管理中的死锁等内容，加深软件基础知识的深度与广度。而有关系统程序设计的技术专项，读者可以参考专门的设计工具手册。

2.1 概述

2.1.1 操作系统的基本概念

操作系统的定义是用以控制和管理计算机硬件和软件资源，合理地组织计算机工作流程，以及方便用户的程序集合。

读者如果学习过微机原理，做试验用的单板机是一个最简单的例子。没有把监控程序的 EPROM 插入的时候，单板机什么也干不了，插入监控程序的 EPROM 后，开机上电，它会引导程序开始初始化各个寄存器、堆栈、中断向量寄存器等，这以后，单板机的键盘、LED 显示等才可以使用，并且可以解释通过键盘敲进去的命令功能。可以说它就是单板机的操作系统，只是太小了，故只能称之为监控程序。很长一段时间内，读解单板机的监控程序是当时提高微机软件设计能力的一个主要内容。

至今，任何型号的 PC 都离不开主板上带有监控程序的 EPROM，它仍然负责引导基本的程序、初始化工作等，只是更深一步的操作命令解释、资源管理交给了由高级语言编写的操作系统。

按照这一概念，可以称计算机的硬件为裸机，配有操作系统的计算机为虚拟机。软件层次如图 2-1 所示。

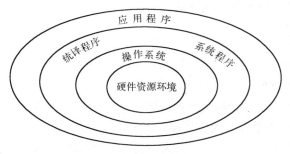

图 2-1　计算机软件层次

由图可知，一台高性能的计算机必须有一套高性能的操作系统相适应，以让用户充分地利用硬件资源，并使之高效率运行，能方便地构造与运行各种应用软件。

2.1.2　操作系统的分类

不同种类的计算机有不同的使用目的和不同的硬件配置，所以适用于各种计算机的操作系统也有不同的类别。

1．批处理系统

它是面向大型计算机任务调度的操作系统。作为一个计算中心，计算机配有多个终端用户，它要求用户作业的输入输出吞吐量大，用户作业队列平均等候时间最短。程序运行时用户是与作业脱开的，即提交作业之后只能等待结果，而没有控制计算机的手段，主要用于大型计算机计算数值分析类的用户。

2．分时系统

这是普及于小型机用的操作系统，它在大环境上一个主机带多个终端，小环境上每个用户好像是自己在单独操作一台计算机（独享 CPU 时间），它能让用户完成作业调试、运行等交互式操作，操作系统的目的是使用户的平均响应时间最短，能迅速处理。基本上说，它主要在工业控制、测量上使用，在民航、商业银行联网处理方面也有应用。

3．实时操作系统

实时操作系统是指系统对于特定输入作出反应的速度足以控制发出实时信号的对象，包括实时控制系统和实时信息处理系统两类。

4．个人计算机操作系统

个人计算机操作系统主要针对个人应用领域的操作系统，如 Windows 2000、Windows NT 等。

2.1.3　操作系统的相关内容

1．功能

主要功能有文件管理、存储器管理、处理机管理、用户接口管理等。

2．特性

（1）并发

新一代操作系统支持多任务管理功能，并发是指在一个时间区域内有数个作业同时运行，操作系统必须具备控制和管理各种并发活动的能力。

（2）共享

由于多用户、多任务而引起的软硬件资源共享问题。

（3）不确定

不确定是指对异步事件的处理能力。

衡量操作系统的能力主要是指它的内存管理能力、并行作业数、文件共享操作性能等。如早期的 MS-DOS 是一个单任务的、只能管理 640KB 内存的操作系统，现在的 Windows 则提供了近于无限的内存管理能力，而 UNIX 采用的文件链形则实现了多个用户用不同的名字存取同一文件，达到共享而互不干扰。

3．概念

（1）并行与并发

并行是指某一时刻有多个作业的同时处理，这由并行的 CPU 完成。并发是指某一时段上，有多个作业在运行，由 CPU 分时交互作业处理进程实现。

（2）共享（Sharing）

共享是指资源设备、文件数据可以由多个用户访问，它们分为以下几种。

1）互斥共享：资源被一个用户占有时别的用户不能抢占，只能等资源被使用者释放之后才能申请占有，如打印机，这是临界资源。

2）同时访问：某一类的资源允许多个进程同时访问（仍是指一个时间段上的综合效果），一般说访问以时间片来划分，如磁盘操作。

2.2 存储器管理

存储器管理是操作系统的重要功能之一。在了解它的基本概念之后，重点介绍虚拟存储器的概念。

2.2.1 存储器管理的对象与功能

一般计算机把存储空间主要分为内存空间和外存空间两部分，如图 2-2 所示。有时候把高速缓冲存储器也列为单独一层。程序只能在内存中运行，一个单任务操作系统只能处理一道作业在内存中运行，多任务操作系统必须解决多道程序的运行控制问题。所谓多道程序设计技术就是在内存中能同时有效地存放多道程序并使之有效运行，它要求操作系统解决如下问题：

1．存储分配

为多个作业运行提供主存分配与回收管理，使多道程序共享内存资源。

2．地址变换

程序是在不同的区域块中，还是在连续区域块中，块的划分是事先约定，还是动态划分，这需要软硬件各方面的支持。

3．存储保护

用软件控制，避免用户程序错误破坏系统，也防止多道作业运行之间的干扰与破坏。

4．存储扩充

利用存储器管理技术，操作系统为用户提供一个比实际内存大得多的存储空间，使程序能运行在虚拟的存储空间里。

图 2-2　计算机存储体系示意图

2.2.2 存储空间的地址分配与重定位技术

用程序语言编写一段程序时，它所在的存储空间称为名空间。这是因为其是通过符号名来访问程序或数据的，通过编译程序形成*.exe 可执行文件后，以目标文件形式存储在内存空间或外存空间，此时，*.exe 执行文件所要用的（运行时所需的）地址范围，称为相对地址空间，因为还没有实际运行，它也就没有实际占用该地址空间，所以也称为逻辑空间，如图 2-3 所示。

所有*.exe 文件有同一逻辑地址空间，一般编译程序总是把每个作业程序的目标文件转换成从 0000H 开始的逻辑地址空间起始处。它以 "0" 为参考，可浮动。每当*.exe 文件调入内存运行时，要确定作业在内存中的物理首地址，并修改程序中所有与地址有关的代码，这一过程就是操作系统对作业作重定位地址分配，使目标文件在物理空间的某一地址处开始运行。逻辑地址经过重定位后成为 CPU 可执行的绝对地址程序，称此时程序所占用的存储空间为物理地址空间，所以重定位的实质是把逻辑空间映射成物理空间。按重定位的时机，重定位分为静态重定位与动态重定位两种。

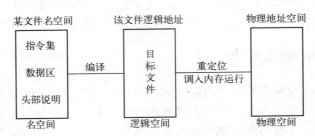

图 2-3　操作系统中不同地址空间之间的关系

1．静态重定位

静态重定位的作业物理地址在其调入内存过程中完成，根据装配模块将要装入内存的起始地址，直接修改模块中使用地址的指令代码的数据段。具体实现是在 CPU 有一组界地址寄存器，相应于一组作业的物理空间起始地址与终地址，在作业运行前，由操作系统一次分配完毕，如图 2-4 所示。

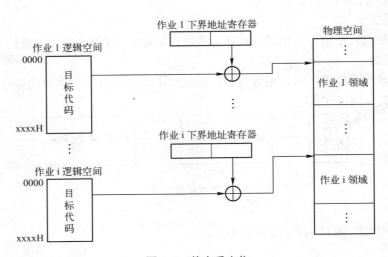

图 2-4　静态重定位

8

2．动态重定位

动态重定位是指在程序运行过程中进行地址重定位操作。确切地说，是在每次访问内存单元前才进行地址变换的。它的基本思想是由一个重定位寄存器（基地址）动态分配程序的存储空间起始地址，每一个作业的重定位寄存器内容由操作系统动态搜索当前内存状态后再进行设置。

动态重定位的特点是装配模块不加任何修改的装入内存，它需要硬件环境支持，一旦重定位寄存器设置好基地址后，程序调入运行时，CPU 所访问的实际物理地址是指令的逻辑地址与起址偏移量之和，它由地址变换单元作相对值与基地址相加操作，当相加之和的绝对地址范围超出该分配区域之后，由界地址寄存器发出越界保护中断，如图 2-5 所示。动态重定位具有以下优点：

1）目标代码无需修改直接装入内存，因而装入后可以在内存中自由移动，从而达到解决分区后的碎片问题。

2）如果程序由模块独立构成，则每个模块可以各装入一个存储区，不必相连。

3）动态重定位过程是程序装入时，操作系统为适应当前内存连续分配空白区的原则进行，因而能对作业的每个模块调入进行动态调整。动态重定位过程与内存分配区域过程紧密相关，具体见后面的存储器管理技术一节。

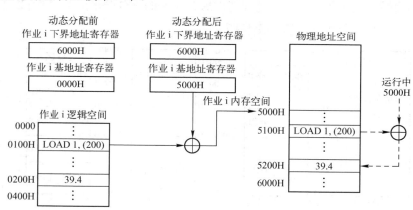

图 2-5　动态重定位

2.2.3　存储器管理技术

前面提到，一个作业装入内存运行时，由操作系统对它作物理空间的绝对地址重定位。显然，在确定每个作业模块装入的上下界地址寄存器值之前，操作系统必须先进行各个作业模块区域的内存分配。相应于内存的管理分配方法，主要有建立在实物理空间基础上的存储器管理技术以及建立在虚拟扩充，即"内存+外存空间"基础上的虚拟存储器管理技术两类，如图 2-6 所示。

1．实存储区分配

实存储区分配是建立在现有物理空间范围内，尽可能地有效利用作业区域分配方法得到多道作业运行环境。主要有固定区分配、可变区分配、可重定位分区分配 3 种方法。

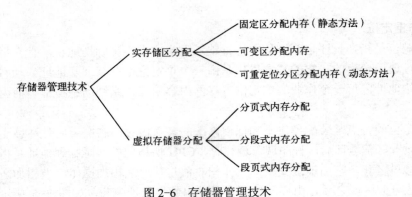

图 2-6　存储器管理技术

（1）固定区分配

这是静态重定位相对应的存储器分配方法。将存储空间固定划分成一组大小不等的作业区域，每个作业装入内存后，由操作系统按作业运行空间的大小选择分配一块存储区。

（2）可变区分配

可变区分配的思想是让作业区域随着作业数的增加（或减少）而自动生长（或消亡）的，使每一个进入的作业得到更有效率的存储区分配。但是，随着作业数的增加与减少，会在整个存储区空间内散布很多碎片（每个进程消亡后存储区的再分配形成），如图 2-7 所示。如何有效地利用这些碎片是各种算法的基本目的。

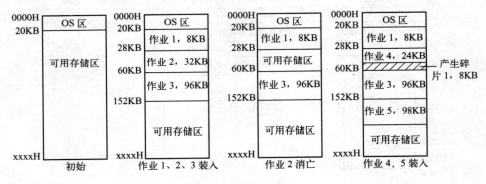

图 2-7　内存碎片的产生

为了实现可变分区管理，必须解决内存占用情况的记录方式、分配与回收算法两个问题。记录内存分配情况的数据结构主要有：

1）表格形式。如表 2-1、表 2-2 所示的已分配区表和空闲区表，称为 P 表和 F 表。

2）空闲区链表。如在每个空闲区的起始处设一个链指针及一个数据域，链指针指向下一个空闲区首地址，数据域给出本空闲区块的大小。操作系统分配一固定单元为链头节点，最后一空闲链指针为 NULL，如图 2-8 所示。

表 2-1　已分配区表

分区号	容量	起始位置	状态
1	8KB	312KB	已分配
2	32KB	320KB	已分配

表 2-2　空闲区表

空闲区号	容量	起始位置	状态
1	32KB	352KB	可用
2	520KB	504KB	可用

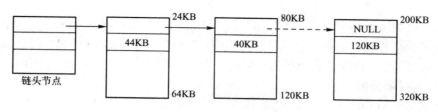

图 2-8　空闲区链表

主要的算法有：

1）首次适应算法。把空闲区表的记录按地址顺序由小到大排列，要给一个作业分配一个区域时，从表中的低地址处开始向高搜索，以第一个满足条件的空闲区进行分配。因为表格是按记录地址顺序排列的，于是，在高地址空间形成大块空闲块，方便大作业进入。它不用对空闲区域排序，简单方便是它的优点。

2）最佳适应算法。把空闲区按其大小排序，第一个记录是空间最小的空闲块区，这样在分配时，以第一个满足当前作业要求的为最佳，即最接近满足作业所需空间被分配，产生的碎片也就最小。麻烦是，每次分配完一个空闲块区后都要重新对剩余空闲块进行排序操作。

3）最坏适应算法。这种算法的思想是尽可能地去切分大的空闲块，以便当前作业装入后，仍可能剩下一个足够大的区域，以便下一个作业装入。

无论何种算法，都存在着一个缺陷，就是装不下任何一个作业的空闲区总是会存在整个内存空间中，即内存碎片问题，为此提出的解决办法是可重定位分区分配。

（3）可重定位分区分配

它的基本思想是，如果能把不断产生的、散落在整个存储区内的小碎片不断地聚合在一起，就可以有效地利用整个内存空间。依据于此，运用对作业的动态重定位技术，每当碎片产生后，就移动内存中正在运行的各个进程的作业区域，将它们重新安排在一个顺序连接的作业区内，使所有碎片也重新连接成一个大的空闲区域，这一操作被称为内存搬家或者内存紧凑，需要动态重定位支持，如图 2-9 所示。

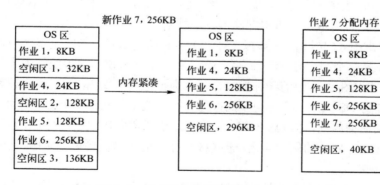

图 2-9　动态重定位用于可重定位分区

（4）覆盖与交换

一般程序是一个串行执行过程，并且可以被看成一个模块式结构，即可以分层按模块切分一个程序的执行过程。在一个时间段里，只有一个模块在程序的某一层上运行，或者说是一个进程，如图 2-10 所示。根据图 2-10 可以看出，只要能分解函数的执行过程，在一个并行运行层次上函数可以相互覆盖，但是串行过程不能相互覆盖，因为有继承关系存在。

交换是解决串行过程的内存空间释放问题的，当一个程序段的 CPU 执行时间段结束或等待资源时，通过调度程序释放自己所占用的内存资源回到外存空间，让另一个作业装入运行。

2．虚拟存储器分配

虚拟存储器（Virtual Storage，VS）技术是英国曼彻斯特大学首先提出并在 1961 年使用于 Atras 计算机操作系统中，其核心思想是建立一个虚拟作业地址空间，实现逻辑地址到内存物理空间的地址变换，将多道作业地址空间扩展到外存空间数量级。它存在于虚拟存储空间，执行在内存空间。由于作业存在于外存空间上，所以能用一个海量级存储器运行大的作业程序，因而被所有操作系统广泛采用。

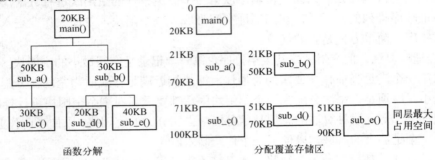

图 2-10　覆盖

在虚拟存储器技术下，作业的逻辑地址就是所谓的虚拟地址空间，按作业运行时变换到内存的映射关系，分为分页式、分段式、段页式虚拟存储器管理技术。虚拟存储器空间的大小受两个条件制约：指令中地址码的宽度以及外存储器容量。实现任何虚拟存储器都涉及的两个基本问题是 VS 系统结构设计和 VS 系统管理方法。

在 VS 系统里，有虚实两个地址空间或者说是存储器，CPU 使用的是实存储器，即主存，而用户看到的是虚拟存储器。VS 空间大小在系统设计时作为系统参数已经确定，由指令地址宽度所形成的逻辑地址空间确定。注意，是指令的逻辑地址有效位数，而不是 CPU 物理地址线的宽度，逻辑地址宽度取决于虚拟存储器管理技术。

VS 系统有单虚拟（SVS）和多虚拟（MVS）两种结构形式，SVS 是多个用户共用一个虚拟空间，而 MVS 是每个用户有一个独立的 VS。对于用户来说，虚拟空间大小就是其作业空间的大小。进而，MVS 结构中的一种形式是每个虚拟空间（如图 2-11 所示）都存在有操作系统区域，即 VS 与 OS 共享一个虚拟空间；另一种形式是独立于一个 OS 空间。前者自然解决了作业与 OS 的通信问题，但 OS 占用 VS 空间，还要考虑作业运行时 OS 存储区的保护问题；后者解决了 OS 存储区的保护问题，但 OS 与作业的通信需要单独考虑。

（1）VS 结构

在 VS 系统中，虚地址到实地址的映射是由查找机构和地址翻译机构实现的。

1）分页式虚拟存储器分配。分页式 VS 结构的地址表达如图 2-12 所示。

分页式虚拟存储器管理是将作业的逻辑地址空间分成一组长度相同的页，对应于主存空间中一组相同大小的块，或页面（Frame）。作业装入时，操作系统给每个作业分配一定数量的存储块（页面），作业在当前一个时间段里要运行的逻辑页被装入，每页对应主存的一个页面，这些页面可以不连续。操作系统通过页表把在一个连续的逻辑地址空间的作业块分配到

12

不连续的物理主存空间上运行，随着进程的运行，装入的作业页作动态调入调出。

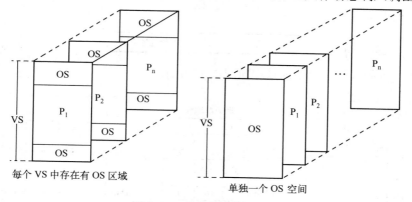

图 2-11　虚拟存储空间结构

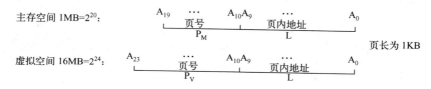

图 2-12　分页式内存管理地址表达

一个作业能在远小于其虚拟空间的实存储空间内运行，基于以下几点：

① 两个运行空间的基本度量单元长度相同（页）。

② 在任何时候，操作系统分配给某作业的主存储区域内，只保留该作业当前执行程序页及相关页面。

③ 随着作业进程的变化，该作业当前程序页及相关页更新时，所需新页面从外存装入，不用的页面被调出。

也就是说，操作系统分配给某作业的存储块（页）数是一定的，一个时间段内在这些块里只能有该作业当前运行的程序页存在，需要调入新程序页时，需要淘汰旧程序页。为了控制作业页面进出内存，操作系统为每个作业建立了一个页面内存映像表 MPT，它包含有：

① 页号，即作业在虚拟空间分页顺序。

② 块号（页框），即实存储空间分页顺序。

③ 状态，用于指明所需程序页面是在虚拟空间（0）还是在内存（1）。

当一个页面调入内存时，系统要提供地址映射变换，一个虚拟地址映射到实地址的翻译机制为

$$绝对地址＝块长度×块号＋页内地址$$

而 MPT 提供了页-块查找关系，其结构如表 2-3 所示。

表 2-3　MPT 表结构

起始地址	页号 P_V	块号 P_M	状态 P_Z
	0	3	1
	1	5	1

13

每一个 MPT 有一个指向它的页表地址寄存器，它提供了查找 MPT 关系，即 MPT 表基地址及表长度，如下所示：

MPT 表长 L	页表开始地址 PTA

一个虚拟地址映射到实地址的过程如图 2-13 所示。

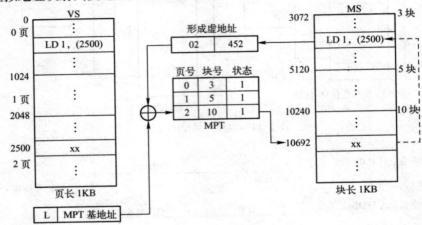

图 2-13　分页式虚拟存储器

在 CPU 执行一条转移指令或跨页指令，以及执行一条读写主存操作数指令时，虚实地址的翻译过程需要查找 MPT，主要流程是：

① 形成虚地址，将逻辑地址分解为页号和页内地址。

② 若页面在内存则形成实地址，不在内存则产生中断，进入操作系统的 VS 管理服务。

2）分段式虚拟存储器分配。分段的概念大家比较熟悉，在 8086 CPU 中就是通过指定不同的段来访问不同的存储区域。分段式虚拟存储器在原理上与分页式相同，相应有段表、段表地址寄存器，其虚拟逻辑地址被分为段号、段内地址偏移两部分。但与等长度页面划分不同的是，它类似于可变区分配方法，在内存中划分的段长度是可变的。所以，段表中记录的是虚拟空间分段顺序号（段号）、作业长度（段长）、主存起始地址（起址）、状态。分段管理的基本特征是把虚拟空间分成二维地址结构，每一段内有独立的地址空间，大小为段长，段的划分是以程序模块化结构为基础进行的，即代码程序段、数据段、附加段。一个分段式虚拟地址到实地址的翻译过程如图 2-14 所示。

3）段页式虚拟存储器分配。段页式虚拟存储器是使用最为广泛的虚拟存储器管理技术，它解决了分段的块太大、分页不便于共享的问题，它既可以适应分段对应的用户作业模块化逻辑结构，也可以将段内分页使之存储空间划分得更细，提高利用率。段页式管理的基本思想是作业仍以分段结构形成二维地址空间，但段内分页，实存储空间以页面划分，内存分配与回收以页面为单位进行。段页式 VS 结构的地址表达如图 2-15 所示。

为此，操作系统为每个作业建立一个段表（每一个虚拟空间对应一个段表，有多少个虚拟空间就有多少个段表），进而为每个段建立一个页表，其关系如图 2-16a 所示。

14

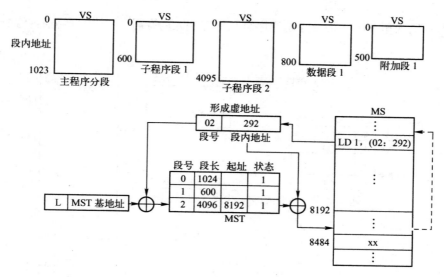

图 2-14　分段式虚拟存储器

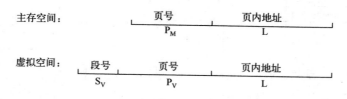

图 2-15　段页式内存管理地址表达

虚实地址映射过程是：

① 虚地址翻译成段-页-偏移地址。

② 根据段表基地址寄存器访问作业段表（在实空间）。

③ 查找到欲访问段对应的页表基地址（在实空间）。

④ 由该页表查找到页所对应的实空间块的基地址。

⑤ 块基地址与页内偏移地址相加，最后得到要访问的绝对物理地址。基本映射过程如图 2-16b 所示。

段页式虚拟存储器的访问时间开销大于分页式和分段式虚拟存储器结构。它是目前应用最为广泛的一种虚拟存储器管理方式。

（2）VS 管理

虚拟存储器是对多任务运行、海量外存利用而设计的，操作系统为了实现虚拟存储空间到实空间的映射关系，需要有反映 VS（虚存）、MM（主存）、PM（外存）空间状态的各种段页面表，以及对这些表格进行管理的软件。以分页式管理为例，它们是：

1）页表（VPT）。每个 VS 有一个页表，虚拟结构设计时所决定的最大虚拟空间限制了页表的最大长度是一定的，如 512 字，即虚拟空间最大是 512 页。页表每个条目的各个位标记了对应的 VS 页面是否在主存，访问存储器特征（执行状态、读、写、程序号）以及该 VS 页面在主存的页号 PM（即对应主存的块号），供虚实地址翻译使用。当程序装入 VS 空间时，

15

由 OS 将特征写入至 VPT，而 PM 是程序页从外存调入内存时，OS 根据当前内存分配状态装入的。

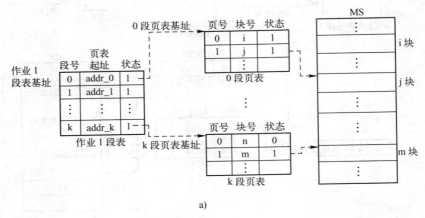

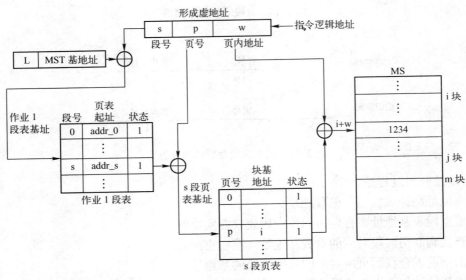

图 2-16　段页式虚拟存储器

a) 映射原理　b) 基本映射过程

2）主存表（MPT）。整个系统只有一个，负责记录各个作业程序共享内存的情况，它的长度由主存分页数确定，宽度是：虚存页号 P_V、主存页号 P_M、程序号、在位标志 P_z。

3）外页表（VPPT）。每个 VS 有一个外页表，记录了 VS 作业装入外页存储器的情况，供程序调入页面使用，包括：VS 页号 P_v、卷标 DS 和卷内开始地址 DBA。外页表在作业装入 VS 时由 OS 填入。

4）外存表（PPT）。作用相同于主存页表，负责记录外存的使用情况，其中字段包括：程序号 P_i、VS 页号 P_v、卷标 DS 和在位标志 P_z。

5）VS 页表访问。所有页表与 OS 管理软件驻留在主存特定区域，CPU 运行时有两种状态：管理程序的管态和作业程序的目态。访问段页表是管态，CPU 指向 OS 区域查找这些页表，进行虚实空间映射操作。

6）缺页管理。每个虚存页面有以下 3 种状态：

① 未连接。虚存页面还未分配主存页块（页框）。

② 已连接。已分配主存页块但 VS 页未调入。

③ 可访问。VS 页面已从外存调入。

VS 虚地址经地址翻译若其不在主存，CPU 产生缺页中断，进入 VS 页面管理程序（管态），主要操作是：

① 查找主存页表 MPT，选取一个空闲页或者可以替换的页块。

② 查找 VS 的外页表 VPPT，得到 VS 页在外存的位置信息。

③ 若被替换（淘汰）的主存页块内容已经修改，要通过外页表将此页保存到外存。

④ 从外存调入 VS 页面。

⑤ 修改所有相关页表，使主存、外存、缓存页表一致。

（3）局部性理论

实现虚拟存储器的基本依据在于程序运行的局部性理论。其是指在一定时间区段内，程序执行所访问的对象局限在其整个地址空间的一个子集中，无论硬件如何设计，虚存的实现必须依赖于这一特性。

若程序的局部性好，则虚存系统的效率就高；局部性差，效率一定低；局部性很差，系统会进入所谓的颠簸（抖动）状态，不能进行有效的工作。所以，在讨论虚拟存储器管理软件的算法时，需要考虑的因素有淘汰算法、颠簸（抖动）处理等。

1）淘汰算法

① 淘汰时机。程序作业是非常驻内存的一个队列，亦即淘汰队列，一种预淘汰规则是定时启动淘汰程序，从非常驻队列中挑选淘汰对象。但是，不用一个占用内存实页框的虚页，并不等于立刻需要从外存将替补页面装入，系统既要避免淘汰不及时的，又要避免不必要的淘汰过程，这就是淘汰时机选择。可以设两个常数 α 和 β，α<β，实际空页数为 k，若 k>β（空余页框足够多），到时不淘汰；若 α<k≤β，到时淘汰 1 页；若 k≤α（所余空间过少），则到时淘汰 2 页。选择合适的 α、β 可能使系统保持较为理想的淘汰命中率。

② 淘汰过程。淘汰队列可以是一个根据某种规则（如先进先出）排序的队列，每启动一次淘汰程序则队头页面出队。

2）颠簸处理

淘汰是利用局部性实现虚拟存储器的手段，其本意是将相当一个时间段内不用或永不使用的页面从淘汰队列中剔出，但无法确定哪些页面属于这一类，因此，当系统负载很大时（分配给每个作业的空闲页框少），淘汰出去的页面可能因为需要使用而很快又装回到内存，于是缺页率升高，使系统时间大部分被占用在无效的传输上，这种情况称之为颠簸，即为提高内存利用率而使用的淘汰过程。在一定条件下（程序局部性差），由于过渡淘汰造成系统效率下降，产生颠簸。颠簸产生的其他原因有：

① 内存小（或者虚实存储器之比过大）。

② 多道程序并行使每个作业得到的页框少而形成重负载。

③ 外存读取速度过慢。

④ 淘汰算法不合适。

⑤ 程序局部性差。

一般认为虚实存储器之比为 2～5 比较合适，随着硬盘读写速度的提高，现在为 100 左右。

颠簸检测使用调页率度量，即单位时间内因缺页中断而引起的内外存传输次数。设 U_{max} 和 U_{min} 是系统允许的最大、最小调页率，U 为实测调页率，则当 $U>U_{max}$ 时产生了颠簸，将作业队列中的一个作业按一个规则（如 FIFO）挂起；若仍然如此，则继续挂起下一个作业；若只剩一个作业，则撤销该作业，可以认为系统无法处理此作业，反之，当 $U<U_{min}$ 时就是系统低载，若此时有因颠簸而挂起的作业，则相应于挂起的规则选择一个作业，允许其继续运行。一个虚拟存储器管理的基本结构如图 2-17 所示。

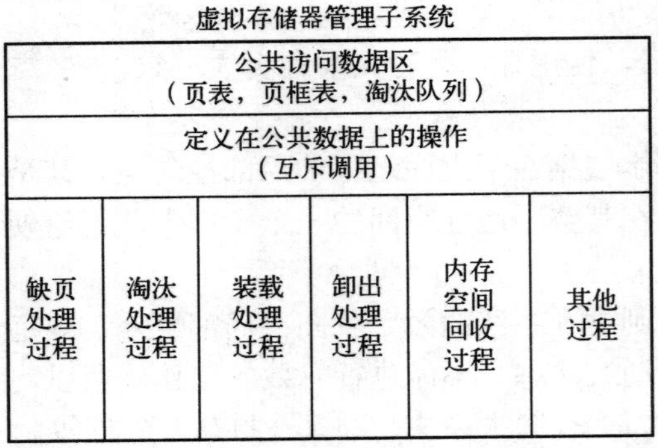

虚拟存储器管理子系统

公共访问数据区 （页表，页框表，淘汰队列）					
定义在公共数据上的操作 （互斥调用）					
缺页处理过程	淘汰处理过程	装载处理过程	卸出处理过程	内存空间回收过程	其他过程

图 2-17　虚拟存储器管理子系统的基本结构

3. 存储器管理技术特性比较

有关存储器管理的概念中，重点是地址重定位技术，以及在此基础上发展的虚拟存储器技术、段页式虚实地址映射原理等，表 2-4 给出了各种存储器管理方法的特性比较。

表 2-4　存储器管理技术特性比较

特　　性	单一/连续	分　区　式	分　页　式	分　段　式	段　页　式
适应环境	单道任务	多道	多道	多道	多道
地址空间	一维	一维	一维	二维	二维
作业在内存连续性	连续	连续	非连续	非连续（段内连续）	非连续
内存分配单位	全用户区	分区	页	段	页
信息保护	越界保护	越界保护	越界与存储控制	越界与存储控制	越界与存储控制
信息共享	—	不能	可以，但是困难	可以	可以
地址变换方式	装入程序	装入程序或重定位寄存器	页表与控制寄存器	段表与控制寄存器	段页表与控制寄存器
虚实分类	实	实	实/虚	虚	虚

4. DOS 存储器管理

DOS 一直到 5.0 版本仍然是一个采用单一连续分区技术的操作系统，即静态重定位方式下的单任务系统。在 80286/386/486 上存储能力的扩展是由内存扩展功能实现的，造成 DOS

这种情况的根本原因是 MS-DOS 运行在 80x86 实地址模式下，而 OS/2、XNIEX 则都运行在保护模式下的 80x86 CPU 上。

5．80x86 CPU 工作模式

8086 CPU 是不支持虚拟存储器模式的，只能在实地址模式运行，80286 以上的 CPU 系统则同时具备实地址/保护地址模式的工作能力，因而在 80286 以上的 CPU 系统中可以实现虚拟存储器技术。

（1）实地址模式

8086 有 20 位地址总线，其物理空间为 2^{20}B=1MB；80286 有 24 位地址总线，其物理空间为 2^{24}B=16MB；80386/486/586 有 32 位地址总线，其物理空间为 2^{32}B=4GB。在实地址模式下，指令的逻辑地址为段+段内偏移形式，各为 16 位宽度。从逻辑空间到物理空间的实现是已知的段值扩大 4 倍后与段内偏移相加之和，因此，实地址下的最大物理空间是由逻辑地址下的最大值映射的，即

$$\frac{\begin{array}{c}\text{FFFF0}\\ \text{FFFF}\end{array}}{\text{10FFFFH}} \text{(+}$$

10FFFFH ：物理地址 =1088KB

近似为 1MB，因为 8086 只有 20 位地址总线，它的最大值是 FFFFFH，这样 10FFEFH 映射的时候只有 0FFEFH（高位进位时丢失），它的最大值地址映射是在 F0000：FFFF 处，即

$$\frac{\begin{array}{c}\text{F0000}\\ \text{FFEF}\end{array}}{\text{FFFEFH}} \text{(+}$$

FFFEFH ：物理地址 =1024KB

因此，实地址模式下 8086 只有 1MB 内存空间，80286 以上有 1MB+64KB 的内存空间。

（2）保护模式下的虚地址技术

在实地址模式下，程序中的分段结构是逻辑意义上的划分，其相应的存储空间并没有以段来划分，所以不支持虚拟存储器技术。在 80286 以上的 CPU 中，保护模式下的存储空间也相应地划分为段结构形式，实现了存储器分段管理能力，因而具有虚拟存储功能。以 80286 为例，它的段划分是：全局数据段，局部数据段，栈段，主程序段，公共子程序段，中断矢量段，中断服务子程序段。

每一个段相应于一个段表，称为描述器（符），它是 80x86 内存管理的基本单元，占有 8 个字节，基本形式如图 2-18 所示。

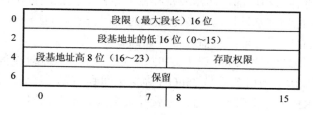

图 2-18　80286 描述器

在保护模式下，CPU 为每个进程分配两个段描述符表，它们是全局描述符表 GDT 和局部描述符表 LDT。每个进程有一个自己的 LDT，所有进程共用一个 GDT。每个描述符表最多可以装入 8KB 个描述符，即是表长为 64KB 的线性数组。这样，对每个进程来说，它所能用的作业空间是

$$2\times2^{13}\times2^{16}B=2^{30}B=1GB$$

其中，2 为描述符表个数；2^{13} 为描述符；2^{16} 为每个描述符控制的作业空间。

所以，80286 的虚拟存储空间对每个作业（进程）来讲是 1GB，其中的低端 512MB 是系统空间，用于存储系统程序及数据，高端 512MB 是作业空间，如图 2-19 所示。对于 80386/486 来说，数据总线及通用寄存器是 32 位宽度，保护模式下基地址是 32 位，段限长度是 24 位长，则其虚拟空间大小是

$$2\times2^{13}\times2^{24}B=2^{38}B=256GB$$

当然，具有 256GB 的虚拟存储空间能力并不是说就是有实际的 256GB 虚拟存储器，它还取决于外存空间的大小。

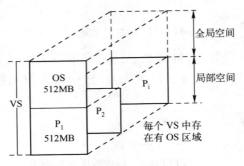

图 2-19　80286 虚拟存储空间结构

从虚拟空间到物理空间的映射是由描述符完成的，确切到 80286 来说，是 1GB 的虚拟空间到 16MB 的实空间地址变换问题。其步骤是：

1）访问段表。在保护模式下，80286 程序编程使用的逻辑地址是段索引：段内偏移，它们各为 16 位字长，工作时，段代码装入 CS、DS、ES、SS 的某一个，其高 13 位是段描述符索引号，即段表中的段号，当表指示器标志位 T1 为 0 时，当前操作指向全局描述器表寄存器；当表指示器标志位 T1 为 1 时，当前操作指向局部描述器表寄存器。当表长为最大值 8KB（段描述符索引是 13 位），每个描述器段限也达到最大值 64KB 时，则全部虚拟空间达到最大的 1GB 状态。

2）地址映射。80286 在 CPU 中设计有 48 位的段描述符高速缓冲寄存器，保护模式下读取的全局描述器表寄存器和局部描述器表寄存器所指向的段描述符 6 个字节内容存放在这里，用描述符给出的 24 位物理基地址与指令地址码的 16 位段内偏移相加，在合法的段限之内，得到最终的 24 位实存空间地址绝对值。过程如图 2-20 所示。

显然，在 32 位地址线的 80386 以上 CPU 情况下，其物理地址空间最大为 4GB，即基地址 32 位，段限 24 位，虚实映射关系是 256GB 虚拟空间到 4GB 实空间问题，所不同的是 80386 以上 CPU 增加了 4KB 的分页管理能力，也就是段页式虚拟存储器方式。

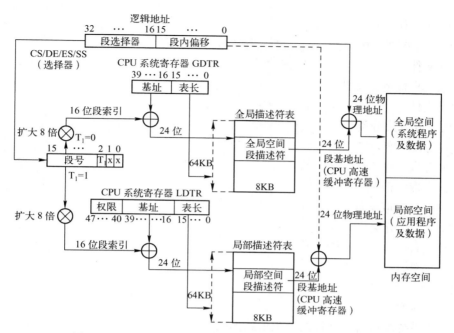

图 2-20　80286 虚地址保护模式下的虚拟空间到实空间映射

2.3　文件管理

2.3.1　基本概念

1. 文件系统

在计算机中，信息是以文件形式存放的。文件是一组数据或字符序列的集合，它具有一个被用户指定的文件名。文件的基本操作单位是记录，一个记录可以是一个字符或一个字节的整数集合，也可以是一些相关信息的集合。如一个结构或源程序中的一行，记录可以不等长地存放在文件中。操作系统中文件管理的基本任务是：

1）文件结构及有关存取方法。

2）文件目录结构及目录管理。

3）文件存储空间管理。

4）文件的共享，存取控制及系统可靠性。

2. 文件分类

为管理上的方便，经常从不同角度描述文件类型。

（1）按用途分类

● 系统文件，即有关操作系统的信息所构成的文件。

● 库文件，即系统为用户提供的文件，由标准子程序及常用的实用程序构成。

● 用户文件，即用户信息组成的文件。

（2）按逻辑结构分类

● 记录式有结构文件。

- 无结构文件。

（3）按文件物理结构分类

- 连续文件。
- 串联（指针链）文件。
- 索引文件。

（4）按存取方式分类

- 顺序存储文件。
- 随机存取文件。
- 直接存取（散列）文件。
- 按关键字存取文件。

（5）按保护级分类

- 只读文件。
- 读写文件。
- 可执行文件。
- 不保护文件。

另外，从系统观点看，文件的分类形式如图 2-21 所示。

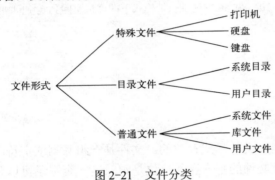

图 2-21　文件分类

3．文件目录结构

文件目录结构是一棵树的形式，树的每个非叶子节点对应于目录，树的叶子对应于一个文件或空目录。文件的片段名是给出操作系统中文件的完整名称，也就是给出了通往该文件的目录序列。

4．文件存取权限

在 UNIX 系统中把使用者分为三类，即文件的所有者（文件主）、同组人、其他用户。文件主是文件的创建者，同组人由系统管理员在建立用户目录时确定，其他用户指同组以外的用户。

每一个类别的用户对文件有 3 种不同的操作权限，即读、写、执行。因此，3 类用户、3 级权限构成了每个文件的 9 种存取权限，它是文件保护的机制之一。

2.3.2　文件结构与存取方法

文件是存在于外存空间的程序或数据，它有逻辑结构（用户看到的文件形式）和物理结构（物理设备上的实际文件存储形式）。文件管理的主要目的是实现逻辑文件到物理文件的映射，这两者之间的关系是文件系统设计时要同时考虑的文件逻辑结构与物理结构的组织问题。

1．文件逻辑结构与物理结构

图 2-22 给出了文件逻辑结构形式。

图 2-22　文件逻辑结构形式

文件物理结构给出了外存空间上文件的存放形式及与文件逻辑结构的关系，它的基本单元是块，用某一长度的物理块来分配文件空间，主要有以下几种方法。

（1）连续文件

逻辑上连续的文件存放到连续物理空间上，如图 2-23 所示。其特点是简单、存取速度快，但是不能动态增加文件长度。

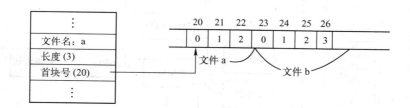

图 2-23　连续文件

（2）串联文件

串联文件是一种指针链式存储结构，如图 2-24 所示。其第一个物理块地址指针在文件说明中给出，最后一个物理块的指针域为空，其特点是动态生长，但检索时间长。

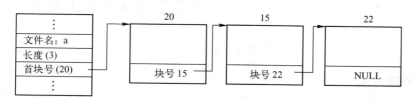

图 2-24　串联文件

（3）索引文件

索引文件是 UNIX 系统最成功的部分之一，它的文件目录是按索引结构实现的，它为每个文件建立一个索引表，每一个表目指向文件记录所在的物理块号，文件说明则给出了表的起始地址，如图 2-25 所示。

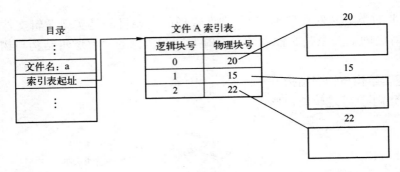

图 2-25　索引文件

当文件很长时，其占用的物理块（逻辑块）增加使得索引表的长度加长，在表尺寸超过一个物理块长度时，采用多重索引结构方式处理，如图 2-26 所示。设某一文件的索引表长度为 512 个字节，地址为 4 个字节，则表可以索引 128 个块。图中显示，文件长度为 0～9 时是直接寻址到物理块地址；为 0～137 时使用了 2 级索引；为 $0～10+2^{14}$ 时采用 3 级索引；当用到 4 级索引结构时，文件长度为 $0～10+2^{21}$。

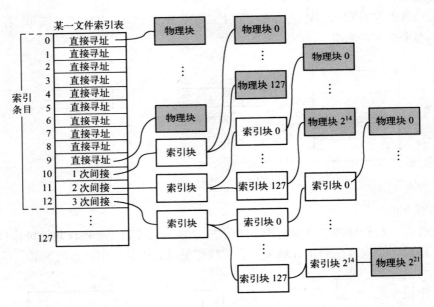

图 2-26　多重索引文件

2．文件存取方法

因为涉及物理设备，有顺序存取与随机存取两类，如磁带机是典型的顺序存取，硬盘则是随机存取结构，文件存取数据的形式分为顺序存取与随机存取两种。

2.3.3　文件存储空间管理

文件存储空间管理的任务是合理组织外存空间的空闲块结构（如图 2-27 所示），并分配给申请者使用。

图 2-27　文件存储空间管理的任务

UNIX 下的文件存储空间管理是操作系统首先把所有空闲块按 50 块（或 100 块）为一组划分，每组有一个索引块，存储有后一组的块数及指向首块物理地址指针，因此构成组链形式。划分后不足 50 块的那一组的索引块被装入卷资源表中的空闲块栈，作为链首，如图 2-28 所示。

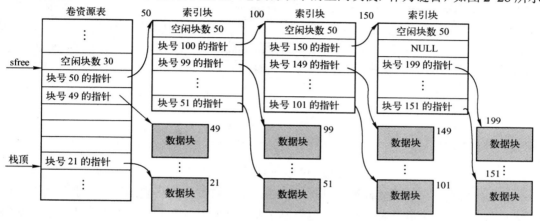

图 2-28　UNIX 文件存储结构

其分配方法如下：

1）安装卷资源表时首先把链首部分调入内存，形成空闲栈。

2）分配。文件申请空间分配时，若现在的空闲链有空闲块就先行分配，如图 2-28 中的物理块 21～49，调整栈顶指针。若栈内空闲块只剩一块，即索引块（图 2-28 中的块 50），操作系统随即将该索引块内容复制到空闲栈，得到下一组空闲块的物理地址索引，重复步骤 2）。

3）每次只需要调入索引块进内存。

4）回收。回收时，每填入一个空闲块号进入栈顶，则 sfree 内容加 1，满 50 后为一组送回到外存。

2.3.4　文件目录管理

操作系统通过目录提供的文件名及相关信息实现文件目录管理功能，操作系统一般采用树形目录结构，UNIX 采用目录项与索引节点（i 节点）相结合的目录管理形式，即目录项只存放文件名，文件属性信息存放在定长数据结构 i 节点中，所有文件的 i 节点又存放在文件存储器的 i 节点表中，依次编号是 1 到 n，称为节点号。文件目录项中的文件名对应存有相应的节点号，因此，由节点号可以查找到 i 节点，如图 2-29 所示。一个索引节点有 64 个字节，包括：

1）文件属性。

2）和该 i 节点连接的文件数。

3）文件大小。

4）时间信息。

5）物理块索引表，即前节所述的 UNIX 文件索引表，由它查找到文件在外存的物理位置。

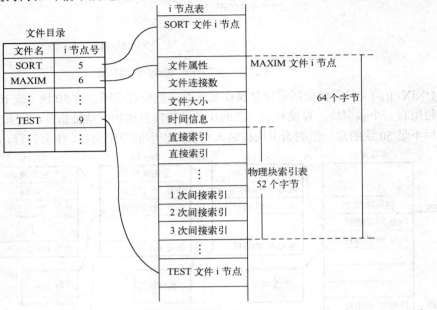

图 2-29　文件目录与 i 节点表

UNIX 系统中，一个文件被打开称为活动。文件打开操作将它的目录项调入内存，内存中有一活动文件目录信息表，表的长度限制了系统能同时打开的文件数量大小，表目是每个文件的 i 节点，因为目录项的信息就是 i 节点数据结构中的内容，所以，活动文件表又称为活动 i 节点表。实际上，活动 i 节点的内容除了有从文件存储区的 i 节点复制的信息以外，还包括了进程访问状态、i 节点在外存的地址、内存中引用该 i 节点的进程计数器等。

在 UNIX 中，文件是由进程访问的，系统的活动 i 节点表可以容纳数百个 i 节点，而一个进程最多可以同时打开 60 个文件。UNIX 的文件目录管理就是通过用户打开文件表、系统打开文件表建立读者文件与活动 i 节点之间的联系，如图 2-30 所示。

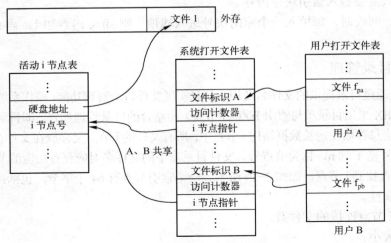

图 2-30　UNIX 的文件目录管理

26

2.3.5 文件的保护与共享

在多用户环境下，文件共享与保护是文件管理系统的基本功能，这里主要讨论共享问题。文件保护的基本问题是解决文件的非法操作，文件共享则是不同用户共同使用某些文件，它涉及两个方面，一是有控制下的共享，即有条件地允许部分用户对文件进行允许权限下的操作（也是文件保护）；二是如何实现进程之间对文件的共享。

1. 二级目录结构

存取文件的关键是建立文件名与物理地址之间的对应关系，同时需要解决重名问题。一个简单的二级目录结构如图 2-31 所示。在多用户系统中，主目录表建立有多个用户次目录表索引，在用户目录表中则直接给出了文件项。

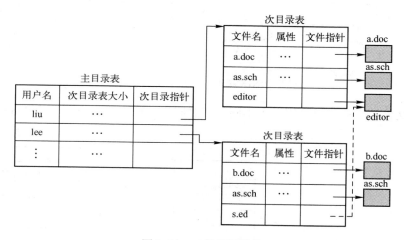

图 2-31　二级目录结构

2. UNIX 树形目录结构

UNIX 文件系统是一个树结构，其内部节点是片段上的目录项文件，结构为：

文件名（14 个字节）	i 节点号（2 个字节）

其叶子是数据文件。因为在片段检索时只需要检索文件名，达到叶子节点后才需要数据文件的物理块号、控制信息等，所以 i 节点索引方式使一个物理块内能存放更多个目录项文件，这在提高检索效率的同时，也方便了文件共享。UNIX 下的文件共享是通过文件链实现的，如图 2-32 所示。

因此，通过用户打开文件表可以找到系统打开文件表，得到指向数据文件物理块的指针入口 i 节点号，不同的进程共享同一文件的方式就是在系统打开文件表中，各进程的文件标识对应同一 i 节点号。UNIX 下文件链的定义为：不同的文件片段达到同一个物理数据集，使多个用户对同一个文件完成共享，称这些文件名为文件链。文件链的建立由系统调用实现：

        retval=link(char *path1,char *path2,…);

这里，path 不能是已存在的文件名，如：

```
link("\usr\bin\file.exe","\usr\etc\data.exe");
```

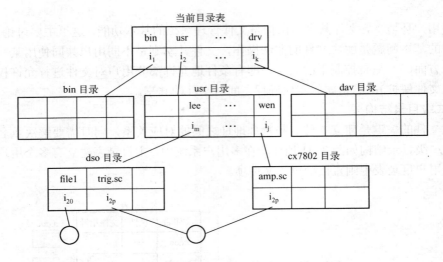

图 2-32 UNIX 树形目录结构及文件共享方式

建立了文件链之后，可以用两个不同名字对同一文件进行操作，如图 2-33 所示。

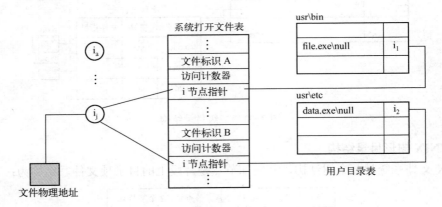

图 2-33 i 节点索引实现的文件链

2.3.6 DOS 文件系统

1. 文件存储管理

DOS 与 UNIX 文件存储管理的对应关系如表 2-5 所示。

表 2-5 DOS 与 UNIX 文件存储管理

项　　目	UNIX	DOS
分配单位	块	
单位长度	512 个字节	2^n 个扇区（每个扇区 512 个字节）
空闲块结构	索引	链接

28

项　目	UNIX	DOS
目录结构	树结构	树结构
目录管理	索引 i 节点	句柄

对于 DOS 来说，文件存储在 DOS 盘卷的文件区内，文件区以 2^n 个连续扇区为一簇，一个文件占有若干簇，首簇号等级在目录项中，其余簇号全部登记在 FAT 中。文件管理最主要的内容是文件分配表 FAT，DOS 格式化后的软盘逻辑结构如下：

引导区	文件分配表	文件分配表拷贝	根目录区	文件区
BOOT	FAT1	FAT2		

FAT 结构是一个线性表格数组，数组每一项内容存放的是磁盘簇号，即一个文件在磁盘存储的物理位置号。每个文件有若干簇，首簇号在文件目录项的 1AH 处，其余全部登记在 FAT 区相应簇号的那些表项中，因此，用首簇号作为文件的位置指针查找 FAT 表，而所指向的表项内容就是文件第二簇存储位置指针，以此类推，形成一个 DOS 文件簇链表，直到 FAT 表项内容为文件结尾符（0FF8H～0FFFH）为止。这样，FAT 表实际上是用文件簇链形式实现一个文件的逻辑结构到物理结构的映射关系的，如图 2-34 所示。

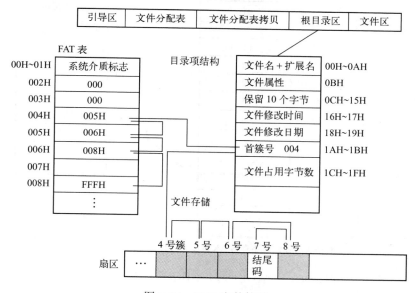

图 2-34　DOS 文件簇链

2．目录管理

DOS 目录管理是树结构，子目录是长度为 0 的目录文件，如图 2-35 所示。相应于 UNIX 的 i 节点，DOS 采用的是句柄文件管理。

3．句柄

DOS 要求读者打开文件时必须给出文件片段名的字符串，串的结尾以 "NULL" 结尾，称为 Z 字符串。文件如果打开成功，系统返回一个 16 位的二进制代码，就是句柄：fp=xxxxH，文件一旦打开，就可以用句柄操作该文件。因此，句柄实现了进程之间对文件的管理接口映射关系，如图 2-36 所示。

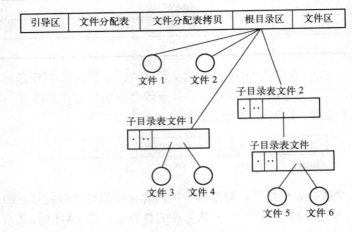

图 2-35 DOS 树结构目录

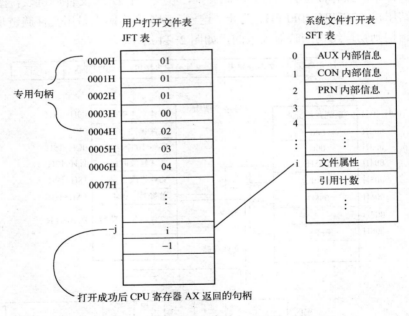

图 2-36 句柄、用户打开文件表、系统打开文件表

因此，句柄通过用户打开文件表可以对系统打开文件表索引，找到文件所有属性信息，实现文件操作。显然，句柄通过 JFT 间接索引 SFT 的意义与 UNIX 下的 i 节点索引目的相同，可以实现不同进程间对同一文件的共享。

2.4 处理机管理

处理机管理的概念，是在多个进程并发运行时，处理机运行时间对各个进程分时分配的问题，有关的基本概念是：

30

1）多道程序并发运行的概念。

2）进程的概念。

3）进程管理问题。

4）并发条件下进程之间的通信、同步和互斥问题。

5）死锁的概念及处理算法。

6）作业调度。

这些都是操作系统的核心内容。本章从系统程序设计（即程序设计人员）的角度介绍上述有关概念，重点是掌握 UNIX 程序设计时可能遇到的相关概念。

2.4.1 进程的基本概念

进程（或任务）是一个具有一定独立功能的程序关于某个数据集合的一次运行活动。进程是多任务环境下并发执行程序的基本活动单元，因为进程是一个执行中的程序，所以是动态的概念，而程序却是静态的，所以进程有生长和消亡。一个进程可以执行多个程序，多个进程可以并发执行一个程序，如多个用户同时运行一个编辑程序，但从每个用户的角度看，此程序的执行只是一个单独的进程。进程作为程序的基本活动单位，它由 3 个部分组成：

1）程序，即进程所要执行的操作。

2）数据，即进程自己的变量区。

3）进程控制块 PCB，包括描述信息、控制信息和资源管理信息，是系统感知进程存在的唯一实体。

根据程序与数据在内存的分配情况，有如图 2-37 所示的几种表示方法。当一个程序被多个进程共享时，它的代码是不能在执行过程中被修改的，为纯代码程序；而所有进程的数据区是独有的，不能共享。进程具有如下特征：

1）是动态过程。

2）可以并发执行。

3）进程之间的关系是异步的，即在多道程序系统中不能假定进程的推进速度。

4）进程之间的相互作用可以是直接的，如唤醒另一个进程，也可以是间接的，如 P/V 操作。

5）一个进程可以创建它的子进程。

6）是获得系统资源与释放系统资源的基本单位。

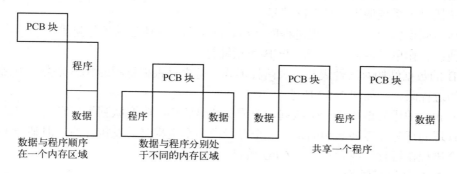

图 2-37　进程的几种表示方法

进程有运行、就绪、阻塞 3 个基本状态，其转换如图 2-38 所示。

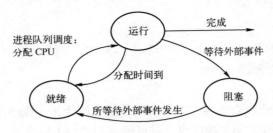

图 2-38　进程状态转换

运行是指进程在 CPU 上运行，运行态的进程数目不大于系统 CPU 的数目。就绪是指逻辑上处于可运行状态，它只等待 CPU 时间的分配。阻塞是因进程等待某种条件（系统资源），而处于不能运行的状态，此时即使 CPU 空闲它也不能获得 CPU 的使用权。按照等待的原因或资源种类，不同的进程可能进入特定的等待队列，如打印机队列等。

2.4.2　进程描述

1. PCB

进程控制块 PCB 是系统对进程的唯一描述，它由系统创建进程时创立，在进程注销时由系统收回，操作系统只通过它管理进程。PCB 的主要内容如下。

进程标识：系统中每一进程有唯一的标识符。

进程特征：系统进程还是用户进程，是否在内存。

状态信息：阻塞、就绪、运行。

调度优先数：由就绪转为运行态的优先程度。

存储指针：程序与数据的内存地址、大小等。

现场保护区：被阻塞的现场信息，记录 CPU 各寄存器内容。

占用资源列表：列出所拥有的除 CPU 外的资源记录，如拥有的 I/O 设备、打开的文件列表等。

进程族系关系：进程指向父子、兄弟关系进程的指针。

通信信息：`进程间的通信参数，如管道指针等。

系统栈段：系统调用现场返回信息。

互斥与同步机构：用于实现进程间互斥、同步和通信所需的信号量等。

其他：工作单元，同一队列的 PCB 块指针等。

PCB 的数据结构有线性表和链表两种形式，链表是根据进程的状态分类，用指针链接同一状态的进程队列，如图 2-39 所示。

相同状态的进程链接成一个队列，形成了就绪队列、阻塞队列等，它们的出队、入队就是进程管理的任务。需要强调的是：一个时段内多个进程是并发执行的，但某一个时刻上，只有一个进程在运行，或者不多于 CPU 数目的进程在运行。

2. UNIX 的进程映像

UNIX 的 PCB 分为 Proc 和 User 两个结构，如图 2-40 所示。其中，Proc 是常驻内存部分，而 User 与进程的数据段、栈段只是在进程活动时才调入内存,内存紧张时调出内存。在 UNIX 中,进程共享程序所驻留的存储区为正文段,如果程序是非共享的,则被放到数据段中,因此,进程映像分为 proc、正文段、数据段 3 部分。图 2-40 所示的 text 表由结构项构成,它给出了正文段信息,同时提供了各进程共享正文段的功能,因为不同进程的 proc 可以指向同一个 text 结构项。

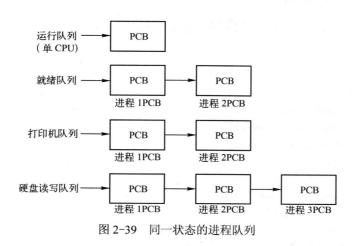

图 2-39 同一状态的进程队列

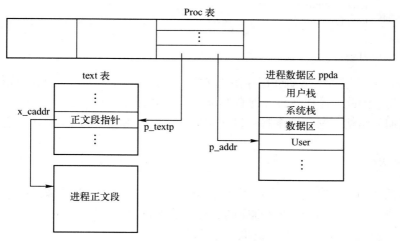

图 2-40 UNIX 某一进程的映像

Proc 各主要项的定义是:

```
Struct proc{
        Char p_stat;        /*进程状态*/
        Char p_flag;        /*进程特征*/
        Char p_pri;         /*进程优先数*/
        Char uid;           /*用户号*/
        int p_pid;          /*进程号*/
        int p_ppid;         /*父进程号*/
        int p_ttyp;         /*对应终端控制块地址*/
```

```
                int p_addr;        /*数据段地址*/
                int p_size;        /*数据段大小*/
                int p_wchan;       /*等待原因*/
                int *p_textp;      /*指向 text 结构的指针*/
                ……
                }proc[NPROC];
```

NPROC 为 50～100 的常数，它限制了系统最大打开进程数。User 结构里表达的是进程内部信息，主要有：

```
        Struct User{
                ……
                Char U_error;                    /*系统调用出错代码*/
                Struct proc   *U_procp;          /*指向对应的 Proc 指针*/
                Struct inode   *U_cdir;          /*指向当前目录的 i 节点指针*/
                int U_uisa[16];                  /*与存储映射有关的表*/
                int U_uisd[16];                  /*与存储映射有关的表*/
                struct file *U_ofile[NOFILE];    /*用户打开文件表*/
                int  (*U_signal[NSIG])（）；       /*软中断表*/
                long U_Utime;                    /*用户态运行时间*/
                long U_Stime;                    /*核心态运行时间*/
                long U_cutime;                   /*所有子进程用户态运行时间*/
                long U_cstime;                   /*所有子进程核心态运行时间*/
                ……
                }U;
```

所以，Proc 是操作系统感知进程存在所必需的数据与信息，User 是进程执行时所必需的各种数据与信息。因此，操作系统开辟有 Proc 区域，供系统访问。User 中的各项只能由进程自己访问，它们的结构定义详细条目可以在〈sys/proc.h〉和〈sys/user.h〉中找到。

2.4.3　进程调度

进程调度的实质是 CPU 从一个进程转向另一个就绪进程，主要步骤是：

1）把当前进程（调用进程调度程序的进程）的现场信息（断点）存入它的 PCB 中。

2）根据调度算法从就绪队列中选取一个进程。

3）恢复被选中进程的现场信息，将它的 PCB 中现场保护内容存入相应的 CPU 寄存器中。

在 80x86 系列 CPU 中，设计有固态的操作系统进程与作业调度芯片 OSP80130，它在操作系统的原语（即 OSP 的汇编语言）编程下自动完成各进程的状态转换过程控制。

2.4.4　进程创建

UNIX 的进程环境是一个树形的层次结构，进程树的根部是一个控制进程，被命名为 init 的程序，它是所有进程的祖先。当读者要在 UNIX 上建立自己的进程时，UNIX 提供一组用于进程方面的系统调用，供程序员使用。

fork：基本的进程创建操作，用于并发进程的建立。

exec：一个函数系列，通过新的程序覆盖原进程内存空间，用于子进程设计。

wait：进程等待，提供初步的进程间同步运行手段。

exit：终止进程运行的系统调用。

1．用 frok 建立一个并发进程

fork 是创建进程最基本的操作，它把 UNIX 设计成一个多任务系统环境。当 fork 调用成功时，操作系统会建立一个与调用 fork 的父进程完全一样（拷贝）的子进程，并且父、子进程是并发执行的。它们都从 fork 调用语句后开始执行，如图 2-41 所示。

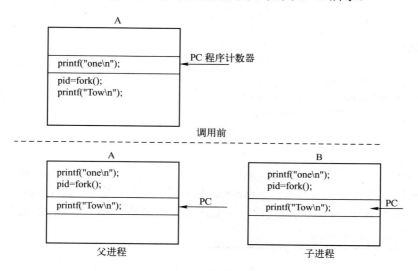

图 2-41　fork 调用建立并发进程

fork 系统函数调用前只有 A 进程在运行，调用后，它创建的子进程是 A 父进程的拷贝，在进程调度系统控制下并发运行，即 A、B 都从程序相同点开始运行。

pid 是 fork 返回的整型值，称为进程标识数，每个 UNIX 的进程都有唯一的标识数。父进程返回的是非零正整数，子进程返回的是零，参见例 2-1。

例 2-1　fork()调用。

```
main()
{
        int pid;
        printf("just one process so far\n");
        printf("Calling fork …\n");
        pid=fork();
        if(pid==0)printf("I'm the child\n");
        else {
                if(pid>0) printf("I'm the parent,child has pid%d\n");
                else    printf("fork returned error code, no child\n");
                }
}
```

程序在调用 fork 之后，由 if 语句形成 3 个分支。如果 pid 等于零则给出子进程工作（打

35

印信息）；如果 pid 大于零则给出父进程的工作；如果 pid 小于零则 fork 调用失败。

因为两个并发的进程间没有同步手段，所以执行后的结果输出可能会夹杂在一起。

2．系统调用函数 exec 与进程覆盖

fork 不能提供 UNIX 的树状生长的子进程，为此系统用另一个 exec 系统调用函数产生进程树的生长过程。exec 是一系列函数语句，这里只介绍一个 execl()系统函数，它产生一个新的子进程，并把程序装入调用进程的内存空间（父进程存储空间）将其覆盖，新的进程取代父进程之后，它的标识符与父进程相同，所以 exec 没有数据返回，参见例 2-2。

例 2-2 系统调用函数。

```
main()
{
        printf("executing    ls\n");
        execl("/bin/ls","-1",(char *) 0);
        perror("exel failed    to run ls ");
        exit(1);
}
```

这里，execl 调用了根目录下的 ls 系统子程序，参数 "-1" 是 ls 的任选项，它列出目录每一文件的属性、链接数、文件主等。execl 后面紧跟的系统调用 perror()是 execl 的调用结果测试，如果 execl 返回-1，表明调用程序（父进程）尚未被清除，perror()打印错误信息。例 2-2 的执行过程如图 2-42 所示。

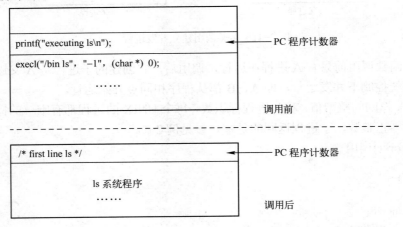

图 2-42 exec 创建进程

3．进程生长树

在程序设计中，通过 exec 与 fork 共用体的使用达到进程树的生长目的。首先用 fork 建立一个子进程，然后在子进程中使用 exec，这样就实现了父进程运行一个它所生长的子进程，并且，父进程也不会被覆盖，参见例 2-3。

例 2-3 进程生长树。

```
main()
{
```

36

```
int pid;
pid=fork();
if(pid >0){
        wait((int *)0);
        printf("ls completed \n");
        exit(0);
}
else {
        if(pid==0){
                execl("/bin/ls","ls","-1",(char *) 0);
                perror("execl failed");
        }
        else perror("fork failed");
        }
}
```

例 2-3 很简单，但也清楚地给出了进程函数的基本概念，图 2-43 是其过程示意。

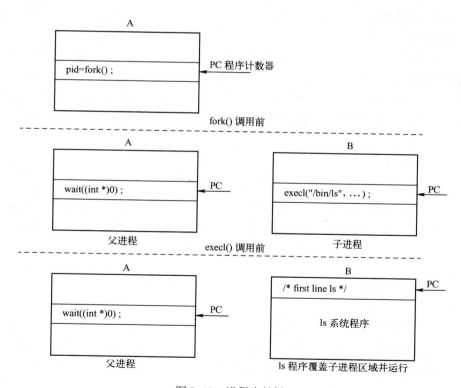

图 2-43　进程生长树

例 2-3 中 A 进程由 wait()挂起，直到 execl()调用结束，它向程序员提供了进程之间简单同步的关系。以上是进程创建、运行的基本概念，具体到某一操作系统的详细内容，可以参考系统程序设计手册。

2.4.5　进程属性

每一 UNIX 进程都有自己的属性，它帮助操作系统调度进程的运行。下面介绍进程的主要属性。

1．进程标识符

从 fork() 函数调用的返回参数知道，系统给每个进程定义了一个非负的整数，称为进程标识符。其中，0 标识系统分配给系统调度进程使用，按一定原则把 CPU 时间分配给各进程运行；1 标识则是 UNIX 的进程祖先，用 getppid()、getpid() 可以得到调用进程的父进程和当前进程标识符。

某一进程终止后，其标识符可以重新用于另一进程标识，但是在任何时刻，一个标识符所代表的进程是唯一的。

2．进程组标识符

进程组标识符是表明某一作业所属的进程特性，它由最初的 fork 和 exec 调用时产生，并逐步地继承给每一个子进程。这样，当用户作业结束时，操作系统根据这一标识符撤销所有的子进程。

进程组标识符可以用 getpgrp() 和 setpgrp() 系统调用函数获得及重置。

3．当前目录

一个进程的当前目录最初为其父进程的当前目录。

4．进程优先数

它是一整型数，由此决定某一进程可得到的 CPU 时间比例，取值从 0 到一常数（最大值），数值大优先权低，可以通过系统调用函数设置。

2.4.6　进程控制操作

1．进程终止

系统可以用 exit() 将进程终止，并且同时关闭它打开的所有文件，激活调用 wait() 的父进程，使其脱开 wait 状态重新开始运行。此外，main() 的末尾，进程在 main() 内执行一个 return 语句也会终止。

2．同步

wait() 是进程之间同步的简单手段：

　　retval=wait(&status);

它暂停父进程的执行，当有多个子进程在执行时，那么 wait() 在第一个子进程结束时返回父进程。wait() 返回的值是结束那个子进程的进程标识符。

2.4.7　进程间的通信

多任务环境下可以用几个进程协同处理一个任务，以提高处理机的利用率，在多个进程共同完成一项作业时，它们之间必然有共享的数据与信息交换。这就是进程间通信问题。UNIX

进程之间通信的基本方法是：信号、管道、FIFO 队列。此外，新的称为 IPC（Inter Process Communication）的通信方法还有：消息、信号灯、共享存储器、管程等。

1. 管道通信结构

管道是一个通信通道，它把一个进程与另一个进程连接起来。这样，一个进程能用系统调用函数 write()将数据输入管道，另一个进程用系统调用函数 read()在管道另一端把数据读出，从而实现进程之间的数据通信。

（1）建立一个管道

系统调用函数 pipe()建立一个管道，它返回两个文件描述符来代表输出、输入文件，用于对管道的读写操作。

```
Int filedes[2],retval;
Retval=pipe(filedes);
```

系统调用成功后，filedes[0]用于从管道读，filedes[1]用于向打开的管道写数据文件。Retval值为-1 则调用失败。管道一旦建立，就可以直接用 read()、write()对其操作。

例 2-4 建立管道。

```
#define MSIZE 16
char *msg1="hello world #1";
char *msg2="hello world #2";
char *msg3="hello world #3";
main()
{
    char inbuf[MSIZE];
    int p[2],j;
    if(pipe(p)<0){
        perror();
        exit(-1);
    }
    write(p[1],msg1,MSIZE);
    write(p[1],msg2,MSIZE);
    write(p[1],msg3,MSIZE);
    for(j=0；j<3；j++){
        read(p[0],inbuf,MSIZE);
        printf("%s\n",inbuf);
    }
    exit(0);
}
```

例 2-4 说明管道实际上就是一个文件，它由 pipe()打开，用 read()、write()读写，结构如图 2-44 所示。

打开的管道是 FIFO 队列，先写进的数据在管道另一头读出。例 2-5 给出了管道连接两个进程的情况，因为 fork()打开的文件在子进程中也是打开的，所以管道在父、子进程中都是打开的。图 2-45 给出了过程示意。

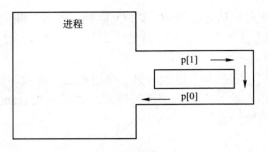

图 2-44　在进程中打开的管道

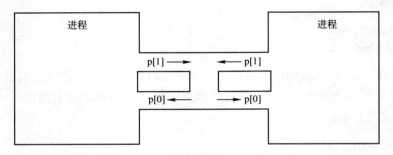

图 2-45　两个进程中打开的管道

例 2-5　管道连接父、子进程。

```
#define MSIZE 16
char *msg1="hello world #1";
char *msg2="hello world #2";
char *msg3="hello world #3";
main()
{
    char inbuf[MSIZE];
    int p[2],j,pid；
    if(pipe(p)<0){
        perror();
        exit(-1)；
    }
    if(pid=frok()<0){
        perror();
        exit(-2)；
    }
    if(pid>0){                              /*父进程*/
        write(p[1],msg1,MSIZE)；
        write(p[1],msg2,MSIZE)；
        write(p[1],msg3,MSIZE)；
        wait((int *)0)；
    }
    if(pid==0){                             /*子进程*/
        for(j=0；j<3；j++){
```

```
                        read(p[0],inbuf,MSIZE);
                        printf("%s\n",inbuf);
                }
        }
        exit(0);
}
```

现在的问题是，如果两个进程同时对管道进行读或者写操作，数据就有可能混乱。所以，规定每个进程对管道只能是只读或只写操作，即一个单向管道，如图 2-46 所示。例 2-6 给出了实现方法。

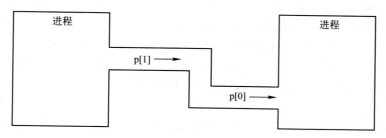

图 2-46　两个进程中打开的单向管道

例 2-6　两个进程间的单向通道。

```
#define MSIZE 16
char *msg1="hello world #1";
char *msg2="hello world #2";
char *msg3="hello world #3";
main()
{
        char inbuf[MSIZE];
        int p[2],j,pid;
        if(pipe(p)<0){
                perror();
                exit(-1);
        }
        if(pid=frok()<0){
                perror();
                exit(-2);
        }
        if(pid>0){                              /*父进程*/
                close(p[0]);                    /*关读文件*/
                write(p[1],msg1,MSIZE);
                write(p[1],msg2,MSIZE);
                write(p[1],msg3,MSIZE);
                wait((int *)0);
        }
        if(pid==0){                             /*子进程*/
```

```
            close(p[1]);                    /*关写文件*/
            for(j=0; j<3; j++){
                    read(p[0],inbuf,MSIZE);
                    printf("%s\n",inbuf);
            }
        }
        exit(0);
    }
```

（2）管道的长度

UNIX 中管道的长度是有限制的，约 5KB。管道长度限制涉及道的读写操作，正常情况下的 read()、write()会立即返回，但如果因 write()操作引起管道溢出，那么进程执行就会处于 I/O 阻塞状态，它必须等到其他进程从管道读出数据后才能再次被激活。

read()也同样，如果管道为空，则 read()操作也不能正常返回，为 I/O 阻塞状态，一直到其他进程向管道写入数据后才能继续执行，在程序设计时必须予以考虑。

（3）关闭管道

1）关闭只写文件。要注意的是，如果没有进程往里写数据，该操作会使任何从该管道读出的进程都被阻塞。

2）关闭只读文件。

2．信号量机制

信号量通信在 UNIX 系统中用于传送进程之间的控制状态参数，它的一个应用是进程之间的同步与互斥机制的实现。在 UNIX 系统调用中，信号量（Semaphore）是表示计算机资源的物理量，是一个与队列有关的整型变量，其取值只能由 P/V 操作改变，操作系统用它的状态实现对资源和进程的管理。建立在信号量上的 P/V 操作是 1965 年由荷兰人 Dijkstra 提出的：用信号量解决进程同步问题中的两个概念，即等待与信号。它是操作系统原语级的操作，不能被中断。操作系统有一组函数可以实现信号量的建立和操作，在此基础上用 C 语言编写 P/V 例行程序，实现进程之间的同步与互斥。信号量与 P/V 操作定义如下。

（1）信号量

1）信号量 S 是一个整型量，初值非负。

2）对信号量仅能实施 P（S）操作和 V（S）操作，仅有 P/V 操作能改变 S 的值。

3）每一个信号量都对应有一个空或非空的等待队列，队列中的进程处于阻塞状态。

（2）P 操作

1）S=S−1。

2）若 S < 0，阻塞当前（即实施 P 操作的）的进程，并将它插入到该信号量的等待队列中，操作系统调度另一就绪进程运行，等待队列中的进程直到其他进程在 S 上实施 V 操作后，将队列逐步释放。

3）若 S≥0，则当前进程继续运行。

（3）V 操作

1）S=S+1。

2）若 S≤0，从该信号量的等待队列中释放第一个被阻塞的进程，使其从阻塞转换为就绪状态，并插入到就绪队列，当前（即实施 V 操作的）进程继续运行。

42

3）若 S>0，当前进程继续运行（相当于系统增加了一个资源）。

因为 P/V 操作是操作系统的原语，所以 P/V 操作的步骤在逻辑上不可分割，保证了任一时刻只能有一个进程对 S 进行操作。

（4）进程互斥机制

用 P/V 操作实现进程之间的互斥是在进程中设置一个临界区，即任一时刻只有一个程序能执行的代码区，如图 2-47 所示。

图 2-47　P/V 互斥机制

设 S 为公用信号量，初值为 1。A、B 进程先到达 P（S）语句者先置信号量 S 为 0，使其他进程无法进入临界区。设 A 先进入临界区，则 B 到达 P 操作之后因 S=−1 而被挂起，进入队列，等待 S 被释放。

当 A 走出临界区后，V(S)操作使 S=0，引发操作系统释放 S 变量，等待队列中的 B 进程复活，进入临界区程序。

A、B 是并发进程，A 执行 P 操作进入临界区之后，B 进程再进行 P 操作则使 S 值为−1，即 S 为负值时，表明有进程在等待 S 信号量的释放，其绝对值是等待队列的长度。

（5）进程同步机制

设有进程 P_1 和 P_2 为共同完成一个作业需使用同一个变量 X，P_2 负责把处理结果送入 X 中，而 P_1 负责将结果输出到打印机，即按如下次序执行。

P_1: X=0;

P_2: X=C;

P_1: printf(X);

两个程序是独立并发执行的。显然，在 P_1 清除变量 X 之后，P_1 需要等待 P_2 给 X 赋值的结果，而 P_2 也在等待 P_1 清零之后的信号，以便给 X 赋值，即有两个同步条件。为此，需要设置两个私有信号量 S_1 和 S_2。

S2 表示 X 可以赋值，S1 表示打印机资源空闲，两个信号量初值全为 0。等待（同步）机制的实现如图 2-48 所示。这里把只能由某一进程对一个信号量实施 P 操作的称为该进程的私有信号量，其余进程只能对私有信号量实施 V 操作，私有信号量初值一般为大于或等于 0。

（6）生产与消费者问题

设有一群生产者 P_1，P_2，…，P_n 与消费者 C_1，C_2，…，C_n 通过一个可以存放 n 个产品的公用缓冲区发送与接收产品，为使发送与接收同步，要求只有在缓冲区不满时生产者才能发送产品；只有在缓冲区不空时消费者才能接收产品，如图 2-49 所示。因此，它们有两个同步条件，设置信号量 empty 表示为缓冲区可接收产品的数目，full 表示为缓冲区已经接收产品的数目，显然，empty 初值为 n，full 为 0。要注意的是，多个发送者之间或接收者之间有可能同时访问缓冲区，为了保证发送者之间或接收者之间访问缓冲区是互斥的，还需设置一个公用信号量 S，初值为 1。

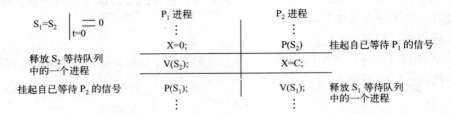

图 2-48　P/V 同步机制

图 2-49　生产者与消费者问题

消费者与生产者问题的 P/V 同步与互斥机制实现如图 2-50 所示。需要注意，在两个进程中，无论哪个进程的 P 操作顺序都不能颠倒，否则会产生死锁，V 操作顺序没有严格要求。

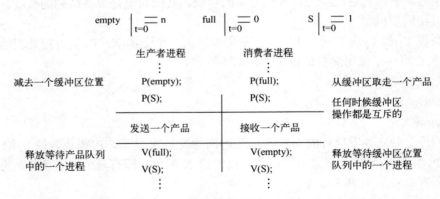

图 2-50　生产者与消费者问题的 P/V 同步与互斥机制

就并发进程之间的 P/V 操作来说，首先应该分析它们之间存在哪些同步与互斥关系，同步关系建立私有信号量，互斥关系建立公用信号量。私有信号量可以被看成资源数量，一般取初值大于或等于 0；公用信号量可以被看成临界区的通行证，取初值为 1。

2.4.8　死锁

几个并发的进程为有限的资源分配而产生的竞争可能会引发死锁。它概括的定义是：多个进程因竞争资源而造成的一种僵局，若无外力作用，这些进程都永远不能向前推进。一个死锁的 P/V 操作序列如图 2-49 所示。

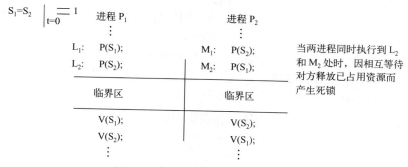

图 2-51　P/V 互斥机制产生的死锁

在进程 P_1 和 P_2 同时达到 L_2、M_2 情况发生时，进程 P_2 因 $P(S_1)$ 为负值而挂起，等待进程 P_1 释放（$V(S_1)$ 操作之后）；而进程 P_1 又因 $P(S_2)$ 为负值被挂起，等待进程 P_2 释放（$V(S_2)$ 操作之后），这种相互等待对方释放资源的同时，又不释放自己已经占有资源的事件发生时，造成所有进程无法继续推进执行，称之为死锁。

产生死锁的条件是：

1）资源互斥共享。

2）等待一个新资源的同时该进程继续占用已分配的资源。

3）正在使用的资源不能被抢占。

4）进程之间循环等待，即每一进程获得的资源同时又被另外的进程所请求。

避免死锁的方法是：

1）任何情况下保证上述 4 个条件至少一个不能成立。

2）当死锁发生时检测出来，并予以恢复。

3）用适当的算法避免死锁的发生。

2.4.9　作业与进程的关系

作业：在一次应用业务处理过程中，从输入开始到输出结束，用户要求计算机所做的有关该次业务处理的全部工作。作业可以分解为若干个作业步，是顺序执行的工作单元集，比如，运行一个 C 语言程序时，计算机要做编译、链接、运行 3 个作业步。每个作业步内，包含有进程的执行，如图 2-52 所示。从静态看，作业是程序与数据的集合；从动态看，进程生长树是作业的动态执行过程。

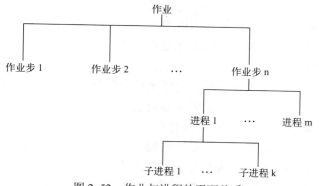

图 2-52　作业与进程的平面关系

用户提交作业之后，作业调度程序控制作业的运行，类似于进程调度中的概念，作业调度功能是：

1）按某种调度算法从后备作业中选取一些作业为运行态。

2）为选中的作业分配系统资源。

3）为选中的作业建立作业进程。

4）作业完成时回收系统资源，撤销该作业所有的进程及程序，输出作业信息。

2.5 小结

在计算机软硬件构成中，操作系统属于比较底层的部分。了解操作系统的基本概念和原理，对于计算机软件类后续课程的学习具有非常重要的作用。

操作系统是用以控制和管理计算机硬件和软件资源，合理地组织计算机工作流程，以及方便用户的程序集合。首先，操作系统管理的对象是计算机系统的各种硬件以及基础的软件资源，从系统结构的角度，计算机软件与硬件在逻辑上是等价的，因此可以说操作系统为用户屏蔽了硬件系统和基础软件（如设备驱动程序、自举程序等）的不同，提供了一个统一的接口给计算机的使用者和应用软件开发人员。接口的形式主要是用户接口（包括图形用户界面和终端响应界面等）和系统调用；其次，操作系统需要合理地组织计算机的工作流程，以求最大限度地使用各种资源。因此在操作系统的理论部分，始终关注的是如何能够在正确的情况下尽可能地提高资源的利用率，因此操作系统由单道程序设计过渡到多道程序设计，由以作业为单位调度过渡到以进程为单位调度，再过渡到以线程为单位调度。其基本结构由单板结构过渡到层次型结构，再过渡到基于微内核的 Client－Server 结构。但是操作系统的每一次进步，都是以其执行正确性为前提的，因此现代操作系统的设计与实现中，不得不提供各种手段与途径来保证系统执行的正确性；最后，操作系统是一个程序的集合，该程序集合的突出特点是要方便各种用户的需求，而且与此同时还要防止个别用户的误操作导致系统异常，继而干涉其他用户的正常使用。所以，操作系统在编制时、只是一个应用程序，只有在系统引导后，也就是该应用程序在系统初启、从系统启动点（往往是硬盘物理首扇区）被加载时它才真正是该计算机的操作系统；否则只能称为是可能成为操作系统的一个应用程序。

操作系统理论涉及的内容非常丰富，可以被概括为 5 个基本的部分：作业管理、处理机（进程）管理、存储器管理、文件管理以及设备管理。在本书中着重对应用软件开发过程中关系最为紧密的存储器管理、文件管理和处理机管理的相应内容作了比较详细的说明，更为细节的内容，请读者参照其他相关书籍。UNIX 族系是世界上流传最广泛，应用最为普及的优秀操作系统之一，所以本书中很多内容都是以 UNIX 作为蓝本来介绍的。下面按照章节顺序回顾一下本章的主要内容。

自冯·诺依曼提出"存储程序"的概念以来，存储管理始终是存储程序计算机所要面对的主要问题之一。在存储管理中要解决的主要问题是存储分配、地址变换、存储保护和存储扩充 4 个问题。在多级存储体系中，只有寄存器和主存可以被 CPU 按位读取，并且进行运算；外存并不是实际意义上的存储器，它只是外设的一种，但是它与主存关系非常密切。因此，现在的计算机硬件结构中，往往有内存与外存之间的局部总线。也就是说，内外存的数据交换不需要大量占据 CPU 的总线周期。存储分配主要指的是内存空间的分配，由于多道程序的普遍采用，内存当中往往不是只存在一个作业的程序段，因此能不能将内存进行合适的分配，使用户等待的时间尽可能公平，是存储分配要解决的核心问题。概要来说，存储分配有固定分区、可变分区和可重定位分区 3 种形式。分配算法有最佳适应算法、最坏适应算法，以及首次适应算法等。在这里需要注意的是，覆盖与交换技术在本质上还是属于可变分区技术，并不需要动态重定位技术的支持，而紧凑算法和可重定位分区都需要动态重定位的软硬件支持；地址变换是指程序段的逻辑地址空间与物理地址空间的对应问题。根据对应时机的不同，可以被分为静态重定位和动态重定位两种；存储保护要解决的核心问题是要按照权限的不同将存储空间在逻辑上予以分离，UNIX 采用的方法是将用户分组，同时为每组用户赋予特定的权限；存储扩充是将外存的一部分视作内存的做法，该方法被称为虚拟存储器技术。虚拟存储器主要有分页式、分段式和段页式 3 种。在这一部分需要特别注意的是：虚拟存储器的大小不取决于实际的物理存储器大小，而是取决于 CPU 的地址线宽，虚拟存储器中外存部分中存储的程序和数据是不能够直接运行的，只能加载到内存之后才能得以运行。

在计算机关机之后，内存中的内容就不会存在了，因此具有保存意义的数据必须要保存在外存，其保存的形式就是文件。文件是一组具有符号名的信息集合，它作为一种数据结构，有逻辑结构及物理结构（在计算机外存上的存储形式）。文件的逻辑结构有记录式文件和流式文件两类，UNIX、DOS 都把文件看成流式文件；文件的物理结构包括顺序文件、串联（链接）文件和索引文件。其中，顺序文件相当于数据结构中的数组；链式文件相当于链表；而索引文件也是经常使用的一种文件存储形式。文件存储空间管理一般有空闲块目录、空闲块链接和 UNIX 下的空闲块组链接管理等。文件管理提供的主要功能就是"按名存取"，文件名与物理位置之间的映射和操作是通过文件目录实现的，树形目录结构能够解决重名问题，而 i 节点和句柄提供了文件共享的基本手段。

计算机中最核心的硬件资源就是 CPU，因此处理机管理也是操作系统要解决的最主要问题。处理机管理的核心就是处理机分配的时机和策略问题。在多道程序系统中，系统资源分配的最基本单位是进程。进程是一个具有一定独立功能的程序关于某个数据集合的一次运行活动。因此程序是动态的，它有一定的结构（程序＋数据＋PCB）；有一系列的状态，根据触发条件的不同，它可能从一个状态迁移到另一个状态；由于其等待事件的不同，它们还可能形成不同的等待队列；进程还有其生命期，在系统初启的时候所有进程的父进程就会被启动，当需要完成一个独立任务的时候，某个进程就会产生其子进程来完成，因此系统中的进程会形成一个进程树，在进程的生命期中，用户可以通过各种系统调用、控制进程。在多道程序系统中，往往存在多个进程，这些进程之间有可能竞争资源，也有可能需要进行合作来完成某些工作，这时就需要进程之间的通信了。进程通信的基本手段包括信号、管道、FIFO 队列、消息、信号量、共享存储器以及管程等。这部分的难点是如何通过进程同步与互斥机制实现进程通信。当多个进程因为竞争资源而联系在一起时，还有可能由于推进顺序不当而进入一种僵局，这种状况被称为死锁。在这里，死锁产生的条件和避免死锁的方法需要引起足够的重视。

2.6　练习题

1. 名词解释：动态重定位、进程、死锁、Multiprogramming、i 节点。

2. 现代操作系统所拥有的基本特征有哪些？

3. 操作系统在编制的时候需要编程语言的支持，那么到底是操作系统支持编程语言还是编程语言支持操作系统？

4. 简述虚存管理中分页式、分段式与段页式的共性与区别。

5. 采用成组链接法管理文件存储器的空闲空间，情况如下图所示。

超级块			8#
1			3
8		0	0
1		1	15
2		2	20

1）当用户 1 要求分配 1 个物理块，用户 2 要求分配 3 个物理块时系统如何实现？

2）在原图基础上，用户要删除一个文件，该文件占据 30、25、50、80 号物理块，系统如何回收？

6. 进程具备哪些基本状态，其转换的条件是什么？

7. 为什么说 PCB 是系统感知进程存在的唯一标志？

8. 结合计数信号量的物理意义，说明其不同取值代表的含义及如何使用信号量机制。

9. 系统中有 3 个进程，4 个某类资源，且一次仅能分配/释放一个资源。证明该系统一定不会死锁。

10. 一个数据文件或记录（统称为数据对象）可被多个进程共享，其中有些进程要求读，而另一些进程要求写或修改。把只要求读的进程称为"用户"，其他进程称为"写者"，根据 Bernstein（伯恩斯坦）条件，只能允许多个用户同时读一个共享对象，但绝不允许一个写者与其他进程（读/写者）同时访问共享对象。

用 P/V 原语操作保证一个写者必须与其他进程互斥地访问共享对象的同步。试将其改写为用户优先或者写者优先的程序。

第 3 章　常用数据结构及其基本运算

计算机应用可以根据处理特征分为两大类：一类是科学计算和工业控制；另一类是商业数据处理。由于前者对实时性要求较高，资源要求苛刻，而对事务处理的要求相对有限，所以多采用执行效率较高的过程语言来编写，如 FORTRAN 语言、C 语言和汇编语言；而 Java、PowerBuilder（关系数据库平台开发工具）、Visual C++等面向对象语言，由于具备很强的事务处理描述能力，以及更加友好的人机界面，更适应于后者的要求。

面向工业控制与科学计算的内容主要涉及它的计算方法、效率与速度等因素。如某一特定的测控对象有特定的算法，这里主要侧重于解决问题的方法研究，如高次方程的叠代算法、快速傅里叶变换的蝶型算法等。面向商业管理主要解决海量数据的管理与关联分析。其中的任何对象都有通用的数据管理形式，如商业数据库系统，无论何种具体应用，它都是大量的表格一类的数据处理形式。在海量数据中检索与查询是一类至关重要的操作。所以，数据的逻辑结构与物理组织形式是要解决的主要问题，如表数据的存储形式、索引结构等，也就是数据结构问题。

3.1　概述

3.1.1　数据结构研究对象

数据结构的研究对象是数据元素，目的是建立数据元素在计算机中的表达方法。简单地说，在一群有限的数据元素集合里，元素与元素之间相互关系的描述，称为它的数据结构。如，例 3-1 描述了有限个数据元素集合的字典的数据结构关系。

例 3-1　字典的数据结构。

D={(able,能干的),(apple,苹果), (bug,虫), (code,代码), (cool,酷),…, (x-ray,X 光),(year,年),(zoo,动物园)};

这里，单词是数据元素检索关键字，单词与注释构成数据元素（节点），元素节点之间所表达的关系是按字母的顺序排列，这就是给字典这一特定对象选定的数据结构。另一个例子例 3-2 描述了事务处理中经常见到的表格的数据结构形式，如表 3-1 所示。

表 3-1　设备统计表

序　号	设 备 名 称	型　　号	单价/元	数　量
1	车床	A64	5500	5
2	台钻	C7	3200	29
3	铣床	X-2	4000	14
4	铣床	X-34	6700	1

例 3-2 线性表数据结构。

设备统计表是一种线性结构，为了把一个线性表转换成可以用计算机处理的形式，或者说选择表在计算机中的数据结构形式，需要采取的步骤是：从水平方向看表的每一行是一条记录，称为向量 a_i，a_i=（序号，设备名称，型号，单价，数量），a_i 的各分量是设备这一客观实体的属性，属性的取值就是实体记录；从纵向看，表又是由一组记录所组成的，记录又成为了表的数据结构元素。

记录的定义如下：

```
struct BILL {
            char   Facility[20];
            char   Type[10];
            int    Cost;
            int    Number;
            };
```

表结构表达的记录（节点元素）之间的关系是 $<a_i, a_{i+1}>$，所以称表结构是线性的，可以用 C 语言的数组变量定义相应的数据关系为：

```
struct   BILL   a[4];
```

同所有的数组变量一样，结构数组的下标也是从 0 开始的。因此，在计算机中可以用 BILL 结构变量型数组 a[] 来描述表 3-1 所表达的关系，也就是线性表的数据结构形式：

a_0=（1，车床，A64，5500，5）
a_1=（2，台钻，C7，3200，29）
a_2=（3，铣床，X-2，4000，14）
a_3=（4，铣床，X-34，6700，1）

3.1.2 数据结构的基础

数据结构建立在计算机语言之上。学习计算机语言是学习编程方法，即如何用一种具体的计算机语言实现一个算法；学习数据结构是学习如何描述一个应用对象的数据元素（属性构成），如何根据应用对象的特点构造数据元素之间的逻辑关系以及内存中的存储实现，这是二者的区别。

设计数据结构的时候要有相应的计算机语言工具支持，在 BASIC、FORTRAN、C 语言中，只有 C 是面向数据结构应用的工具语言。比较一下 C 和其他语言的区别就可以知道原因，因为它有定义数据结构基本单元的能力，并有地址的运算能力，这两点是非常重要的。通过定义数据结构的基本单元，可以把不同数据类型的变量聚集在一个节点内；通过地址运算，可以把数据结构的逻辑关系在计算机内存中用不同存储方式实现。在 C 语言中，定义数据结构元素是通过结构体实现的。

1．C 语言中的结构体

在学习 C 语言的时候，读者对数组很熟悉，如一个整型变量的数组定义如下：

```
int array[100];
```

它表达了一组整型变量的集合，在 C 语言中基本变量的类型有整型变量、浮点变量、字符变量等，将所有基本变量聚合在一起的方法是定义结构体，用结构体作为基本元素描述事物的属性信息（如表 3-1 所示）称为数据结构元素，或者节点。关于数据结构元素在 C 语言中给出了明确定义。

结构元素是一种被命名为一个标识符的各种变量的集合，是提供将各种基本数据类型聚合到一起的手段，它提供了结构变量的格式。

如一个电话簿的数据结构元素定义如下：

```
struct ADDER{
            char   Name[20];
            char   Street[40];
            char   City[20];
            char   STATE[2];
            unisgned long Zip;
            };
```

通过结构体定义，ADDER 结构变量代表了一组基本数据类型的聚合结构，它就是所谓的数据结构的基本单元。数据结构就是描述这样一组结构变量之间关系的形式。例如：

```
struct ADDER    adder_info[100];
```

给出了结构变量 ADDER 的数组结合形式，是一种线性关系数据结构。

2．C 语言的指针在数据结构中的关联作用

结构化的程序模块和指针的应用是 C 语言程序设计的基本风格。随着 C++的出现，面向对象的程序设计方法以及多线程技术提供了在 Windows 平台上开发应用软件的多样化风格，但指针的应用依然是程序设计最基本的特征。

指针是地址变量，它指向数据变量在内存中的地址。请读者牢牢记住这个概念，之所以对指针的理解非常容易混淆，是因为没有把指针的概念与变量的存储位置关联在一起进行考虑。请读者清楚下面几点：

1）指针的值是地址。

2）任何一个变量都有一个地址，变量类型不同，所占用的地址单元数量也不同。

3）指针也是一个变量，所以它也有地址。

4）给指针赋值是让指针变量指向一个给定数据类型变量的地址。

5）没有赋值的空指针其指向不确定，所以绝对不能在程序中使用。

程序中定义任何一个名称的变量都对应着一个物理地址，因为需要对该地址单元进行数据存取操作。如：

```
char name[20];       /*编译程序分配地址单元*/
scanf("%s",name);      /*给变量 name 赋值*/
```

一个变量在内存中占用的地址单元多少由变量的类型决定。如，字符型变量占用 1 个字节，整型占用 2 个字节，浮点型占用 4 个字节，等等。而一个结构元素占用的内存字节数由它所聚合的基本变量类型及数量决定。

指针是在程序中定义的，因而指针也是一个变量。为了区别数据与地址的关系，将元素变量称为数据变量，指针称为地址变量。

指针也需要被存取，指针本身也有地址：

```
char *cp,name[20];      /*编译程序给指针变量 cp 分配地址单元*/
cp=name;                /*给指针变量 cp 赋值，让它指向数据变量 name*/
```

（1）C 程序中指针的用法

指针变量的基本概念是地址，它用地址运算符取得某一数据变量在内存的地址，从而指向了该变量。指针存储着一个数据变量的地址，由于不同类型的数据变量占用的存储单元数不同，指针变量必须声明其指向的数据变量类型，也就是有整型指针、字符型指针、浮点数指针和结构体指针。只有这样，在变量集合中指针移动操作时所跨过的地址单元数，才是该类数据变量占用的实际内存单元长度，从而能正确地指向下一个变量位置。指针如下操作得以指向一个数据变量：

```
int val=10,y,*p;
p=&val;
y=*p;
*p=20;
```

首先定义整型数据变量 val、y 和整型指针变量 p；第二条语句让指针 p 取得了 val 的地址，即指针 p 指向了变量 val；第三条语句将指针所指向的变量 val 的值赋给了变量 y；第四条语句将指针 p 指向的变量 val 的值修改为 20，如图 3-1 所示。由此可知，可以通过对指针的操作间接操作变量，使程序变得更加简洁，如下面程序对数组进行线性赋值：

```
int array[100],*p, i;
p=&array[0];
for(i=0; i<100; i++)*(p+i)=i;
```

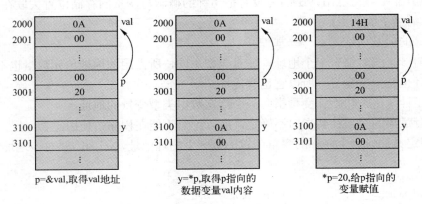

图 3-1　指针应用：指针 p 指向变量，操作指针等于操作变量

切记，一定不能给一个没有值的指针（也就是空指针）赋值，也不能给指针任意赋一个值，如零。图 3-2 显示了给一个空指针赋值的结果。一般 0000H 是计算机操作系统保留区域，如是软中断引导程序的入口地址。假设读者给指针指向的地址单元赋值，那就是说，读者破

坏了系统程序入口地址，如果编译系统没有检查功能，读者的程序运行时将破坏整个计算机系统运行状态。如果指针的值是任意一个随机数，它可能指向任何可能的应用程序正在使用的数据区域或者栈区域，读者的赋值操作就破坏了该应用程序，如说它的返回地址。

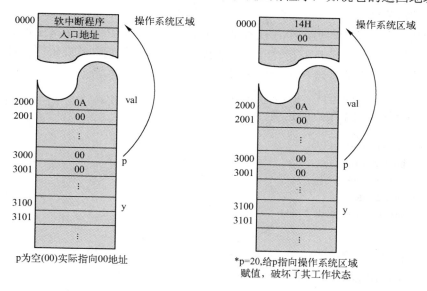

图 3-2　对空指针赋值

指针的另一种用法是地址的传递。数据结构中经常将一个指针的值（某一节点元素的地址）传递给另一个指针，比如，图 3-3 表示了如下程序段的执行结果：

```
int val=10,*p,*q;
p=&val;
q=p;
*q=20;
```

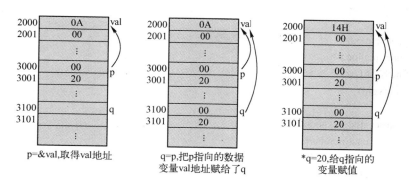

图 3-3　地址传递

另外，为数据节点申请内存空间时，用指针指向调用函数返回的节点地址：

```
p=(struct node *)malloc(sizeof(node));   /*p 是指针变量*/
```

53

（2）指针在数据结构中的关联作用

指针在数据结构中能够起到关联节点的作用，让指针从一个节点元素指向另一个节点元素。换句话说，通过指针连接节点元素之间的存储位置，从而让它们关联在一起，进而表达它们之间的逻辑关系。

让指针从一个节点指向另一个（或者是多个）节点，需要在节点定义中加入指针变量，即节点内存在指向下一个节点的指针。如果能找到当前节点位置，就能根据指针找到后续节点所在，这就是节点关联。现在讨论如何用指针关联两个节点元素。

例 3-3 用节点内部指针关联两个节点。

如下为一个学生数据节点的定义：

```
struct student_node{
    int number;
    char name[40];
    char gender;
    struct student_node * next;
};
```

在这个结构体内，不但提供了描述学生个体属性的基本变量聚合，而且还有该节点类型的指针变量 next，用 next 可以指向学生集合中的其他个体或者说是节点，从而表达了集合中节点之间的关系，使它们关联在一起。如，设指针 head 已指向内存里的一个节点 a_1，当再申请一个节点（如 a_2）时，通过对 a_1 的 next 赋值使其指向 a_2，从而让 a_1 与 a_2 关联起来，如图 3-4 所示。方法实例参见程序 3-1。

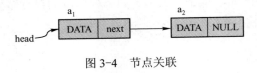

图 3-4　节点关联

程序 3-1 关联两个节点。

```
#include<stdio.h>
#include<malloc.h>
#define NULL 0
int main(void)
{
    struct student_node{
        char number[20];
        char name[40];
        char gender;
        struct student_node *next;
    }*q,*head;
    q=(struct student_node *)malloc(sizeof(student_node));    /*节点 a1*/
    head=q;                                                    /*head 指向 a1*/
    q=(struct student_node *)malloc(sizeof(student_node));    /*节点 a2*/
    printf("请输入名字\n");
```

```
        scanf("%s",q->name);                          /*给 name 赋值，输入名字*/
        printf("请输入学号\n");
        scanf("%s",q->number);                        /*给 number 赋值，输入学号*/
        q->next=NULL;
        head->next=q;                                 /*给 a1 的指针赋值，指向 a2*/
        printf("节点 a2 记录内容是：");
        printf("%s  %s\n",head->next->number,head->next->name);
                                                      /*打印节点 a2 输入的名字*/
        return(0);
    }
```

程序运行结果：

```
请输入名字
张三
请输入学号
2003w1234
    节点 a2 记录内容是：2003w1234          张三
```

3．C 语言的共用体（union）数据类型

在链表和树结构中，往往要求内部节点与外部（如树叉是内部节点而叶子是外部节点）同构，处理的方法是 C 语言中的共用体（union）数据类型。

（1）共用体说明和共用体变量定义

共用体是一种数据类型，它是一种特殊形式的变量。共用体说明和共用体变量定义与结构十分相似。其形式为：

```
union  共用体名{
        数据类型  成员名；
        数据类型  成员名；
        ……
    } 共用体变量名；
```

共用体表示几个变量共用一个内存位置，在不同的时间保存不同的数据类型和不同长度的变量。下例表示说明一个共用体：

```
union data {
        int i;
        char ch;
        float f;
    };
```

再用已说明的共用体可定义共用体变量。例如，用上面说明的共用体定义一个名为 lgc 的共用体变量可写成：

```
union data lgc；
```

共用体变量 lgc 中整型变量 i、字符型变量 ch 以及浮点型变量 f 共用同一内存区域，如图 3-5 所示。因此，对 3 个变量中任何一个变量的赋值操作，都会影响其余变量的值。

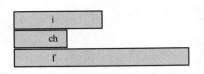

图 3-5　共用体内变量共用内存的同一个区域

当一个共用体被说明时，编译程序自动地产生一个变量，其长度为共用体中最大的变量长度。共用体访问其成员的方法与结构相同。同样，共用体变量也可以定义成数组或指针，但定义为指针时也要用 "->" 符号，此时共用体访问成员可表示成：

共用体名->成员名

共用体也可以出现在结构内，图 3-6 描述了下述结构定义的变量之间的关系：

```
struct {
    int age;
    char sex;
    union {
        int i;
        char *ch;
        }x;
    }y;
```

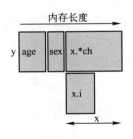

图 3-6　结构与共用体关系

若要访问结构变量 y 中共用体 x 的成员 i，可以写成：

y.x.i;

若要访问结构变量 y 中共用体 x 的字符指针 ch 所指向的内容，可写成：

*y.x.ch;

若写成 "y.x.*ch;" 是错误的。

（2）结构和共用体的区别

结构和共用体都是由多个不同的数据类型成员组成的，但在任何同一时刻，共用体中只存放了一个被选中的成员，而结构的所有成员都存在。

对于共用体的不同成员赋值，将会对其他成员重写，原来成员的值就不存在了，而对于结构的不同成员，赋值是互不影响的。因此，共用体中的指针操作需要特别小心，它很容易被误操作。为了加深对共用体的理解，请读者参见程序 3-2。

程序 3-2 共用体的应用。

```c
#include <stdio.h>
int main(void)
{
        char a;
        union {                                   /*注意和图 3-6 的区别*/
                int age;
                char sex;
                struct {
                        int i;
                        char *ch;
                        }x;
                }y;
        y.age=10;
        y.x.i=20;                                 /*覆盖了 y.age，注意高位是 0*/
        y.sex='b';                                /*覆盖了 y.x.i 的低位，'b'=98*/
        y.x.ch=&a;                                /*y.x.ch 在地址上与共用体内其他变量无关*/
        *(y.x.ch)='a';
        printf("y.x.i=%d\n",y.x.i);
        printf("y.age=%d\n",y.age);
        printf("y.sex=%c\n",y.sex);
        printf("*(y.x.ch)=%c\n",*(y.x.ch));
        return (0);
    }
```

运行结果：

```
y.x.i=98
y.age=98
y.sex=b
*(y.x.ch)=a
```

从程序 3-2 的结果可以看出，当给 y.sex 赋值后，也就是 y.age 和 y.x.i 的低 8 位值置成字符 "b" 的 ASCII 码 98，这两个字的高 8 位都是零。

3.1.3 数据结构定义

不仅指针，数组也是 C 语言中提供的聚合某类元素的工具，它所表达的关系是相邻元素之间只存在一种线性有序关系$<a_i,a_{i+1}>$，如例 3-2 的表格数据结构，就使用了数组形式。因为数组提供的数据元素之间的关系只能是线性相邻的，往往不能满足现实中具有非线性关系的对象需要，因此，必须借助指针来表达复杂逻辑结构的数据关系。如，现实中还可以举出含有多种关系存在的数据结构，设一批数据元素的逻辑结构是：

$k = \{k_1, k_2, \cdots, k_{10}\}$;   /*一组元素*/

$R=\{r_1,r_2\};$ /*一组关系*/

$r_1=\{<k_1,k_2>,<k_1,k_8>,<k_2,k_3>,<k_2,k_7>,<k_3,k_4>,<k_3,k_5>,<k_3,k_6>,<k_8,k_9>,<k_8,k_{10}>\};$

$r_2=\{<k_{10},k_4>,<k_4,k_2>\};$

这是有二元数据关系的逻辑结构，分别用实、虚线表示，如图 3-7 所示。关系 r_1 表示了一种树形逻辑关系，r_2 表示了（k_{10},k_4,k_2）的顺序相邻关系。树形结构是非线性的，当然不能用线性的数组关系描述，所以必须借助指针。指针既能表达线性相邻也能表达非线性分支，这是数据结构使用指针的原因所在。现在给出数据结构的定义。

定义 3-1：数据结构是一个二元组集合 S=（D，R），其中 D 是结构变量的非空有限集合，R 是描述在 D 上的有限个关系的集合。

所以说数据结构研究的是客观事物个体属性在计算机中的表达及描述的方法。在节点元素中，用计算机语言的基本变量的聚合，刻画了事物的客观属性，指针或数组的地址连接则描述了节点之间的关联关系。学习数据结构的内容主要是以下 3 点：

1）数据结构的逻辑结构。根据应用对象，设计有限元素集合中节点之间的逻辑关系，如线性表、树、图等。

2）逻辑结构在计算机中的物理实现，如顺序表、链表、二叉树等。

3）数据结构中节点的操作运算，如插入、删除、检索等。

图 3-8 给出了几种基本的数据结构类型。要设计应用于计算机处理的数据结构形式，上述的定义必须联系于计算机的物理实现才有实际意义。

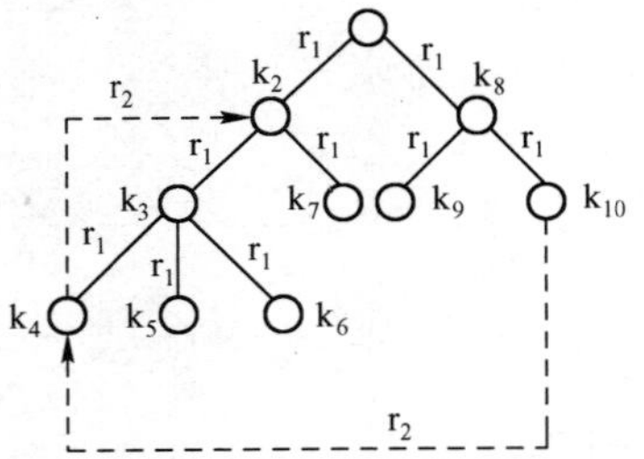

图 3-7 二元关系的逻辑结构图示法

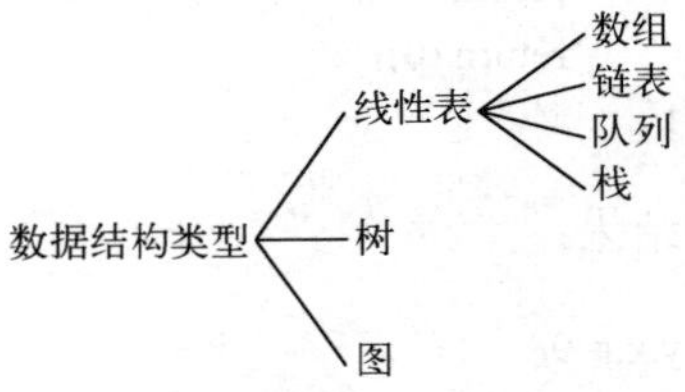

图 3-8 基本的数据逻辑结构类型

数据结构在计算机内存中的表示方法，称为数据结构的物理结构，以区别于前面的逻辑结构类型。物理结构有 4 种基本的类型，如图 3-9 所示，其中，索引结构用于文件操作，散列结构是对数据检索时采用的一种类型。

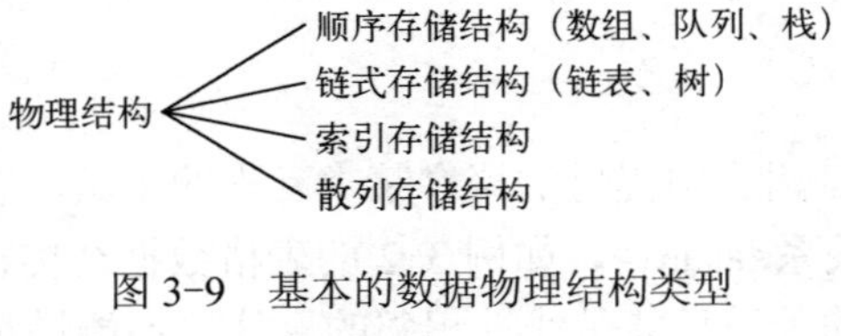

图 3-9 基本的数据物理结构类型

所谓顺序存储结构，是指将数据元素顺序地存放于计算机内存中一个连续的存储区域里，借助元素在存储器中的相对位置来表示元素之间的逻辑关系，也就是用数组描述的一群有限数据元素集合。

链式存储结构的特点，是在每个元素中加入一个指针域，它指向逻辑上相邻接的元素的存放地址。而数据元素在内存中的存放顺序与逻辑关系无关。即链式存储结构是用指针的指向来表达节点的逻辑关系，这也是 C、Pascal 语言适用于数据结构设计的原因。图 3-10 给出顺序、链式存储结构示意，它们都是描述或者说存储了线性关系<a_i,a_{i+1}>，但方式不同。

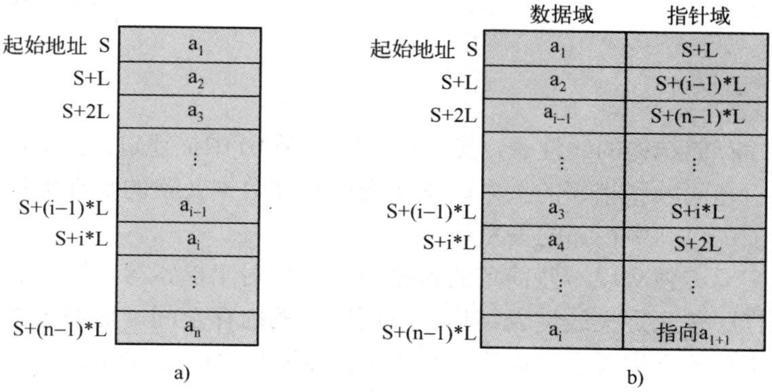

图 3-10　向量的顺序存储结构与链式存储结构

a) 顺序存储结构（L 是结构元素长度）　b) 链式存储结构

数据结构有线性与非线性之分。一个数据结构的关系里，除去端点外，每一个节点有且仅有一个前驱和后继时，这个数据结构是线性的，如数组、链表。如果数据结构关系中，其节点有一个以上的前驱或后继，则称为非线性的数据结构，如树、图。一般情况下，讨论非空有限集合 D 上只有单一关系 r 的数据结构。但是，在关系数据库设计时，讨论的则是非空有限集合 D 上的一组关系 R 的数据结构设计的问题。

数据结构的物理表达问题，在有关参考书中已经明确给出，读者可以仔细阅读理解，对 C 语言不熟悉的读者尤其要注意指针和链式存储结构。在软件类课程中，线性表、树是学习的重点，而线性表中链表设计是重点内容，它应用了指针的概念，在 C 语言设计中，掌握了指针的应用就掌握了 C 语言的设计风格，对有关指针和指针型函数还有不清楚的地方的需要复习，排序、检索在数据结构之后学习。

在结束有关数据结构的概念讨论之前，再次明确地给出数据结构内容的 3 要素是：

数据逻辑结构+物理结构+数据运算

数据运算是指对数据结构的检索、插入、排序、删除、更新等操作。此外，不同数据结构之间的运算效率也是要重点考虑的内容。

3.2　线性表

线性表是最基本、最普通的一种数据结构，下面给出它的定义。

定义 3-2： 一个线性表是数据元素的有限序列{$a_1,a_2,a_3,\cdots,a_n$}，其中 $a_1,a_2,a_3,\cdots,a_n$ 是结构元素，下标是元素的序号，它的数据结构表示是

$$\text{Linear\_list=(D,R)}, \quad R = \left\{ \langle a_i, \ a_{i+1} \rangle \big| a_i, \ a_{i+1} \in D, D = (a_i, i = 1,2,\cdots,n) \right\}$$

这里，关系 R 给出了元素的一种先后次序：a_1 为表起点，a_n 为表终点，除第一元素之外，表中每一元素只有一个前驱；除最后一个元素之外，表中每一元素只有一个后继。

根据线性表在内存中的存储方式不同，分为顺序存储结构的顺序表和链式存储结构的链表。顺序表由元素在内存中顺序存储的相对关系来表达逻辑上的线性有序相邻关系；链表则是用指针的指向来表达这种逻辑上的相邻关系，它在物理上是非顺序排列的。从图 3-10 中可以看出它们的共性与特性，即用不同的物理存储结构表达同一种线性逻辑关系。

3.2.1 顺序表

顺序表是顺序存储结构的线性表，其结构已在图 3-10 中描述过，就是用数组定义的数据元素集合以及元素之间顺序相邻的关系。顺序表内相邻数据元素的物理地址也相邻，因而物理存储关系表达了逻辑顺序相邻的关系。

顺序表结构主要方便实现一些简单的数据操作，如对半检索等。顺序表的特点是简单，主要缺点是需要程序预先定义线性表结构，占用固定的内存空间。这在大多数应用中非常不方便。如，一个学校的学生关系数据库，有关学生信息的数据记录条目随着年代的增加而增加，读者不可能预先设定一个最大存储记录的上限，那样非常不便。

一般来说，顺序存储结构和链式存储结构的区别主要体现在数据结构的操作效率上。现在讨论顺序表在插入与删除运算方面与链表的区别。设有长度为 n 的顺序表：

$$\{a_1,a_2,a_3,\cdots,a_n\}$$

在第 i 个元素前插入数据 a_b，如图 3-11 所示，即：

$$\{a_1,a_2,a_3,\cdots,a_b,a_i,\cdots,a_n\}$$

为此，需要移动数组中的元素以腾出一个空位插入 a_b 元素。显然，在包含 a_i 元素一起移动时，移动元素个数 j 是

$$j=n-i+1 \qquad i=1，2，\cdots，n$$

如果在表中任一位置插入元素的概率相等，则有 $p_i = \dfrac{1}{n+1}$，其平均移动次数是

$$E = \frac{1}{n+1}\sum_{i=1}^{n}\left(n-i+1\right)$$

$$= \frac{n}{2}$$

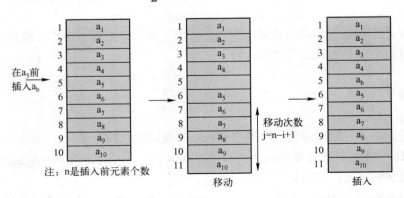

图 3-11 顺序存储的插入操作

同样，在删除 i 节点上元素时，需要顺序移动其后面的元素序列补充这个位置，在顺序

表中元素的移动个数是 j=n-i，所以，其平均移动次数是

$$E = \frac{1}{n}\sum_{i=1}^{n}(n-i)$$
$$= \frac{n-1}{2}$$

因此，当 n 很大时，顺序表插入与删除运算占用的时间很多，为 O（n）时间复杂度（所花费的时间与规模 n 成线性关系）。一般说顺序表在读取元素时效率高（是随机存储结构，可以计算寻址），而在插入与删除时效率比较低。

顺序存储结构可以描述线性表，但并不是说顺序存储结构只能描述线性表。在一个特定应用对象时，如果考虑节省存储空间的目的，往往也用顺序存储结构描述一棵树形结构，如果读者认为顺序存储结构很简单的话，请看下面例子。

例3-4 树的顺序存储结构。设一棵树如图 3-12 所示，问如何用顺序存储结构、以最小空间将其存储在内存中？

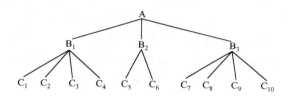

图 3-12 示例树形结构

解：

首先分析题意，它的实质是如何在顺序存储结构中描述出一个元素所具有的多个后继节点的关系，换句话说，要用一个序列来表达这棵树的每一层元素以及各层元素之间的关系，最简单的想法是按层次结构写出这个序列：

$$\{AB_1B_2B_3C_1C_2C_3C_4C_5C_6C_7C_8C_9C_{10}\}$$

显然，这样只能限定在这颗特定的树形结构上，不具有存储树形结构的普遍意义，因为除非事先指定，否则读者不能在程序中区分每一层元素的边界。仔细分析一下可以发现，树是一个递归的结构，根有分叉节点，分叉节点与它的后继仍然形成一棵子树，直到叶子，所以，如果能表达出第一层根和后继节点的关系，就可以递归地用这个形式结构表达下去，设用"（"边界符表示一层边界的起点，"）"表示终点，于是树形结构的元素展开序列为：

$$\{A（B_1(C_1C_2C_3C_4)B_2(C_5C_6)B_3（C_7C_8C_9C_{10}））\}$$

因此，树节点的顺序存储结构是：

A	(	B_1	(	C_1	C_2	C_3	C_4	)	B_2	(	C_5	C_6	)	B_3	(	C_7	C_8	C_9	C_{10}	)	)

程序中，每遇到一个"（"表示一层节点的开始，每遇到一个"）"表示最近与其相配的"（"代表的那层节点结束。

另外，在数据结构中，用顺序存储结构实现的还有队列、堆栈等，因为它们都是线性表的一种，所以也可以称为顺序表，但是在操作上有其特殊性，它们将在后面内容中继续予以讨论。

3.2.2　链表

链表相对来说是一个新的内容，也是学习数据结构的入门。首先给出它的基本结构及概念，然后重点讨论链表设计问题。

1．链表的基本结构及概念

在线性数据结构中为什么使用链式存储结构？前面说过，如果事先知道一个文件占用内存空间的大小，那么用数组描述（顺序存储结构）是最简洁的。但是，大多数应用例子表明无法预先给定一个文件记录数的上限，那样非常不经济。最适宜的处理方法是仅在输入一条文件记录时，向计算机内存管理系统申请一个记录节点所需的空间。系统根据内存当前占用情况进行动态地址分配，然后程序根据所得到的地址，输入这条记录的数据到这个地址单元区域内，并把这条记录的地址连接到文件当前记录的末端，使所有记录串起来形成一个链。

只要存储空间未满，并且程序能正确地连接文件所有记录的地址，则文件记录长度可以动态生长，当然也可以动态删除，而连接所有记录地址的方法就是指针。

如何用指针连接各个数据节点？回顾例 3-1 描述的指针关联作用，定义在节点内部有一个指针域，只要初始有一个头指针 head，并让它指向头节点 a_1，那么，通过把每次输入记录 a_i 的地址赋值给其前驱节点 a_{i-1} 所含的指针 next，就可以让 a_{i-1} 指向 a_i

$$a_{i-1}\text{->next}=a_i;$$

它描述了 <a_i,a_{i+1}> 的逻辑关系。

线性表的链式存储结构的特点是用内存中随机分布的存储单元来存储线性表的数据元素，而关系 <a_i,a_{i+1}> 是用节点 a_i 指针域所含的后继节点 a_{i+1} 地址信息来表达的。即节点分为数据域与指针域两部分，如图 3-13a 所示。

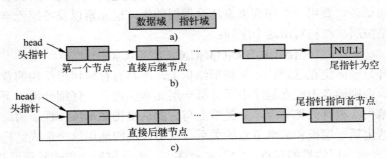

图 3-13　单链表结构

a) 节点结构　b) 单链表结构　c) 循环单链表结构

所有节点指针的指向形成了一条数据链。图 3-14 给出了链表的基本类型，图 3-15 是双链表结构。

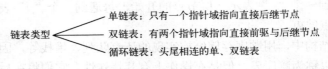

图 3-14　基本的链表数据结构分类

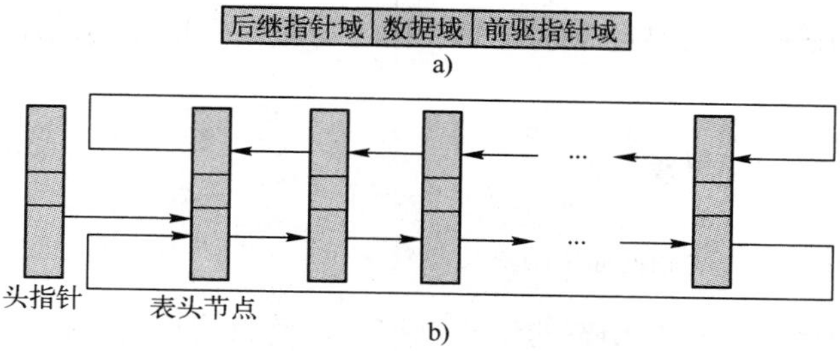

图 3-15 双链表结构

a) 节点结构 b) 双链表

要注意头指针的作用，空表时，指针亦为空。此外，单、双链表的循环结构和非循环结构没有本质的区别。程序设计时，有时也用尾指针来取代头指针，详细见后述例题。有的参考书设置有专门的头节点，在它的数据域设置一个特定的赋值，不把它当成链表中的一个节点，于是链表为空时仍有头节点存在，这取决于具体应用例子的程序设计技巧问题。

关于节点结构，主要在于理解指针的概念。这里，它表达了线性逻辑关系在存储器里的映象，或者说是逻辑结构在内存中的存储实现。所以，链表的节点结构定义中含有一个附加的指针域。它的 C 语言描述是在节点定义中增加一个指针变量，如前描述的 BILL 类型节点，在单链表节点定义时是：

```
struct        BILL{
        char   facility[20];
        char   type[10];
        int    cost;
        int    num;
        struct BILL *next;
};
```

指针 next 与要指向的后继节点同构，所以它的类型必须是 BILL 同类。同样，双链表节点的定义是：

```
struct        BILL{
        char   facility[20];
        char   type[10];
        int    cost;
        int    num;
        struct BILL *next, *pri;
};
```

链表设计中最为困难的是指针运用，包括地址传递和初始化指针等，特别是指向指针的指针这一概念。如，图 3-16 是使用尾指针的循环链表应用于动态存储器管理的例子。

计算机的内存管理系统负责管理存储器中当前剩余的空闲区域，该区域被分成一组空闲内存块的形式，形成如图 3-16a 所示的一个循环链结构。它的左边是一个用户正在使用存储块，也被串成一个循环链表结构。假设现在该用户退出计算机，系统要将该用户正在使用的全部内存块释放，因为有一个尾指针总是指向用户占用链的最后一个内存块节点，于是，用户内存块全部收回的操作只需要把系统链的栈指针与尾指针所指向的尾节点指针内容相交换即可。

```
q=sp；              /*暂存*/
sp=rear->next；     /*取得头节点*/
rear->next=q；      /*指向原空闲块*/
```

链表概念中最重要的是一个动态的生长过程，即链表的长度在程序中是动态地生长与消亡的，表明了链表设计中的灵活性所在。数组定义时必须指明它的长度，如果事先不知道输入节点数是多少，可选择链表结构，只有在存入记录时向系统申请一个节点，而删除一个元素时又可以释放这个节点，在存储区域中链表占用的区域才可以动态变化。

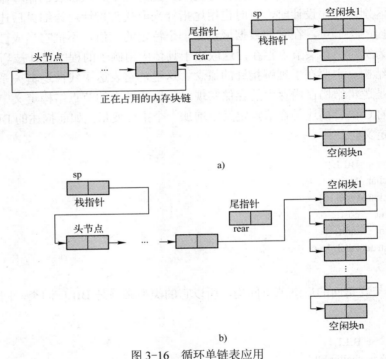

图 3-16 循环单链表应用

a) 尾指针循环链表 b) 占用内存块链被全部释放

2．单链表设计

单链表是掌握链表程序设计的基础。链表设计首先要定义节点结构，沿用前面的例子，一个具体的单链表设计有如下步骤：

1）建立空表并定义节点结构。

```
struct    BILL{
    int   key；                  /*用关键码排序*/
    char  facility[20]；
    char  type[10]；
    int   cost；
    int   num；
```

64

```
        struct       BILL       *next;
    };
```

在主程序中定义一个头指针：

```
    struct       BILL *head=NULL;
```

现在已经建立了单链表的头节点指针并完成了初始化。在 C 语言中有一个 malloc()函数，它用于动态申请内存分配，节点插入时，用它每次从内存申请一个节点所需的内存，即前面所说的链表的动态生长，此函数具体功能可参考 C 语言手册。

2）插入节点生成链表。

输入新的节点可以看成是对单链表的插入运算。图 3-17 给出了插入节点的过程示意，设节点递增有序，它表明了指针的修改方法及要点。

在 p 节点前插入 S 时，插入函数要区分 3 种不同情况：

① 表空，S 成为表头。

② 表中无 p 节点，S 插入链尾。

③ 找到 p 节点，将 S 在其之前插入。

插入时指针修改的顺序要特别注意，在切断 q 与 p 的节点链之前，先把 S 的指针指向 p，以免丢失指针链信息，原则如下：

① 修改 S 指针指向 p 节点，取得后继节点指针信息：

```
    S->next=P;              /*定位 S*/
```

② 修改 p 节点前驱 q 的指针指向 S，插入 S 到链表中：

```
    q->next=S;              /*修改 q 指针*/
```

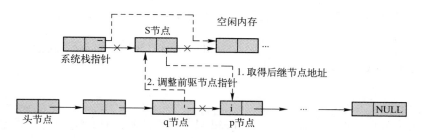

图 3-17　在 p 节点前插入 S 的过程

下面是单链表插入程序的例子，程序定义的节点结构是前述的 BILL 单链表节点。插入前节点序列是：

```
    head->…，q，p，…，n
```

插入后是：

```
    head->…，q，S，p，…，n
```

链表按关键字递增有序。

程序 3-3　单链表节点插入。

```
    struct BILL *dls_store(struct    BILL *S,struct    BILL *head)
```

```
{
    struct BILL *p,*q;                  /*定义中间变量*/
    if(!head){                          /*表空，返回 S 为头节点*/
        head=S;
        S->next=NULL；
        return(S)；
        }
    p=head;                             /*从头开始搜索 p 节点*/
    q=p;
    while(p){
        if(p->key<S->key){
                                        /*当前节点关键字值小于 S 节点关键字值，搜索下一个节点*/
            q=p;
            p=p->next;
            }
        else{                           /*找到插入位置，在节点 p 之前*/
            if(p==head){                /*是头部？*/
                S->next=head;
                head=S;
                return(S);
                }
            q->next=S;                  /*是链表中间，在节点 p 之前插入 S 节点*/
            S->next=p;                  /*因有中间变量定义，所以指针修改顺序可以不考虑*/
            return(head);               /*返回头节点给调用程序*/
            }
        }
    /*走出循环体，该表非空且无关键字值大于 S 的节点，S 插入链尾*/

    q->next=S;                          /*如用 p->next=S 则错，因此时 p 为空*/
    S->next=NULL；
    return(head);
    }
```

这个例子头节点不占用实际内存，即 head 只是一个指针，此函数调用形式为：

head=dls_store(S,head);

因为 head 是指针，所以函数被定义为指针型函数，它返回一个指针。不同的链表结构有不同的程序实现，即使是同一链表结构其程序实现也是不同的，重要的是了解链表设计的基本要点与概念。此程序的节点数据输入输出参见下面程序。

程序 3-4 单链表节点数据输入。

```
struct BILL *enter()
{
    struct       BILL *S;
    S=(struct BILL *)malloc(sizeof(BILL));      /*向内存申请一个节点*/
    if(!S)exit(-1);                             /*如果失败则退出程序*/
    cout<<"输入序号"<<endl;
```

```
        scanf("%i",&(S->key));
        cout<<"输入设备名称"<<endl;
        scanf("%s",S->facility);
        cout<<"输入型号"<<endl;
        scanf("%s",S->type);
        cout<<"输入单价"<<endl;
        scanf("%i",&(S->cost));
        cout<<"输入数量"<<endl;
        scanf("%i",&(S->num));
        return(S);
    }
```

程序 3-5　单链表节点数据输出。

```
void list(struct BILL *p)
{
printf("序号　名称　型号　单价　数量\n");
if(p){
    while(p){
        printf("%i  %s    %s    %i    %i\n", p->key,p->facility,p->type,p->cost,p->num);
        p = p->next;
        }
    }
}
```

3）删除节点。

节点的删除运算与插入是一对相辅相成的功能函数。与插入相反，在搜索到要删除节点后，修改其前项指针，并释放节点占用的内存（malloc()的反函数 free()）于存储器管理系统，单链表删除 p 节点操作如图 3-18 所示。因为程序比较简单，直接给出如下的删除函数 C 语言程序。

程序 3-6　单链表节点删除。

```
struct      BILL *del(int key,struct    BILL *head)
{
    struct BILL *p,*q;                  /*定义中间变量*/
    if(!head)return(0);                 /*表空返回*/
    if(head->key==key){
        p=head;                         /*暂存头部信息*/
        head=head->next;                /*先修改指针后释放节点内存*/
        free(p);
        return(head);
        }
    p=head;                             /*从头开始搜索 p 节点*/
    q=p;
    while(p){
        if(p->key!=key){      /*当前节点关键字值不等于输入关键字值，搜索下一个节点*/
            q=p;
            p=p->next;
```

```
            }
        else{                          /*找到i值节点p*/
            q->next=p->next;           /*修改指针删除p节点*/
            free(p);                   /*释放节点占用的内存*/
            return(head);
        }
    }
    cout<<"无指定节点"<<endl;          /*走出循环体,表明该表无关键字值的节点*/
    return(head);
}
```

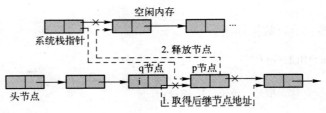

图 3-18   删除 p 节点的过程

现在可以给出单链表生成的主函数程序,参见程序 3-7。

程序 3-7   单链表生成程序。

```
#include<stdio.h>
#include<malloc.h>
#include <stdlib.h>
#include<iostream.h>
#include<conio.h>
struct      BILL *del(int,struct BILL *);
struct      BILL *enter();
void        list(struct   BILL *);
struct      BILL *dls_store(struct   BILL *,struct   BILL *);
struct      BILL{
    int         key;                   /*用关键码排序*/
    char        facility[20];
    char        type[10];
    int         cost;
    int         num;
    struct      BILL *next;
};
int main(void)
{
    struct      BILL *head,*S;
    int key,flg=0;
    head=NULL;
    for(;;){
        cout<<"插入: i; 退出: q; 列表: l; 删除: d"<<endl;
```

```
switch(getch()){
    case 'i':
        S=enter();
        head=dls_store(S,head);
        list(head);                    /*列表*/
        break;
    case 'l':
        list(head);                    /*列表*/
        break;
    case 'q':
        flg=1;                         /*退出程序*/
        break;
    case 'd':
        cout<<"输入要删除节点的序号"<<endl;
        cin>>key;
        head=del(key,head);
        if(head)list(head);
        break;
    }
    if(flg==1)break;
}
return(0);
}
```

程序 3-7 只包含了建立单链表的基本功能函数，此外还有检索、存储等操作，请读者参考图 3-19，编程并上机调试，为后面的双链表设计作准备。

3. 单链表操作效率

链表的特点是在存储结构上用指针表达了相邻元素的逻辑关系，因此它的高效率体现在插入与删除方面，没有顺序表要移动元素的问题。另一方面，链式存储结构是顺序存取结构（与顺序表是随机存储结构不同），设链表长为 n，单链表操作时每次访问、查找一个元素必须从表头开始，如果查找任一元素的概率相等，则有 $p_i = \dfrac{1}{n}$，其平均查找长度是

$$E = \frac{1}{n}\sum_{i=1}^{n}i$$

$$= \frac{n+1}{2}$$

即最好情况是一次查找成功（为表头元素），最坏情况是查找了 n 次（表尾，且不考虑失败），平均是 $\dfrac{n+1}{2}$。

由于顺序存储结构：

$\text{ADDR(i)}=S_0+(i-1)*L$ i 是序号，i=1, 2, …, n；L 是节点实际占用内存长度，L=sizeof(变量)，S_0 是顺序表在内存的起始地址。

只要给定了元素下标 i，顺序表可以由表达式求出它相应在内存中的位置，进行元素存取操作，所以称为随机存储结构。随机存储结构在读操作上，其效率比链式存储结构要高得多，

但在插入与删除运算上则是 O（n）时间复杂度。至于检索运算要区分不同的情况，即是有序或无序表。

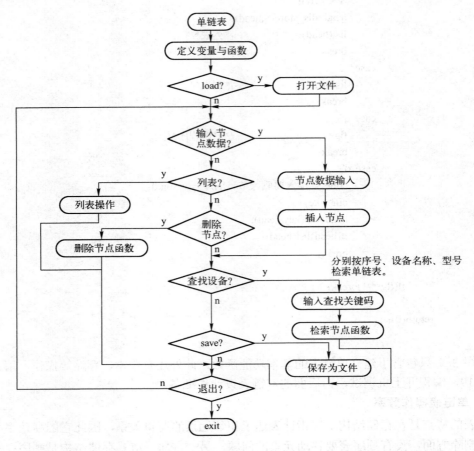

图 3-19　单链表操作流程

4．双链表设计

用单链表来表示线性表，其检索任何一个节点都只能从头节点开始向后继节点方向搜索（或是从尾部向头部），即运算是单向的。如果在每一节点中再增加一个指针域，指向其直接前驱节点，则运算就可以双向进行，效率也会有一定的改善提高，这就是前面介绍过的双链表。双链表的节点定义已经在前节介绍过，现在在单链表设计的基础上讨论双链表设计内容。双链表与单链表最大的不同就是在对指针作修改时，出现了指向指针的指针概念。

（1）双链表节点的插入

图 3-20 所示是双链表节点插入，指针的修改要点示意图。修改原则是先取得直接前驱和后继节点的地址信息，以避免丢失指针链。步骤如下：

1）S->next=p；　　　　取得后继地址信息
2）S->pri=p->pri；　　　取得前驱地址信息
3）p->pri-->next=S；　　修改 p 前驱节点的后继指针信息，指向新插入的 S
4）p->pri=S；　　　　　修改 p 的前驱指针指向新插入的 S

70

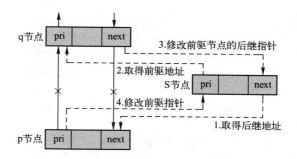

图 3-20 双链表的节点插入

设插入前节点序列是：

head-->…，q，p，…

插入后是：

head-->…，q，S，p，…

按关键字递增有序，重写双链表节点结构如下：

```
struct        BILL{
int           key；
     char  facility[20]；
     char  type[10]；
     int    cost；
     int    num；
     struct BILL *next，*pri；
     }；
```

现在给出双链表插入程序 3-8。

程序 3-8 双链表节点插入。

```
struct        BILL *dls_store(struct    BILL *S,struct    BILL *head)
{
    struct        BILL *p,*q；        /*定义中间变量*/
    if(!head){                        /*表空，返回 S 为头节点*/
        S->next=NULL；
        S->pri=NULL；
        return(S)；
        }
    p=head；                          /*从头开始搜索 p 节点*/
    q=p；
    while(p){
        if(p->key<S->key){    /*当前节点关键字值小于 S 节点关键字值，搜索下一节点*/
            q=p；
            p=p->next；
            }
```

71

```
        else{                              /*找到 i 值节点 p*/
            if(p==head){                   /*是头部？*/
                S->next=head；             /*表头节点信息也参加排序*/
                S->pri=NULL；              /*非循环链表，故表头前驱指针为空*/
                p->pri=S；
                return(S)；
                }
            S->next=p；                    /*链表中间插入 S 节点先取后继节点地址*/
            S->pri=p->pri；                /*取得前驱节点地址*/
            p->pri->next=S；               /*修改原 p 前驱节点的后继指针，指向 S 节点*/
            p->pri=S；                     /*修改 p 的前驱指针，指向 S*/
        return(head)；
        }
    }                      /*走出循环体表明该表非空且无关键字值大于 S 节点，故 S 插入链尾*/

    q->next=S；                            /*如果用 p->next=S 则错，因此时 p 为空*/
    S->next=NULL；                         /*非循环表，尾指针为空*/
    S->pri=q；
    return(head)；
}
```

（2）双链表节点删除

双链表节点的删除同样是单链表节点操作的推广，如图 3-21 所示。有关的具体程序读者可以参考双链表节点插入程序。需要注意的是头节点和尾节点删除处理情况。

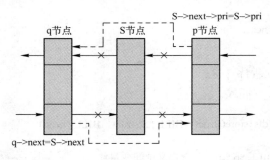

图 3-21 双链表的节点删除

5．链表深入学习

（1）指针的初始化

在数据结构中，链表程序设计相对简单，但有关它的基本概念依然不能忽视，最基本的仍然是指针的活用问题。下面看几个例子。

例 3-5 单链表复制。单链表如图 3-22a 所示，请编写一 C 语言函数，将此单链表复制一份拷贝如图 3-24b 所示。

解：

题意要求在内存中建立一个链表的副本，其实质是考察读者对头指针的理解问题。假设在程序中如下处理：

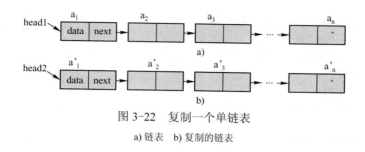

图 3-22 复制一个单链表

a) 链表 b) 复制的链表

```
struct node *copy(struct node *head)
{
        struct node *head2,*p,*q,*s;
        p=head;
        q=head2;                          /*取复制后的头节点指针*/
        while(p){
            s=(struct node *)malloc(sizeof(node));
                                          /*申请一个节点的内存*/
            s->data=p->data;             /*复制链表的数据域*/
            q->next=s;                   /*q 初始从 head2 开始顺序指向复制的节点地址*/
            q=s;                         /*q 再递推更新指向复制链表的当前末节点*/
            p=p->next;                   /*p 也再递推更新指向链表的下一个节点*/
        }
        ......
}
```

程序对 head2 处理有什么问题呢？回顾一下在 3.1.2 节学习数据结构的基础中关于指针应用的几个要点中特别指出：一定不要使用一个没有赋值的空指针。

现在 head2 就存在这个问题。它初始为空，在 while()循环体内的第一次循环时，q->next=s 实际上是 head2->next=s，无意中使用了一个空指针，后果是程序运行被终止。

指针必须指向一个变量才能获得有效的地址，必须非常清楚这个概念。现在只要给指针变量 head2 一个初值就行，程序 3-9 是修改后的完整复制函数，其节点定义与程序 3-8 完全相同，节点的数据域复制包括了字符串拷贝等操作。

程序 3-9 单链表复制。

```
struct BILL *copy(struct BILL *head)
{
        struct BILL *head2,*p,*q,*s;
if(!head)return(0);
        head2=(struct BILL *)malloc(sizeof(BILL));        /*为 head2 申请一个内存地址*/
        p=head;
        q=head2;
        while(p){
            s=(struct BILL *)malloc(sizeof(BILL));        /*申请节点空间*/
            s->key=p->key;                                /*复制链表的数据域*/
            strcpy(s->facility,p->facility);
```

```
                    strcpy(s->type,p->type);
                    s->cost=p->cost;
                    s->num=p->num;
                    q->next=s;
                    q=s;
                    p=p->next;
            }
            q->next=NULL;
            q=head2->next;
            free(head2);
            return(q);
    }
```

（2）对称链表——指针概念的拓宽

一般说，链表节点指针域存储的是相邻节点的地址，但在一种称为对称表的结构中，节点指针域存储的却是相邻节点地址的运算结果，请参见例 3-6。

例 3-6　对称单链表。设 X 和 Y 是两个 n 位的二进制数，称之为二进制位串。$X \oplus Y$ 是 X 和 Y 各对应的二进制位进行异或运算后所得结果，它仍然是一个二进制位串。而基于异或运算的对称单链表定义为其第 K_i 个节点指针域存储的是地址异或运算后的中间信息，现问：

（1）对称单链表中指针域存储的是地址异或运算的结果，其节点 K_i 的指针域信息内容是什么？如何通过该信息求得与 K_i 相邻节点的地址？

（2）设表长为 n，头指针指向 K_1 节点，请画出基于异或运算的对称单链表的结构，标明各节点指针域内容，包括第 1 个节点、第 2 个节点、第 i 个节点和第 n 个节点。

解：

普通单链表只有一个后继节点指针域，所以检索只能沿单方向进行。为了在不增加指针域的情况下具有双链表的检索功能，可以采用对称单链表形式提高单链表的检索效率，本例要点仍然在于指针的应用。指针是地址，也就是二进制位串。C 语言位操作运算符中有位异或操作，符号表示为"^"。异或是一种逻辑运算，两者相同，运算结果为逻辑 0；两者相异，运算结果为逻辑 1。异或运算有下列特性：

$$(X \oplus Y) \oplus X = Y$$
$$(X \oplus Y) \oplus Y = X$$
$$(X \oplus 0) = X$$
$$(X \oplus 1) = \sim X$$

根据异或特性，对称单链表节点指针域存储的信息内容，是通过对相邻节点地址作异或运算所得的结果。即第 K_i 个节点指针域存储的是 K_{i-1} 节点和 K_{i+1} 节点地址的异或运算值 $\xi_{i-1} \oplus \xi_{i+1}$，显然有

$$(\xi_{i-1} \oplus \xi_{i+1}) \oplus \xi_{i-1} = \xi_{i+1}$$
$$(\xi_{i-1} \oplus \xi_{i+1}) \oplus \xi_{i+1} = \xi_{i-1}$$

定义 NULL=0，则（NULL $\oplus \xi_i$）= ξ_i，所以节点 K_1 指针段内容是（NULL $\oplus \xi_2$）= ξ_2，节点 K_n 指针段内容是（NULL $\oplus \xi_{n-1}$）= ξ_{n-1}。基于异或运算的对称单链表结构如图 3-23

所示。

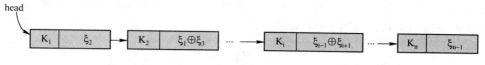

图 3-23　基于异或运算的对称单链表结构

下面这段程序在对称链表中单方向搜索关键字值等于 key 的节点，找到后返回该节点指针位置，否则返回空。

作为练习，请读者参考程序 3-10 设计基于异或运算的对称单链表节点插入程序。链表数据结构很简单，但前面几个例子说明：有关链表程序设计方面的概念依然不可轻视，它是学习数据结构的重要基础之一。

程序 3-10　对称表检索。

```
struct BILL *search(int key,struct BILL *head)
{
    long ia;
    struct      BILL *ps,*p,*q,*qq,*pp;
    p=head;
    q=NULL;                        /*前驱节点地址为空*/
    while(p){
        if(p->key!=key){
            ia=(long)q^(long)(p->next);  /*前驱节点指针和当前节点指针域异或运算*/
            ps=(struct   BILL *)ia;       /*取得后继节点地址*/
            q=p;
            p=ps;
            }
        else   return(p);          /*找到关键字值相等节点 p,返回指向它的指针*/
        }
    return(NULL);                  /*检索失败,返回空指针*/
}
```

因节点 K_n 指针内容是（$NULL \oplus \xi_{n-1}$）$= \xi_{n-1}$，当 p 指向节点 K_n 时 q 指向节点 K_{n-1}，所以 q$\oplus$(p->next)$= \xi_{n-1} \oplus \xi_{n-1} = NULL$。

6．稀疏矩阵的三元组与十字链表

有关数组的内容在 C 语言课程学习过程中就已经很熟悉了。现在讨论稀疏矩阵的压缩表示方法，讨论目的是通过三元组与十字链表的内容加深读者对链表的理解。

（1）三元组表

设有 4×4 矩阵 **M** 如下

$$\begin{pmatrix} 15 & 0 & 0 & 22 \\ 0 & 11 & 0 & 0 \\ 0 & 0 & -6 & 0 \\ 91 & 0 & 0 & -5 \end{pmatrix}$$

基于节约存储空间的目的，需要对矩阵 **M** 存在的零元素作压缩处理。算法是只存储非零元素及其下标，用一个二维的 3 列、(t+1) 行数组表示，此二维数组即为三元组。这里 t 是 **M** 的非零元素个数的总和，如图 3-24 所示。

M	[0]	[1]	[2]
[0]	4,	4,	6
[1]	1,	1,	15
[2]	1,	4,	22
[3]	2,	2,	11
[4]	3,	3,	−6
[5]	4,	4,	91
[6]	4,	4,	−5

(4，4，6)
(1，1，15)
(1，4，22)
(2，2，11)
(3，3，−6)
(4，1，91)
(4，4，−5)

a)　　　　　　　　　b)

图 3-24　稀疏矩阵的三元组表示

a) 矩阵 **M**　b) 三元组

　　其中，**M**[0][0]～**M**[0][2] 是 (m，n，t)，而 **M**[i][j] 是 (i，j，a_{ij})。$1 \leqslant i \leqslant m$，$1 \leqslant j \leqslant n$。因 m·n·sizeof（类型）是 m×n 矩阵占用的存储空间，而 3·t·sizeof（类型）是三元组占用的存储空间（不考虑表首 3 个字节），所以，三元组压缩存储空间的条件是 m·n>>3t，或者 $t << \dfrac{mn}{3}$。按照这个条件，上例 **M** 并不适于作三元组压缩，压缩算法也只是在大型矩阵运算时要考虑的问题。此外，读者要了解数组的特性有：均匀性，数组中每个元素的数据类型是一致的；有序性，数组中元素的位置是有序的。这实际上也是线性表的特性。三元组是一个二维数组，它也必须满足以上两个条件。此外，定义三元组的数据类型必须与稀疏矩阵一致。如矩阵 **A** 为

$$A = \begin{pmatrix} a_{11} & 0 & 0 & a_{14} \\ 0 & a_{22} & 0 & 0 \\ 0 & 0 & a_{33} & 0 \\ a_{41} & 0 & 0 & a_{44} \end{pmatrix}$$

　　定义 **A** 的三元组矩阵

　　float array[6][3]；

　　因为 a_{ij} 是浮点型，虽然 i,j 是整型量，其三元组也必须与 **A** 矩阵元素同时定义为浮点型。

　　（2）十字链表

　　十字链表是链表中的一个应用例子。用三元组表示稀疏矩阵有一个缺点，即只适用于转置运算，因为转置运算不会造成非零元素的增减。但是在加、减、乘、除运算中，矩阵非零元素的个数会发生变化，因而造成三元组的结构改变，为此，采用十字链表存储结构来表达稀疏矩阵适于矩阵运算需要。十字链表程序设计需要注意有关内、外部节点的区别问题。首先，选定十字链表的节点结构形式如图 3-25 所示。

　　这里，稀疏矩阵的每一非零元素是表中的一个节点（内部节点），分别在数据域存储它的

行、列和元素本身。内部节点指针域的下指针指向本列中的下一个非零元素节点，它的右指针指向本行中的下一个非零元素节点。

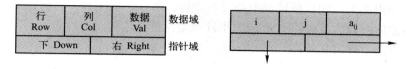

图3-25　十字链表节点结构

图 3-26 所示是十字链表逻辑结构。$H_0 \sim H_4$ 是十字链表的辅助表头节点组，称之为外部节点。其中，H_0 是三元组表的头节点。矩阵的每一行由一个行表头节点与该行的非零元素节点串成一个行循环链；矩阵的每一列也是由一个列表头节点与该列的非零元素节点串成一个列循环链，行列循环链的交叉称为十字链表。所以，$H_0 \sim H_4$ 的右、下指针域分别是各行、列循环链的头指针。

因为行、列循环链表头的列、行指针域相互为空，所以可共用一个表头节点，即图 3-26 中的 $H_1 \sim H_4$ 既是行表头节点，也是列表头节点。

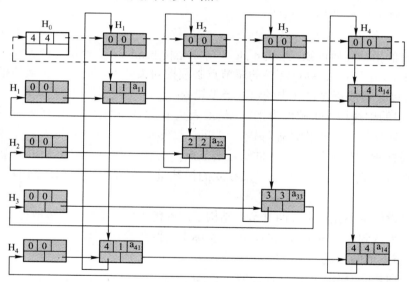

图3-26　十字链表逻辑结构

请注意观察图 3-26 的虚线，因为 $H_1 \sim H_4$ 的指针域已经被各行、列循环链的头节点占用，因此，要表达 $H_0 \sim H_4$ 的线性相邻关系，必须考虑辅助手段，即虚线的指向关系。可以看到，如果用表头节点的数据域作为附加指针域，就形成如虚线所示的表头循环链，实际上是给出了各行（或列）之间的线性有序关系。

外部节点的数据域要用作指针，所以头节点的非零元素个数 t 就不能用数据域表示。这里，就一些概念上的问题作一个讨论：

1）二维数组是一个线性表。

N 维数组也是一个线性表。因为各行、列都可以看成是一个线性数据结构关系，因此十字链表也是线性数据关系，它要满足均匀性、有序性条件，即节点是同构的。

2）内外节点同构问题。

如果要求外部头节点的结构与内部非零元素节点的结构一致，那么，表头节点的 Val 域改为指针类型和内部节点的数据域类型必然有矛盾。所以，程序设计的问题是，在保持节点同构要求下，如何改动头节点的 Val 域为指针类型，使之达到同构目的又实现了表头循环链的构成。如，内部节点定义是：

```
struct node{
    int     col,row;
    float   val;
    struct node *down, *right;
};
```

如果外部节点是把 Val 直接改成指针数据类型的话，则有：

```
struct headnode{
    int     col, row;
    struct headnode *next;
    struct node *down, *right;
};
```

由 C 语言的指针性质可知，结构 node 不等于结构 headnode，不符合链表设计中的结构一致要求。实际上，因为行、列循环链的尾节点必须指向头节点，而链中元素的指针类型与头节点不一致，就会造成程序设计中的语法类型错误。

图 3-26 中的虚线用 Val 域作为指针，是把表头节点 $H_1 \sim H_4$ 的线性有序关系在物理结构上表达出来，这样的辅助头指针循环链，可以由表头 head 开始，沿表头节点链的 Val 域关系达到或者说搜索到任一行、列的非零元素节点，这就是图中虚线所表达的意图。没有辅助头节点指针链，则各行、列就是互相独立的循环链，矩阵的行与列之间的线性有序关系无法表达。

既然程序设计上不允许定义两种节点结构于同一链表中，就不能简单地把节点数据域 Val 改为指针类型来达到连接表头节点的目的。实际上有两种方法实现：

1）外部节点辅助向量。

定义一个向量 cp[M]，可以这样理解：

```
struct node cp[M];              /*M=max{n, m}*/
```

这里，n 和 m 分别是矩阵行、列值。cp[0]就是头节点，cp[i]（i=1，2，…，M）就是 $H_1 \sim H_M$，向量元素之间所具有的线性关系表达了连接表头节点的目的，即图 3-26 中的虚线功能。于是，一个辅助向量解决了行、列表头节点之间的顺序关系建立问题，也达到了链表中节点同构的要求。程序 3-11 给出了使用辅助向量方式的十字链表节点插入的 C 语言函数。

程序 3-11　辅助向量方式的十字链表节点插入函数。

```
struct      BILL *dls_store(struct BILL *s,struct BILL *cp)
{
```

```
            struct        BILL *q,*p;
            q=(*(cp+s->row)).right;                    /*插入的行*/
            if(q==(cp+s->row)){
                    s->right=(cp+s->row);
                    (*(cp+s->row)).right=s;            /*插入头节点*/
                    }
            else{
                    while((q!=(cp+s->row))&&(q->col<s->col)){
                            p=q;
                            q=q->right;                 /*查找插入列位置*/
                            }
                    if(q==(cp+s->row)){
                            s->right=q;
                            p->right=s;                 /*插入头节点*/
                            }
                    else {
                            cout<<"输入列错误"<<endl;
                            return(0);
                            }
                    }
            q=(*(cp+s->col)).down;                      /*插入的列*/
            if(q==(cp+s->col)){
                    s->down=(cp+s->col);
                    (*(cp+s->col)).down=s;              /*插入到头节点*/
                    }
            else{
                    while((q!=(cp+s->col))&&(q->row<s->row)){
                            p=q;
                            q=q->down;                  /*查找插入行位置*/
                    }
                    if(q==(cp+s->col)){
                            s->down=q;
                            p->down=s;                  /*插入*/
                            }
                    else {
                            cout<<"输入行错误"<<endl;
                            return(0);
                            }
                    }
            return(cp);                                 /*正常返回向量首地址*/
}


                                                /*以下是初始化过程*/

int initialization(int *n,int *m,int *t,struct BILL *cp)
{
```

```
        int s,i;
        struct BILL *p;
        cout<<"输入矩阵行、列和非零元素个数"<<endl;
        cin>>*n>>*m>>*t;

        if(*m>*n)s=*m;
        else s=*n;

        (*(cp+0)).row=*m;
        (*(cp+0)).col=*n;
        for(i=1; i<=s; i++){
                (*(cp+i)).row=0;
                (*(cp+i)).col=0;
                (*(cp+i)).right=(cp+i);
                (*(cp+i)).down=(cp+i);
                }
        return(s);

    }
```

2）节点中使用共用体定义。

对节点的数据域 Val 定义共用体：

```
struct node{
        int   col,row;
        union{
        float  val;
        struct node   *next;
        }x;
        struct node   *down, *right;
};
```

请读者用 C 语言编写十字链表程序，节点结构如图 3-25 所示，内、外节点使用共用体形式。

3.2.3 堆栈

1. 堆栈结构

堆栈是一种重要的数据结构形式，图 3-27 所示的是其逻辑数据结构，如果不看堆栈的操作方式，从线性表的角度看堆栈完全符合线性结构定义：

1）堆栈中的数据元素是有限的。

2）每一节点只有一个前驱与后继。

3）仅在端点元素时只有一个后继或前驱。

堆栈是操作受到一定限制的线性表，即元素只能在栈顶进出栈。既然堆栈是线性表结构，

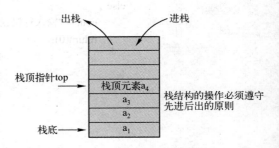

图 3-27　堆栈的逻辑数据结构

其存储结构也如同线性表，也有顺序存储与链式存储之分。

2．基本操作

（1）概念

堆栈，顾名思义将其类比于客栈、货栈，对程序中的数据栈起到存储（或暂存）数据、地址的作用。与一般的存储方式不同的是，它要按照一种秩序，即先进后出的方式来存储程序的数据或地址。

为什么要按照先进后出的方式设计栈？请参见图 3-28 所示程序运行流程。程序是顺序执行的，一般来说在内存的某点开始执行，如图 3-28。当遇到断点时，主程序调用子函数，即计算机转移到该函数所在的内存地址处开始执行该函数程序。同时，为了保证执行完毕后能正确返回到被中断处继续主程序的执行，计算机的操作系统需要保存断点地址，或称为返回地址。它被压入栈中，并在调用程序的结尾弹出。当出现中断嵌套时，栈的功能就充分显示出来。地址的返回顺序如图 3-29 所示。它正好符合先进后出的顺序。因此，在程序设计中，栈是一种重要的数据结构。

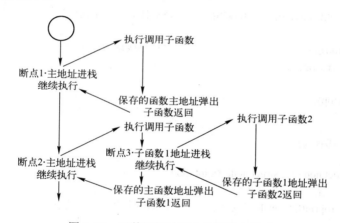

图 3-28　函数调用过程中栈的进出关系

图 3-29　函数返回地址关系

（2）栈操作

基本运算有：

1）push(st,x,top)，往栈 st 中压入 x。

2）pop(st,&x,top)，从栈 st 弹出栈顶元素给 x。

3）sempty(st)，布尔函数，若栈空则为真（true）。

顺序栈的最大深度是限定的，设为 m。则建立一个顺序存储结构栈的步骤是：

```
int top=-1,Stack[m];        /*设栈空时指针为负数*/
```

定义栈顶指针 top 意义如图 3-30 所示。

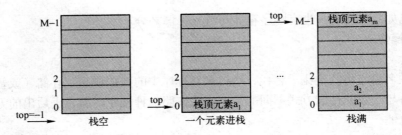

图 3-30 栈指针状态

其中，进栈函数 push(st,x,top) 的 C 语言实现参见程序 3-12，出栈函数 pop(st,&x,top) 的 C 语言实现参见程序 3-13。

程序 3-12 进栈函数。

```
int push （struct node *p,struct node x,int top）
{
    if(top==M-1)printf("overflow");        /*如栈满提示错误信息*/
    else{
        top++;                             /*调整栈顶指针*/
        *(p+top)=x;                        /*元素 x 进栈*/
        }
    return(top);
}
```

程序 3-13 出栈函数。

```
int pop （struct node *p, struct node *x,int top）
{
    if(top<0)printf("overflow");           /*如栈空提示错误信息*/
    else{
        *x=*(p+top);                       /*出栈*/
        top--;                             /*调整栈顶指针*/
        }
    return(top);
}
```

例 3-7 回文识别。

回文是指一个字符串从前读和从后读都有一样的字母顺序。设长度为 n 的字符串在数组 array[n] 中，编写判别 array[n] 中的字符串是否为回文的 C 程序实现（程序输出结果为 true 或 flase）。

解：设栈 stack[n]，元素 x 进栈操作为 push(s,x,top)，函数参见程序 3-14。

程序 3-14 例 3-7 程序。

```
void palindrome(char *array,int n)
{
    char *p,stack[M];
    int top=-1,i;
```

```
        for(i=n-1；i>=0；i--)top=push(stack,array[i],top);
        top=push(stack,0,top);
        if(strcmp(array,stack)) printf("flase\n");
        else printf("true\n");
    }
```

（3）堆栈的存储结构

堆栈是一个线性表，有顺序存储结构与链式存储结构两种实现方式。所谓顺序栈，就是定义一个数组。当栈的容量事先不确定时，可以采用链式存储结构，有关内容读者可以参考链表设计一节。

3．堆栈与递归——堆栈在递归程序中的应用

读者在 C 语言程序设计中已经接触过递归的概念和程序设计方法。一个直接调用自身或通过一系列的过程调用语句间接地调用自身的过程（函数）称为递归调用过程（函数）。

递归是程序设计中很难掌握的内容，应用非常广泛。树、二叉树、广义表中的数据结构都是递归结构。某些数学函数，如阶乘函数 n！求值，也可以表达为递归形式

$$Fact(n) = \begin{cases} 1 & n = 0 \\ n \cdot Fact(n-1) & n > 0 \end{cases}$$

如果对象是递归结构的，用递归函数实现程序就非常简捷，但设计方法比较难掌握。而堆栈在递归调用中有着重要作用，调用一个函数需要完成：

1）将实参与断点地址传送给被调用函数。

2）为被调用函数的局部变量在堆栈中分配数据区。

3）从被调用函数入口地址开始执行。

从被调用函数返回时正好相反：

1）传递被调用函数的运行结果给调用函数。

2）释放被调用函数的数据区。

3）由保存的断点地址返回调用函数。

当一个递归函数被调用时，操作系统的工作栈必须是递归结构的。在一些计算机语言中并不支持递归函数。读者在 C 语言中已学习过递归的概念，知道它的每一步都由其前身来定义，在递归调用过程中，主调用函数又是被调用函数。执行递归函数将反复调用其自身，每调用一次就进入新的一层，如果编程中没有设定可以中止递归调用的出口条件，则递归过程会无限制地进行下去，最终会造成系统溢出错误。所以，程序必须有递归出口，即在满足一定条件时不再递归调用。

解决一个现实问题的算法是否应该设计成递归调用的形式，完全取决于问题本身的特性，只有在待处理对象本身具有递归结构特征的情况下，程序才应该设计为递归结构。如在现实世界中描述一棵树的定义，树是一个或多个节点组成的有限集合，其中：

1）必有且仅有一个特定的称为根（root）的节点。

2）剩下的节点被分成 m≥0 个互不相交的集合 T_1，T_2，…，T_m，而且其中的每一元素又都是一棵树，称

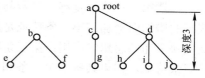

图 3-31　树的形式

83

为根的子树（Subtree）。

显然树的定义是递归的。所以，有关树的函数结构都是递归形式的。如果任务对象本身不具备递归特征，如，计算一个高阶方程式，就不可能设计递归形式的程序。

递推方法是指通过已知条件，利用特定关系得出中间推论，直至得到结果的计算方法。N阶问题的解是由更低阶该问题的解通过简单计算得来的，而最低阶（0阶、1阶、…、x阶）该问题的解是已知的。编程求解递推问题可以采用递归程序。递归程序具有程序简洁、直观、易懂的优点。求n的阶乘是一个典型的可采用递推求解的问题。

从减小n的规模考虑，n的阶乘可以看成是n(n-1)!，而求(n-1)!与求n!之间互相独立且与问题形式相同，显然，这是一个递推求解，因为希望将问题的规模一直分解到它的原子形式，也就是1!=1，这就是出口条件，从底层回头，再将各子问题的解合并得到原问题的解，于是，2!=2，3!=6，…。阶乘函数的递归程序参见程序3-15。

程序3-15 递归程序。

```
int f(int n)
{
        if(n==1)return(1);
        return(n*f(n-1));
}
```

4. 递归与分治算法

一个规模为n的问题，若该问题可以容易地解决（如说规模n较小）则直接解决；否则将其分解为k个规模较小的子问题，这些子问题互相独立且与原问题形式相同，递归地解这些子问题，然后将各子问题的解合并得到原问题的解。这种算法设计策略叫做分治法。分治法的基本设计思想是将一个难以直接解决的大问题，分割成一些规模较小的相同问题，以便各个击破，分而治之。

如果原问题可分割成k个子问题，有1<k≤n，且这些子问题都可解，并可利用这些子问题的解求出原问题的解，那么这种分治就是可行的。由分治法产生的子问题往往是原问题的较小模式，这就为使用递归技术提供了方便。在这种情况下，反复应用分治手段，可以使子问题与原问题类型一致而其规模却不断缩小，最终使子问题缩小到很容易直接求出其解。这自然导致递归过程的产生。分治与递归像一对孪生兄弟，经常同时应用在算法设计之中，并由此产生了许多高效算法。

什么时候适用分治法？分治法所能解决的问题一般具有以下几个特征：

1）该问题的规模缩小到一定的程度就可以容易地解决。

2）该问题可以分解为若干个规模较小的相同问题，即该问题具有最优子结构性质。

3）利用该问题分解出的子问题的解可以合并为该问题的解。

4）该问题所分解出的各个子问题相互独立，即子问题之间不包含公共的子问题。

上述第一条特征是绝大多数问题都可以满足的，因为问题的计算复杂性一般是随着问题规模的增加而增加；第二条特征是应用分治法的前提，它也是大多数问题可以满足的，此特征反映了递归思想的应用；第三条特征是关键，能否利用分治法，根本取决于问题是否具有第三条特征，如果具备了第一条和第二条特征，而不具备第三条特征，则可以考虑贪心法或动态规划法；第四条特征涉及分治法的效率，如果各子问题是不独立的，则分治法要做许多不必要的工作，重复地解公共的子问题，此时虽然可用分治法，但一般用动态规划法较好。

分治法在每一层递归上都有 3 个步骤：

1）分解。将原问题分解为若干个规模较小、相互独立、与原问题形式相同的子问题。

2）解决。若子问题规模较小而容易被解决则直接解，否则递归地解各个子问题。

3）合并。将各个子问题的解合并为原问题的解。

根据分治法的分割原则，原问题应该分为多少个子问题才较适宜？各个子问题的规模应该怎样才为适当？这些问题很难予以明确的回答。但人们从大量实践中发现，在用分治法设计算法时，最好使子问题的规模大致相同。换句话说，将一个问题分成大小相等的 k 个子问题的处理方法是行之有效的。许多问题可以取 k=2。这种使子问题规模大致相等的做法是出自一种平衡（Balancing）子问题的思想，它几乎总是比子问题规模不等的做法要好。

分治法的合并步骤是算法的关键所在。有些问题的合并方法比较明显，如对半检索；有些问题合并方法比较复杂，或者是有多种合并方案，或者是合并方案不明显。究竟应该怎样合并，没有统一的模式，需要对具体问题具体分析，这也是递归程序设计无一定之规的原因。下面讨论具体的例子。

（1）进出栈元素序列的排列组合问题

堆栈在数据结构中的应用技巧性很强。如，一个进栈元素序列是 $\{a_1, a_2, \cdots, a_n\}$，如问出栈的元素序列有多少种排列？如果从程序设计角度看堆栈的工作方式，它只是按先进后出的方式，简单地保存断点和传递实参，那么，也许会认为其出栈排列显然就只有一种，即 $\{a_n, a_{n-1}, \cdots, a_1\}$。实际上，说栈的先进后出方式只是限定了元素进出栈规则，并没有限定元素进出栈之间的操作顺序，参见例 3-8。

例 3-8 现有一栈的深度为 n，设进栈元素序列是 $\{a_1, a_2, \cdots, a_n\}$，问出栈的元素序列有多少种排列？

解：

据题意可知进栈序列只有一种顺序：$a_1, a_2, \cdots, a_n$，但是，元素进出栈之间的顺序没有规定。那么，当 n=1 时只有一种出栈序列；当 n=2 时，出栈元素序列有两种可能，操作方式对应的两种排列顺序是：

1）a_1 进栈→a_2 进栈→a_2 出栈→a_1 出栈，出栈序列是 a_2, a_1。

2）a_1 进栈→a_1 出栈→a_2 进栈→a_2 出栈，出栈序列是 a_1, a_2。

n=3 的情况如图 3-32 所示。由于排列 a_3, a_1, a_2 逆序无法实现，该排列不可能实现，故出栈排列数不是 3 的全排列数 6，而是 5。

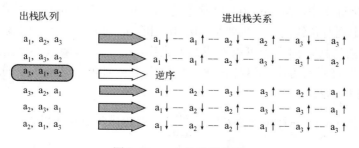

图 3-32　n=3 的出栈排列

$n \geq 4$ 后，其出栈序列很难遍历，但是，根据分治法的设计思想，将原问题分解为若干个规模较小、相互独立、与原问题形式相同的子问题是可能的。

分解：设 n 个元素进栈，其出栈排列有 x_n 种。根据堆栈的原理，从元素 a_1 进栈，再到 a_1 出栈（a_1'）之间有 i 个元素进出栈。则必有下式成立

$$a_1, (a_i, \cdots, a_i'), a_1' (a_{n-i-1})$$

设（$a_i, \cdots, a_i'$）的排列有 x_i 种，则有

$$a_1 (x_i) a_1' (x_{n-i-1})$$

关系成立。所以，$x_i \cdot x_{n-i-1}$ 是在 a_1，a_1' 间进栈了 i 个元素后，所余的 $n-i-1$ 个元素可能的排列组合。

现在，寻找最小子问题的解：若 $n=1$，显然 $x_i=1$；若 $n=2$，已知 $x_2=2$，并且定义 $n=0$ 时 $x_0=1$。

合并：将各个子问题的解合并为原问题的解是：

$$x(n) = \begin{cases} 1 & n = 0,1 \\ 2 & n = 2 \\ \sum_{i=0}^{n-1} x_i x_{n-i-1} & n > 2 \end{cases}$$

程序 3-16 给出了其递归结构的 C 语言实现（根据下面的程序，前面的 $n=2$ 的情况可以去掉）。

程序 3-16 递归结构的实现。

```
int x(int n)
{
        int s=0,i=0;
        if(n==0)return(1);
        if(n==1)return(1);
        for(i=0; i<n; i++)s=s+x(i)*x(n-i-1);
        return(s);
}
```

要证明上述关系十分棘手，如用归纳法证明的话，很难找到 n 和 $n+1$ 之间存在的关联。为此换一个思路考虑，这个题目先转化一下模型来做，就相对比较简单了。模型转化如下：假设在一个直角坐标系中，从（0，0）出发走到（n，n），每次只能向右或者向上走一个单位长度，并且不能走到对角线之上，也就是（0，0）和（n，n）连接而成的线段。这样，向右走可以看成是元素进栈，向上走可以看成是元素出栈。之所以要求不能走到对角线之上，是为了保证堆栈里有元素可出。这样问题就转化为格路问题，这是典型的组合数学问题。图 3-33 给出了过程示意。

从（0，0）走到（n，n）路径组合是 $C_{2n}^n = \dfrac{(2n)!}{n!n!}$，要想排除对角线以上（不包含对角线上的点）的路径组合，就是减去 $C_{2n}^{n+1} = \dfrac{(2n)!}{(n+1)!(n-1)!}$，而 $C_{2n}^n - C_{2n}^{n+1} = \dfrac{(2n)!}{n!(n+1)!}$。容易验证，对于

任意给定的 n，它和程序 3-16 的结果完全相同。

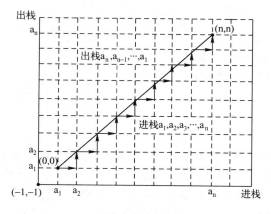

图 3-33　格路问题

（2）汉诺（Hanoi）塔算法

汉诺塔问题：一个平面上有 3 根立杆：a，b，c。a 杆上套有 n 个大小不等的圆盘，大的在下，小的在上，如图 3-34 所示。要把这 n 个圆盘从 a 杆上移动到 c 杆上，每次只能移动一个圆盘，移动可以借助 b 杆进行。但在任何时候，任何柱上的圆盘都必须保持大盘在下，小盘在上。求移动的步骤。

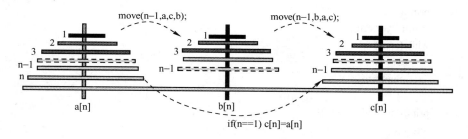

图 3-34　汉诺塔问题的递归求解

分析方法过程如下：

1）简化问题。设盘子只有一个，则本问题可简化为 a→c。

2）对于多于一个盘子的情况，首先减小问题规模，将问题分为两部分：第 n 个盘子和除 n 以外的 n-1 个盘子。如果将除 n 以外的 n-1 个盘子看成一个整体，则要解决本问题，可按以下步骤：

① 将 a 杆上 n-1 个盘子借助于 c 杆先移到 b 杆，a→b（n-1,a,c,b）。

② 将 a 杆上第 n 个盘子从 a 杆移到 c 杆，a→c。

③ 将 b 杆上 n-1 个盘子借助 a 杆移到 c 杆，b→c（n-1,b,a,c）。

现在，已经知道最小问题的解，也知道各个子问题的描述，于是从 n 开始递归求解各个子问题，由递归出口条件求得最小问题的解，再合并为原问题的解，过程参见程序 3-17。

程序 3-17　汉诺塔问题。

```
void move(int n,int *a,int *b,int *c)
```

```
{
        if(n==1)*(c+n)=*(a+n);                    /*出口条件*/
        else {
                move(n-1,a,c,b);                  /*递归调用*/
                *(c+n)=*(a+n);
                move(n-1,b,a,c);
        }
}
```

5．递归与递推

递推（迭代）是从给定的初值开始计算一个序列随规模 n 递增的函数值；用分治法求解问题，则是从达到规模 n 的函数表达式，追溯到一个序列的原始初值，然后再层层返回。递归程序虽然非常简洁，但并不是所有场合都适用。如果一个算法存在明显的递推关系，那么递归求解往往不是最明智的选择。如，求 n 的阶乘函数就存在清晰的迭代关系，而且程序 3-18与递归算法同样的简洁直观。

程序 3-18 递归程序。

```
#include<stdio.h>
int main(void)
{
        long i=0,n,sum=1;
        printf("请输入 n：\n");
        scanf("%d",&n);
        while(i<n){
                i+=1;
                sum*=i;
                }
        printf("n!=%d\n",sum);
        return(0);
}
```

就算法效率而言，程序 3-18 和程序 3-15 似乎没有明显的差异，但实际上在函数调用过程中，进出栈操作要比赋值语句复杂得多。一个更明显的例子是求解 Fibonacci 序列的算法。Fibonacci 函数定义如下

$$Fib(n) = \begin{cases} 1 & n = 0 \\ 1 & n = 1 \\ Fib(n-1) + Fib(n-2) & n > 1 \end{cases}$$

它的递归实现如下所示：

```
int fib(int n)
{
        if(n==0)return(1);
        if(n==1)return(1);
        return(fib(n-1)+fib(n-2));
```

88

}

显然，对于 n>1，每一次 Fib()函数调用都会引起两个新的调用过程，如图 3-35 所示。所以调用的总次数是按指数增长的，当规模 n 很大的时候，算法所耗费的时间的增长量说明它不切实际。

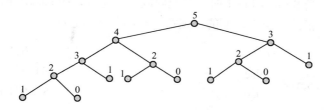

图 3-35　求 Fib(5)的 15 次调用过程

另一方面，Fibonacci 序列存在着明显的迭代关系，设初值 x=1，y=0，则程序 3-19 给出了 Fibonacci 序列的迭代求解过程。

程序 3-19　Fibonacci 序列迭代求解。

```
int fibonacci(int n)
{
        int i=0,x=1,y=0;
        while(i<n){
                i+=1;
                x=x+y;
                y=x−y;
                }
        return(x);
}
```

迭代算法避免了 Fibonacci 序列某一数值的重复调用。因此说除非必要，否则应尽量避免递归结构的程序设计。但是，对于某些数据结构本身就存在着递归关系的场合，就是例外了。如树形结构，定义在一棵树上的所有操作都应该考虑递归程序设计问题。

实际上，往往很难确切地分析出一个算法的运算效率，如背包问题的回溯算法。

回溯是指某些问题的求解过程是一个试探的过程，在探索解的过程中，保留着返回的路径。当求解受阻的时候，需要逆序退回到原路径的某一点上，重新选择新的探索方向。路径记忆可以用堆栈，也可以用队列（如迷宫求解的例子）。因此，堆栈存储了算法求解序列曾经到达的每一种状态。

设有一个背包可以放入的物品重量为 S，现有 n 件物品，重量分别为 W1，W2，…，Wn。问能否从这 n 件物品中选择若干件放入到背包中，使得放入的重量之和正好为 S。如果存在一种符合要求的选择，则称此背包问题有解（真：true），否则此问题无解（假：false）。

背包问题可以用回溯和递归两种形式求解，要想直接写出背包问题的非递归求解过程不是一件简单的事情，这里仅描述递归处理方法如下。

用 pack（S,n）表示上述背包问题的解，这是一个布尔函数，其参数满足 S>0，n≥1。背包问题如果有解，其选择只有两种可能，一是选择的一组物品中不包含 Wn，于是 pack(S,n)

的解就是 pack(S,n-1)的解；另一种可能是选择物品中包含有 Wn，这时 pack(S,n)的解就是 pack(S-Wn,n-1)。现在，已经找到可以将规模减小的处理思路了。另外，当 S=0 时，背包问题总是有解，即 pack(0,n)=true，也就是不选择任何物品放到背包中。于是，又找到了原子问题的解；当 S<0 时，背包问题总是无解，即 pack(S,n)=false，因为无论怎样选择物品都不能使其重量之和为负数；当 S>0，但 n<1 时，背包问题也是无解，即 pack(S,n)=false，因为不取任何物品就使其重量为正值也是不可能的。现在，归纳背包问题的递归定义如下：

$$pack(S,n) = \begin{cases} true & S = 0 \\ false & S < 0 \\ false & S > 0且n < 1 \\ pack(S,n\text{-}1)或pack(S\text{-}Wn,n\text{-}1) & S > 0且n \geqslant 1 \end{cases}$$

因为每递归一次 n 都减 1，S 也可能减少 Wn，所以，最终程序一定会出现 S≤0 或者 n=0 的情形，也就是递归出口。程序 3-20 给出了背包问题的递归函数，其中，数组 w[n]定义为全局变量，n 件物品的重量存放在 w[1]至 w[n]中，S 为背包标称重量。

程序 3-20 背包问题递归函数。

```
int pack(int s,int n)
{
    if(s==0)return(1);                    /*w[n]是全局变量，n 个物品的重量在 w[1]至 w[n]中*/
    if((s<0)||((s>0)&&(n<1)))return(0);   /*用 1 代表 true,0 代表 false*/
    if(pack(s-w[n],n-1)==1){
        printf("%d\n",w[n]);
        return(1);
    }
    return(pack(s,n-1));
}
```

显然，即使背包问题有解，其解往往也不是唯一的。

6. 堆栈应用

（1）编译程序扫描问题

堆栈结构在程序编译中被广泛应用，一段程序需要编译成为 CPU 可执行的机器码才能运行，称为执行文件（*.exe）。当编译程序扫描每一行语句时，首先需要检查是否存在语法错误，例 3-9 说明了利用堆栈结构检查左右括弧是否匹配的方法。

例 3-9 设堆栈上限为 100，输入一行 C 语句的字符串，长度不超过 80，求：

1）程序从左至右扫描字符串时，判别该字符串中左、右圆括弧是否平衡。如果字符串不平衡，返回字符串中第一个不匹配的圆括弧位置；若平衡则返回正常匹配信息。即遇见第一个不匹配的右圆括弧时，中断扫描并返回其在字符串中的位置，如有多个左圆括弧不匹配，就返回第一个不匹配的左圆括弧在字符串中的位置。

2）设长度 0 至 n-1 的字符串在数组 str[80]中，写出用栈函数实现该算法的 C 程序。

解： 1）编译程序扫描下列语句存在左右括弧不平衡情况。

    if((a>b)&&(c<d)c=10;   /*第 3 个字符位置的左圆括弧不匹配*/

```
if(a>b)&&(c>d))c=10;        /*第 15 个字符位置的右圆括弧不匹配*/
```

算法思想：用栈存储扫描过程中遇见的左圆括弧在字符串中的位置，每遇见一个左圆括弧就将其在字符串中的位置进栈，每遇见一个右圆括弧就弹出一个栈顶元素，因为右圆括弧总是与最近一个左圆括弧相匹配，即其位置最接近进入堆栈的那个左圆括弧，利用堆栈先进后出原理可以检查左右括弧匹配情况，如果栈为空，则当前是不匹配的右圆括弧，将其位置返回；如果扫描结束并且栈不为空，则有左圆括弧不匹配，返回栈底元素。图 3-36 给出了用堆栈结构扫描语句 "if((a>b)&&(c<d)c=10" 的过程。由于该语句的右圆括弧比左圆括弧少一个，当扫描到分号 ';' 时，栈并不为空，栈顶元素是 3，表明该语句行的第三个字符位置上的左圆括弧没有匹配。

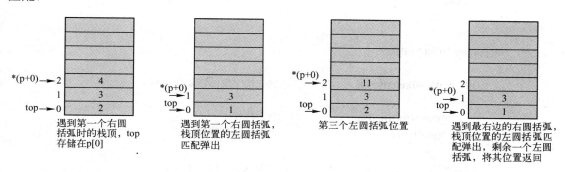

图 3-36　扫描例 3-9 第一条语句时匹配栈的状态

2）栈函数算法的 C 程序实现参见程序 3-21。

程序 3-21

```
int balance(char *p,int n,char *message)        /*p 指向输入行，n 是长度，message 返回信息*/
{
    int i,val,stack[LENGTH];
    stack[0]=0;                                 /*建立一个栈，stack[0]是栈顶指针 top*/
        for(i=0；i<n；i++){
        if(*(p+i)=='(')push(stack,i);           /*'('所在位置 i 进栈*/
        else {
            if(*(p+i)==')'){
                if(pop(stack,&val)==-1){
                    strcpy(message,"右圆括弧不匹配，位置：");
                    return(i+1);        /*返回非法右圆括弧位置*/
                    }
                }
            }
        }
    if((i==n)&&(stack[0]!=0)){       /*左圆括弧多余，栈底元素是第一个非法的左圆括弧位置*/
        while(pop(stack,&val)!=-1){}
        strcpy(message,"左圆括弧不匹配，位置：");
        return(val);                 /*返回失衡位置*/
    }
    strcpy(message,"圆括弧匹配正常");
```

```
        return (-1);                           /*正常返回为-1*/
    }

    int push(int *p,int x)
    {
        if(*(p+0)==LENGTH)return(-1);           /*如栈满提示错误信息*/
        else{
            *(p+0)+=1;                          /*调整栈顶指针*/
            *(p+*(p+0))=x+1;                     /*元素位置进栈*/
        }
        return(1);                              /*如栈非满返回正常信息*/
    }

    int pop(int *p,int *val)
    {
        if(*(p+0)==0)return(-1);                /*如栈空返回错误信息*/
        else{
            *val=*(p+*(p+0));                    /*出栈*/
            *(p+0)-=1;                          /*调整栈顶指针*/
        }
        return(1);                              /*如栈非空返回正常信息*/
    }
```

（2）表达式求值

表达式求值是编译程序中最基本的问题。C 语言中每一种运算符对应着相应的优先数，优先数大的级别高，在表达式中优先处理。表 3-2 给出了 C 语言运算符优先级排列。

表 3-2　运算符的优先级与结合律

优 先 级	运 算 符	优 先 数	结 合 律
从 高 到 低 排 列	（） [] ->	15	从左至右
	! ~ ++ -- （类型） sizeof + - * &	14	从右至左
	* / %	13	从左至右
	+ -	12	从左至右
	<< >>	11	从左至右
	< <= > >=	10	从左至右
	== !=	9	从左至右
	&	8	从左至右
	^	7	从左至右
	|	6	从左至右
	&&	5	从左至右
	||	4	从右至左
	?:	3	从右至左
	= += -= *= /= %= &= ^= |= <<= >>=	2	从左至右
	;	1	

编译系统使用两个工作栈，按运算符的优先级处理表达式求值问题：一个是数据栈 NS，一个是运算符栈 OS，且 OS 初始装入运算符"；"。工作时，编译程序从左至右扫描表达式，遇到操作数就压入数据栈；遇到运算符，则比较该运算符优先数和 OS 栈顶元素优先数，若大于栈顶元素的优先数，将该运算符压入 OS 栈成为新栈顶元素。否则，OS 栈顶元素出栈（设为 θ），同时数据栈弹出两个操作数（设为 x 和 y），以出栈运算符 θ 连接这两个操作数进行运算（x θ y），并将结果压入数据栈。扫描过程一直到遇见边界符"；"且 OS 栈顶运算符也是"；"为止，此时的 NS 栈顶元素就是表达式值。表达式 A/B*C+D；的求值过程如图 3-37 所示。参考函数参见程序 3-22。

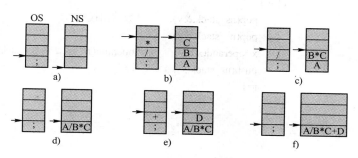

图 3-37　扫描表达式"A/B*C+D；"栈的状态

a) 初始　b) 当前运算符≥栈顶运算符　c) 当前运算符"+"<"*"　d) 当前运算符"+"<"/"

e) 当前运算符"+">"；"　f) 当前运算符"；"<"+"

程序 3-22　表达式求值函数。

```
int exp(char *p,int n)
{
    int i,j=0,val;
    char os_stack[LENGTH],ns_stack[LENGTH];
    char t,w,q,iw,iq,z,x,y;
    os_stack[0]=0;                    /*建立一个栈，stack[0]是栈顶指针*/
    ns_stack[0]=0;
    push(os_stack,';');               /*初始运算符*/
    t=0;                              /*t=0 表示扫描下一个符号*/
    while(t!=2){
        if(t==0){
            w=*(p+j);                 /*w 是当前扫描符号*/
            if(w=='=')w=';';
        }
        if((w!='+')&&(w!='-')&&(w!='*')&&(w!='/')&&(w!=';')){
            push(ns_stack,w);
            j++;
        }                             /*假设仅限定 short 类型数据运算*/
        else{
            pop(os_stack,&q);         /*取栈顶运算符*/
            table(w,&iw);
            table(q,&iq);             /*取优先级数*/
```

```
        if(iw>iq){
            push(os_stack,q);        /*恢复栈顶*/
            push(os_stack,w);        /*新运算符进栈*/
            t=0;
            j++;
        }
        else{
            if((q==';')&&(w==';')){pop(ns_stack,&z);  t=2；ﾠ}
                                    /*表达式求值结束*/
            else {
                pop(ns_stack,&y);        /*数据出栈*/
                pop(ns_stack,&x);
                x=operand(x,q,y);        /*operand()是运算函数，q 是运算符*/
                push(ns_stack,x);
                t=1;
            }
        }
    }
}
return(z);                            /*返回表达式值*/
}
```

3.2.4 队列

1．队列结构

队列是一种重要的数据结构形式，其逻辑结构如图 3-38 所示。从线性表的角度上看队列符合线性表定义：

1）队列中的数据元素是有限的。

2）每一节点只有一个前驱与后继。

3）仅在端点元素时只有一个后继或前驱。

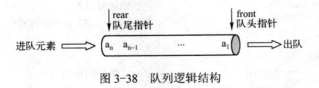

图 3-38 队列逻辑结构

所以，队列的存储结构也有顺序存储与链式存储之分。队列和堆栈的区别在于，队列的元素只能在队列的一端进，另一端出。所以，队列也是操作受限的线性表结构。队列头、尾各有两个指针，分别指示元素从队列尾部进入、从队列头部弹出，称之为先进先出的存储方式。

2．队列的操作

（1）建立一个空队列

```
    front=rear=0;                    /*这里，front 是队列头指针，rear 是队列尾指针*/
```

（2）向队列尾推入一新元素

```
Q[rear]=x；
rear++；
```

（3）从队列头推出一个元素

```
x=Q[front]；
front++；
```

3．循环队列结构

很多实际问题经常使用如图 3-39 所示的循环队列结构。规定指针是顺时针运动，一个逻辑上的环形队列在物理上既可以采用顺序存储结构，也可以采用链式存储结构实现。每当指针 front、rear 达到存储区尾部时，后续的元素进队操作就将指针调整到存储区头部，当然，如果是循环链结构也就没有尾节点的处理问题。

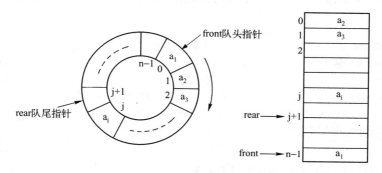

图 3-39　循环队列结构

除去队列初始为空的状态以外，指针 front、rear 不能重叠。否则，初始队空与当前队满的状态无法区别。所以，一般说队列头指针与队列尾指针需要间隔一个空单元（这一点要看个人定义 front 和 rear 的习惯）。

因 front 和 rear 的相对值只能取 0～n-1，表达队列从初始的空状态（front=rear），到队满状态（front-rear=n-1）。如果认为通过修改 front 和 rear 的定义，就可以让 front 和 rear 表达出 n+1 种不同的状态，根据鸽笼原理这是不可能的。鸽笼原理确定，如果 n 只鸽笼有 n+1 只鸽子，则全部鸽子进入鸽笼时至少一个鸽笼中有两只鸽子。所以，当 front 和 rear 定义为队列指针时，front 一定指向队列头元素的位置，rear 指向后续入队元素将要存储的位置，并且用长度为 n+1 个元素的队列存储 n 个元素。所以进出队列的算法是：

初始：设循环队列长度为 M，front=rear=0。

入队：向队列尾推入一新元素。

```
int queue_in(int front,int *rear,int *Q,int x)
{
        if(((*rear + 1) % M)==front)return(-1);    /*队列上溢错误*/
        Q[*rear]=x；
        *rear=(*rear+1) % M；                 /*rear 指向当前队列中最末一个元素后的空单元*/
        return(0)；
```

```
            }
```

出队：从队列头推出一个元素。

```
int queue_out(int *front,int rear,int *Q,int *x)
{
                if(rear==*front)return(-1);            /*队列下溢错误*/
                *x=Q[*front];
                Q[*front]=0;                            /*清除为零*/
                *front=(*front + 1) % M;                /*front 指向当前队列头元素的位置*/
                return(0);
}
```

4．队列应用

例 3-10　循环队列。顺序存储的循环队列 Q 结构如图 3-40 所示。设长度为 10，队列有头指针 front 和一个记录队列中节点个数的计数器 count，初始 front=0，count=0。元素进出队列操作算法如下：

进队列描述为：
```
if(count==10)队列满处理;
else{
        count+=1;
        p=(front+count)% 10
        Q[p]= 进队列元素;
}
```

出队列描述为：
```
if(count==0)队列空处理;
else{
        front=(front + 1)% 10
        count-=1;
        x= Q[front];
}
```

现问，该循环队列最多能容纳的元素个数。

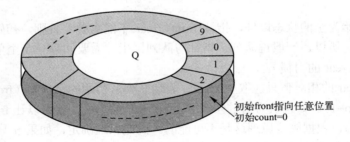

图 3-40　使用计数器控制循环队列

解：

一个长度为 n 的循环队列存储元素个数是 n-1，因为队列头指针与队列尾指针需要间隔一个空单元来判别队列是满还是空，本例正是考查读者对这个概念的理解。例中的顺序存储队列只有一个头指针，尾指针用一个计数器取代，它和指针的区别是具有空队列判别能力。注意初始 count=0，front=0，以后，当队列为空时 count=0，当队列为满时 count=10（队列位置下标从零开始），因此，该队列没有指针间隔问题，所以它最多能存储的元素个数是 10。

例 3-11　滚动显示。工业记录仪和心电图仪的波形是队列结构的先进先出滚动显示方式，循环队列深度为 n，满屏时指针 Sampling 指向队列尾端，采样信号到来时刻，当前采样数据被写入队列尾部，最旧的数据点在队列头部（屏幕顶端）被推出，每次显示时，指针 Scan 总是从头部开始扫描输出整个队列的 n 点数据，并且在没有最新数据点写入时，队列的数据被重复扫描输出。所以，画面只在有新采样点进入时被逐点滚动更新，如图 3-41 所示。试求：

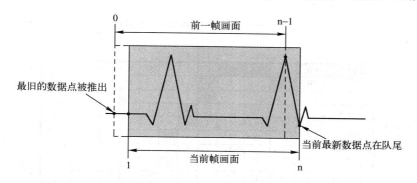

图 3-41　滚动显示原理

1）根据图 3-41 画出长度为 n 的循环队列结构，标出 Sampling 和 Scan 指针位置。

2）请描述最新采样数据点被写入时，Sampling 和 Scan 指针的动作过程（可以忽略实际地址关系）。

解：

1）滚动采样广泛应用于工业记录仪和医用心电图仪，采样数据形成一个队列，队列头对应屏幕左端，队列尾对应屏幕右端。没有新采样点进入的时候数据被重复显示，一个新采样点进入的时候被置入队列尾，同时，队列头一个数据点出队列。本例是考查读者对队列头和队列尾两个指针动作的关联性理解。当元素进出队列没有时序上的关联时，两个指针动作是独立进行的；当元素进出队列有时序关联的时候，指针操作也同样具有关联，依题意，滚动采样进出队列是同步进行的，则需要同步调整两个指针指向即可，如图 3-42 所示。

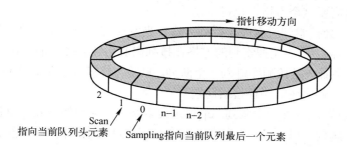

图 3-42　长度为 n 的滚动采样循环存储器指针位置

2）指针同步调整方式为：

$$Sampling++;$$
$$Q[Sampling]=数据；$$
$$Scan= Sampling+1;$$

例 3-12　迷宫问题。n×m 迷宫是一个矩形区域，如表 3-3 所示（深色区域是程序 3-23 搜索路径示意）。矩阵元素（1，1）为入口，（n，m）为出口，0 表示该方格可通过，1 表示该方格有阻碍不能通过。规则是每次只能从一个无障碍方格向其周围 8 个方向的邻接任一无障碍方格移动一步,问当迷宫有解时,如何寻找一条由入口到出口的路径并返回这个序列,或者不能连通时给出无解标志?提出思想并给出算法。

表 3-3　一个带边界哨的 10×15 迷宫

1	1	1	1	1	1	1	1	1	1	1	1	1	1	1	1	1
1	0	0	0	1	0	0	0	1	0	0	0	1	0	0	1	1
1	0	1	0	0	0	1	0	1	0	0	0	1	1	0	1	1
1	0	1	0	1	1	1	0	1	1	0	1	1	0	1	1	1
1	1	1	0	0	0	1	0	1	1	0	1	0	1	0	1	1
1	1	0	0	1	0	1	0	1	0	1	0	1	0	1	1	1
1	1	0	1	0	0	1	0	1	0	1	0	1	1	0	1	1
1	1	0	1	0	1	1	0	1	1	0	1	0	1	0	1	1
1	1	1	0	0	0	1	0	1	0	1	0	1	1	0	1	1
1	1	0	1	0	0	1	0	0	0	1	0	1	0	0	1	1
1	0	1	0	1	0	1	0	0	0	0	1	0	0	1	0	1
1	1	1	1	1	1	1	1	1	1	1	1	1	1	1	1	1

解:

首先表 3-3 可以用二维数组 array[n][m] 表示,其中 array[0][0]～array[0][m],array[0][0]～array[n][0], array[n][0]～array[n][m], array[0][m]～array[n][m],这两行两列是边界哨,取值为 1。

解题思路。初始不知道从哪一个方格沿哪个方向走,并通过邻接的方格逐步可以达到最后出口。但是,可以用以下方法,如果把每一步所有可能走的方向上的邻接方格都排列起来,下一步把那些邻接方格所有可能走的方向上的所有邻接方格也继续排列起来,于是:

1)如果一个方格任何方向上都没有可走的邻接方格,就不再需要它,剔除。

2)同样,一个方格所有可能走的方向上的邻接方格都已经列出来后,已经知道了后续搜索方向,也就不再需要这个方格,也可以剔除。

3)重复下去,会搜索到所有能走得到方格,当发现有一个方格已是出口后停止。

4)选择数据结构。因为先搜索到的方格在排列出其后续要搜索的邻接方格之后,先被剔除,如果把排列方格看成是按顺序进入一个队列,剔除方格就等于是队列头元素的出队操作,所以可以用队列结构解决迷宫路径搜索问题。

5)搜索方向设置。设置一个队列 sq[] 记录搜索路径,从数组 array[1][1] 开始搜索时,将每个方格下标推入队列,以(i,j)为中心向 8 个邻接区域搜索时的下标变化如表 3-4 所示。

表 3-4　以(i, j)为中心搜索 8 个邻接区域时下标增量设置

7		0		1
	i-1,j-1	i-1,j	i-1,j+1	
6	i,j-1	i,j	i,j+1	2
	i+1,j-1	i+1,j	i+1,j+1	
5		4		3

算法步骤。

首先定义节点及变量：

```
struct node{
    int x,y;                            /*方格点坐标*/
    int pre;                            /*前驱点指示*/
    };
int array[N+2][M+2],i;                  /*迷宫数组*/
struct node sq[M*N];                    /*既是记录搜索路径的数组又是队列结构（非循环队列）*/

/*初始化方向增量*/
int zx[8]={-1,-1,0,1,1,1,0,-1};         /*zx[0]=-1；zx[1]=-1；zx[2]=0；zx[3]=1；*/
                                        /*zx[4]=1；zx[5]=1；zx[6]=0；zx[7]=-1；*/
int zy[8]={0,1,1,1,0,-1,-1,-1};         /*zy[0]=0； zy[1]=1；zy[2]=1；zy[3]=1；*/
                                        /*zy[4]=0；zy[5]=-1；zy[6]=-1；zy[7]=-1；*/
```

初始化迷宫边界（略）。

程序 3-23 搜索迷宫函数。

```
int search (int array[N+2][M+2],struct node *q,int zx[8],int zy[8])
{
    int x,y,i,j,v;
    int front=1,rear=1;                 /*设置队列指针*/
    struct node sq[N*M];                /*建立一个队列*/
    sq[1].x=1;
    sq[1].y=1;
    sq[1].pre=0;                        /*从迷宫入口开始搜索*/
    *(*(array+1)+1)=-1;                 /*第一行第一列，已经搜寻过方格的标记*/
    while(front<=rear){
        x=sq[front].x;
        y=sq[front].y;                  /*当前搜索方格的坐标*/
        for(v=0；v<8；v++){             /*搜索8个方向邻接点*/
            i=x+zx[v];
            j=y+zy[v];                  /*求得邻接点坐标*/
            if(*(*(array+i)+j)==0){
                rear++;                 /*该方格可走，准备进队列*/
                sq[rear].x=i;
                sq[rear].y=j;
                sq[rear].pre=front;     /*该方格的前驱*/
                *(*(array+i)+j)=-1;     /*当前方格已经搜索过，打上标记防止重复搜索*/
            }
            if((i==N)&&(j==M)){
                i=rear;                 /*从队列尾开始列出路径*/
                j=0;
                while(i){
                    (q+j)->x=sq[i].x;   /*返回的 q 中是搜索走过的路径*/
                    (q+j)->y=sq[i].y;
```

```
                    i=sq[i].pre;              /*根据前驱指针回溯*/
                    j++;
                }
                return(--j);
            }
        }
        front++;            /*8 个方向搜索完毕，该 aij 元素出队列，注意只是指针在移动，*/
                            /*搜索过的方格坐标仍在 sq[]内，*/
                            /*front 指向的 sq[]中是已经列出的所有可能方向上的后续方格位置，*/
                            /*程序循环搜索它们 8 个方向上的所有可能走的后续方格位置*/
    }
    return(-1);             /*走出循环体是因为迷宫无解*/
}
```

程序调用返回值非负时表示迷宫得解，返回的 q 中是搜索路径过程中走过的点的行列坐标，而返回值指向搜索路径起点，下面是程序 3-23 对表 3-3 所示迷宫的运行结果：

```
迷宫：
1 1 1 1 1 1 1 1 1 1 1 1 1 1 1 1 1
1 0 0 0 1 0 0 0 1 0 0 0 1 0 0 1 1
1 0 1 0 0 0 1 0 1 0 0 0 1 1 1 1 1
1 0 1 1 1 1 1 0 1 1 0 1 1 1 0 1 1
1 1 1 0 0 0 1 1 0 1 1 1 0 1 0 1 1
1 1 0 0 1 0 1 1 0 1 0 1 0 1 0 1 1
1 1 0 1 0 0 1 0 1 0 1 0 1 0 1 0 1
1 1 0 1 1 1 1 1 0 0 1 1 1 1 1 0 1
1 1 1 1 0 1 1 1 1 0 1 0 1 1 1 0 1
1 1 0 1 0 1 0 1 1 1 0 1 0 1 0 1 1
1 0 1 0 1 0 1 0 0 0 1 1 0 0 1 0 1
1 1 1 1 1 1 1 1 1 1 1 1 1 1 1 1 1

搜索开始
(1,1)(1,2)(1,3)(2,4)(1,5)(1,6)(2,7)(3,7)(4,8)(5,8)(6,9)(7,9)(8,9)
(9,10)(8,11)(9,12)(10,13)(9,14)(10,15)
搜索完毕
```

这是宽度优先求解迷宫问题，如以深度优先为准则，请读者考虑如何用堆栈构造带方向加权的深度优先算法求解迷宫问题。要求给出迷宫求解两种方法的 C 语言程序；再根据数据分析比较两种算法效率。

5. 多进程下的管道通信结构

在 UNIX、Windows NT 操作系统中，管道是一个通信通道。它把一个进程与另一个进程连结起来，一个进程通过系统调用函数 write()将数据输入管道，另一个进程用系统调用函数 read()在管道另一端把数据读出，从而实现进程之间的数据通信。管道与消息缓冲区的不同在于它以文件为传输介质，以自然流进行数据传输而不是以消息为单位。它的工作方式如图 3-43 所示，是 FIFO 的队列操作形式。

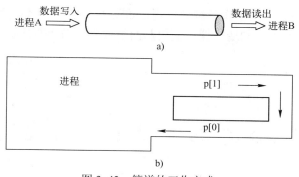

图 3-43　管道的工作方式

a) 进程通信的管道结构　b) 在进程中打开的管道是双向的

管道以队列方式工作,但它却是一个双向操作的队列,系统调用函数 pipe()建立一个管道,它返回两个文件描述符来代表输出、输入文件用于对管道的读写操作。

int filedes[2],retval;

retval=pipe(filedes);

系统调用成功后,filedes[0]用于从管道读,filedes[1]用于向打开的管道写数据文件。retval 值为−1 则调用失败。管道一旦建立,就可以直接用 read()、write()对其操作。

3.3　树

3.3.1　概念与术语

1. 引入非线性数据结构的目的

在树的内容中重点讨论二叉树。因为任何一棵树都可以转换为二叉树,因此,学习重点是二叉树的有关概念及生长、删除方法。与线性结构不同,二叉树的概念比较难于理解,同样,它的程序设计也要复杂得多。此外,要强调的是二叉树是一个动态的生长过程。

引入非线性数据结构二叉树的目的是改善数据结构的操作效率。任何一门学科,都存在着线性结构简单但是运行效率低的问题。在数据结构的检索操作上,链表和顺序表的平均检索效率都是 O(n) 数量级,因为程序算法是一个循环体结构,如在数组 array[n]中检索关键字等于 key 的节点过程是:

```
array[n].key=key;                    /*设置监视哨*/
while(array[i].key !=key)i++;
return(i);                           /*找到节点后返回它在数组中的位置*/
```

当 n 很大时检索效率非常低。有一些方法可以改善检索效率,对一个长度为 n 且有序的顺序表使用对半检索方法,其效率是 $O(\log_2 n)$量级的。但插入一个节点平均花费的时间还是 O(n),因为要移动节点。同样,链表插入节点所需的搜索时间也是 O(n),如果想得到插入和检索效率均在 $O(\log_2 n)$量级的,就必须考虑改变数据结构的形式,即按树形结构组织。在一个有序的二叉树中检索和插入一个节点的平均效率就是 $O(\log_2 n)$级的,因为从根开始每达到一层，它都将后续的子树节点数量作了对半分割，如图 3-44 所示，不过其前提条件为树是平衡（或者基本平衡）的。所以，构造一棵二叉树有两个要点：节点有序；结构平衡。

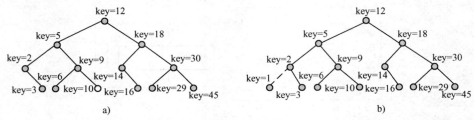

图 3-44　二叉有序树

a) 一个平衡二叉树其左右子树节点数基本相等　b) 插入一个节点只需修改指针，效率和检索操作相当

2．树的定义与术语

定义：树是一个或多个节点组成的有限集合，其中：

1）必有且仅有一个特定的称为根（root）的节点。

2）剩下的节点被分成 m≥0 个互不相交的集合 T1，T2，…，Tm，而且其中的每一元素又都是一棵树，称为根的子树（Subtree）。

节点：树的元素，含有数据域和多重指针域。

节点的度：某一节点所拥有的子树个数。

树的度：在一棵树中最大的节点度数是树的度。

叶子：树的端节点，其度为零。

孩子：节点子树的根。

双亲：孩子节点的前驱节点。

节点层次：从根算起节点在层中的位置，root 层次为 1。

深度：树中节点所具有的最大层次。

有序树：树中节点同层间从左至右有次序的排序，不能互换。

树的存储结构：树是一种非线性结构，它的物理存储结构有多种形式，基于内存的效率一般用链式存储结构实现树的存储，并且要求所有节点是同构的，即指针域与节点的度数无关，选取树的度为指针域的个数。如图 3-45a 所示的树结构有如图 3-45b 所示的链式存储结构。因为指针域的个数 R 有下列关系成立

$$R=节点数 n×树的度 k$$

所以非空指针域个数是 n–1（指向除去根节点以外的 n–1 个节点），而空指针域 m 是

$$m= n×k–n+1= n(k-1)+1$$

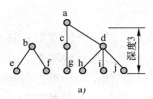 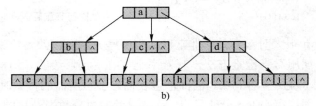

图 3-45　树的逻辑结构和存储结构

a) 树的形式　b) 树的链式存储形式

102

因此，k 越大所用存储区域就越多，浪费也越大。

3．树的内部节点与叶子节点存储结构问题

一般要求树的内部节点与叶子具有相同的存储类型，即同构，但是在很多应用中内部节点存储的信息与叶子节点存储信息不同，如，一个 m 阶 B$^+$树，其内部节点存储的是索引叶子节点的占位符、指向子树的长度为 m-1 的指针数组以及一对左右指针；而叶子节点存储的是数据，或者是长度不定的一组记录的关键码与指向记录内存位置的指针对。为了达到节点同构的要求，在 C 语言中处理的方法是共用体（Union）数据类型。使用共用体定义内外节点结构的最大弊病，是当叶子节点和内部节点的子类型长度差别很大的时候，共用体结构存在着大量的空间浪费问题。在 C++语言中，利用 C++的类继承，在基类给出对象的一般定义，而子类比基类增加一些细节，即基类可以定义为一般的节点，而子类可以定义为内部节点还是叶子节点。详细读者参考 C++相关教材。

3.3.2　二叉树

1．二叉树基本概念

（1）定义

二叉树是 n(n≥0)个节点的有限集，它或为空树，或由一个根节点和两棵互不相交的左右子树组成。

（2）二叉树的存储结构

left	info	right

（3）二叉树的主要性质

1）二叉树的第 i 层上至多有 2^{i-1} 个节点。

证明：i=1，则 $2^0=1$，第一层有 1 个节点。设 i-1 层上有 2^{i-2} 个节点，由于二叉树每个节点的度数最大为 2，所以，第 i 层上节点数目最多是第 i-1 层上的 2 倍，为 2^{i-1} 个节点。

2）深度为 h 的二叉树中至多有 2^h-1 个节点。

证明：由 1）可得：深度为 h 的二叉树含有节点数

$$n \leqslant \sum_{i=1}^{h} 2^{i-1} = 2^h - 1$$

3）任意一棵二叉树有关系 $n_0=n_2+1$ 成立。n_0 是叶子数，n_2 是度为 2 的节点数。

证明：因为节点数为 n 的二叉树除去根节点以外，其余的每一个节点一定有一个指针指向它，设指针总数为 b，显然 $b=n_1+2n_2$，所以

$$n = n_1 + 2n_2 + 1$$
$$n = n_0 + n_1 + n_2$$

两式相减得

$$n_0 = n_2 + 1$$

（4）几种特殊性质的二叉树

1）满二叉树。深度为 h 且含有 2^h-1 个节点的二叉树为满二叉树，如图 3-46 所示。有的教材对满二叉树有另外的定义：如果一棵二叉树的任何节点或者是树叶，或者有两棵非空子

树，则此树为满二叉树。根据此定义，则图 3-46b 的结构也是满二叉树。理论上讲，上述定义没有问题，因为它的任何一非叶子节点都是满的，但跟下面要看到的完全二叉树不好对应，所以还是以图 3-46a 的定义为基准。

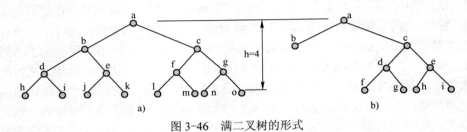

图 3-46　满二叉树的形式

a) 满二叉树 $n=2^{h-1}$　b) 另一种形式的满二叉树 $n \neq 2^{h-1}$

2）完全二叉树：具有 n 个节点，深度为 k 的二叉树，当且仅当其所有的节点对应于深度为 k 的满二叉树中编号由 1 至 n 的那些节点时，称为完全二叉树，如图 3-47 所示，显然满二叉树也是完全二叉树。

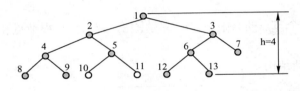

图 3-47　完全二叉树

3）平衡二叉树（AVL 树）：一个平衡二叉树是空树，或者是具有下列性质的二叉树，即它任一节点的左右子树都是平衡的，且左右子树的深度之差的绝对值小于等于 1。如同二叉树的定义一样，平衡二叉树也是一个递归的定义，这一类的二叉树构造很困难，更困难的是随着节点的插入、删除操作，维护树的平衡非常复杂。

（5）二叉树的形态

二叉树与树的不同点在于它有左右子树之分，其基本形态有图 3-48 所示的 5 种。

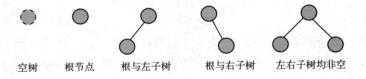

空树　　　根节点　　　根与左子树　　　根与右子树　　　左右子树均非空

图 3-48　二叉树的 5 种形态

（6）树向二叉树的转化

任意一棵树都可以找到唯一的一棵二叉树与之对应，反之亦然。转化的方法读者可以参考其他教材，本书不详细讨论。

2．完全二叉树的顺序存储结构

在顺序表一节中讨论了树的顺序存储形式，如果是一棵完全二叉树，那么它的顺序存储结构非常简单，从完全二叉树的定义知道，除去底层以外，其每一层的节点都是满的，并且限定底层的叶子是从左至右排列的，则 n 个节点的完全二叉树可以用大小为 n 的数组存放，节点的逻辑编号就是节点存储位置的数组下标（如树根编号由 1 开始，则其存储位置的数组下标为节点编号减 1），根据节点所在的层次 r 可以通过简单的计算得到其亲属关系节点，图 3-49 所示是用顺序存储结构存储一棵有 12 个节点的完全二叉树的例子。

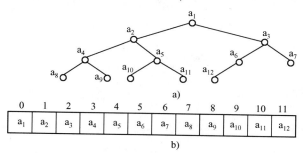

图 3-49　一棵完全二叉树的顺序存储形式

a) 逻辑结构　b) 存储结构

给出每个节点其亲属（父节点 parent，左孩子 L-child，右孩子 R_child，左兄弟 L_sibling，右兄弟 R_sibling）在数组内的地址偏移 r 计算公式如下（r=0，1，2，…，n–1）：

$$parent(r) = \left\lfloor \frac{r-1}{2} \right\rfloor \qquad 0 < r < n$$

$$L\_child(r) = 2r+1 \qquad 2r+1 < n$$

$$R\_child(r) = 2r+2 \qquad 2r+2 < n$$

$$L\_sibling(r) = r-1 \qquad r\text{为偶数且}0 < r < n$$

$$R\_sibling(r) = r+1 \qquad r\text{为奇数且}r+1 < n$$

比如，根节点 a_1（地址偏移 r=0）没有父亲，其左孩子的地址偏移是 1，右孩子的地址偏移是 2；而节点 a_4 父亲的地址偏移是 1，其左孩子的地址偏移是 9，右孩子的地址偏移是 10，如表 3-5 所示。

表 3-5　图 3-49 完全二叉树的顺序存储下标增量

数组下标	0	1	2	3	4	5	6	7	8	9	10	11
父节点	-	a_1	a_1	a_2	a_2	a_3	a_3	a_4	a_4	a_5	a_5	a_6
左孩子	a_2	a_4	a_6	a_8	a_{10}	a_{12}	-	-	-	-	-	-
右孩子	a_3	a_5	a_7	a_9	a_{11}	-	-	-	-	-	-	-
左兄弟	-	-	a_2	-	a_4	-	a_6	-	a_8	-	a_{10}	-
右兄弟	-	a_3	-	a_5	-	a_7	-	a_9	-	a_{11}	-	-

3．二叉树遍历

二叉树的操作有多种，但最重要的几种运算是插入节点、删除节点和遍历操作。

插入函数是将节点插入到根为 root 的二叉树中。因为二叉树是有序的，故插入后仍要保持它的有序性；删除函数是从根为 root 的二叉树中删除一关键字为 key 的节点，要求删除后的二叉树仍然有序；遍历可以说是二叉树中最重要的一种操作。前面提到的插入与删除都是在有序二叉树中进行的，所谓有序就是指按遍历的顺序作插入与删除。

遍历的定义：访问二叉树中每个节点一次且仅一次的过程称为树的遍历。按根节点访问的先后定义有先序遍历、中序遍历和后序遍历。请注意遍历的定义是递归的。

（1）先序遍历

1）访问根节点。

2）先序遍历左子树。

3）先序遍历右子树。

（2）中序遍历

1）中序遍历左子树。

2）访问根节点。

3）中序遍历右子树。

（3）后序遍历

1）后序遍历左子树。

2）后序遍历右子树。

3）访问根节点。

设二叉树结构如图 3-50 所示，节点 treenode 定义如下，则中序遍历函数参见程序 3-24。

```
struct    treenode{
            int   info;
            struct   treenode *left, *right;
            };
```

程序 3-24 中序遍历二叉树。

```
struct   treenode  *inorder(struct   treenode   *root)
{
        if(!root)return(0);              /*递归出口条件*/
        inorder(root->left);            /*先遍历左子树*/
        printf("%d", root->info);       /*操作是打印数据域值*/
        inorder(root->right);           /*再遍历右子树*/
}
```

程序一直递归调用到叶子，未满足出口条件就继续调用叶子的左指针，如果进入函数判别为空，就是递归到叶子的返回出口，可以进行叶子遍历操作；然后调用叶子的右指针，也是为空返回，即叶子的父节点的左分枝中序遍历结束；对其父节点进行遍历操作之后，进而中序遍历父节点的右分枝，结束后逐级回归。图 3-50 的递归过程如图 3-51 所示。

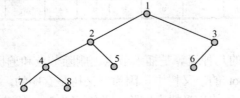

中序遍历：74825163
先序遍历：12478536
后序遍历：78452631

图 3-50   遍历一棵二叉树

106

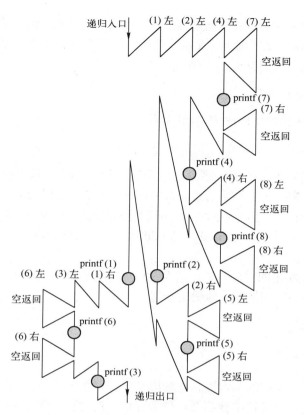

图 3-51　中序遍历图 3-50 二叉树时递归调用过程

遍历操作有多种形式，程序 3-24 输出中序遍历二叉树节点数据域的值到屏幕。

树是递归结构的，且遍历定义也是递归的，故用递归设计程序结构简单明了。要求关于二叉树的操作函数都用递归的形式给出，请读者参考程序 3-24 设计二叉树的前序、后序遍历程序。

4．二叉树唯一性问题

假设已知一棵二叉树的前序和中序遍历序列，是否可以唯一地恢复这棵二叉树？这是二叉树唯一性问题。由一棵二叉树的前序和中序遍历序列，可以唯一地恢复一棵二叉树。证明如下：

首先看如图 3-52 所示的同一棵二叉树的前序和中序遍历序列。

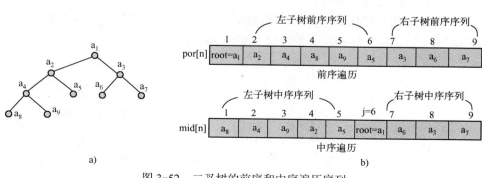

图 3-52　二叉树的前序和中序遍历序列

a)　二叉树　　b)　二叉树的两个遍历序长度相等为 n

当节点数为 1 的时候，显然序列里就是根节点，它们是唯一的。假设节点数为 n-1 时由前序和中序遍历序列可以唯一确定二叉树，那么节点数为 n 的时候，假设此时的根节点在中序序列的位置是 j，即 pro[1]=mid[j]，因为序列：

mid[1], mid[2],···, mid[j-1]

同时是 pro[1]左子树的中序序列，而序列：

mid[j+1], mid[j+2],···, mid[n]

同时也是 pro[1]右子树的中序序列，两个序列长度相等，仅是排列不同。所以，可知 pro[2]~pro[j]是左子树的前序序列，而 pro[j+1]~pro[n]是右子树的前序序列。

显然，j-1<n, n-j<n，根据归纳假设，由 mid[1], mid[2],···, mid[j-1]和 pro[2], pro[3],···, pro[j] 它们能唯一确定左子树。同理，由 mid[j+1], mid[j+2],···, mid[n]和 pro[j+1],···, pro[n] 能唯一确定右子树。

所以，当节点数为 n 的时候，根据前序和中序序列能唯一地确定一棵二叉树。照此容易证明，已知中序和后序序列能唯一地确定一棵二叉树。

3.3.3　二叉排序树

1．基本概念

前面已经讨论了二叉树的基本概念与遍历操作。用输入节点序列构造一棵二叉树的过程，是根据它的生长规则在二叉树中找到节点位置并插入的过程。因为总是建立一个有序的二叉树，当二叉树的每一节点都用一关键码表征，并且让二叉树按关键码有序生长，称之为二叉排序树。

二叉排序树或者是一棵空树，或者其任何一个节点都具有下列性质：

1）若它左子树不空，则左子树上每一节点的关键码均小于它的根节点关键码。

2）若它右子树不空，则右子树上每一节点的关键码均大于它的根节点关键码。

3）其左右子树也分别是二叉排序树。

二叉排序树的定义是递归形式的，因此，其程序设计也是递归的。设节点序列输入为{45，23，53，45，12，24，90}，则按二叉排序树规则，其生长过程如图 3-53 所示，特点是：

1）第一个输入的节点是树根。

2）节点总是被插入到叶子位置，不用移动其他节点（没有平衡约束条件）。

3）不同的关键码输入序列，其生长的二叉排序树不同。

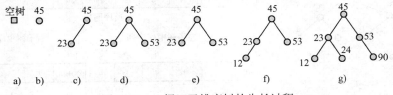

图 3-53　一棵二叉排序树的生长过程

a) 插入 23　b) 插入 23　c) 插入 23　d) 插入 53　e) 忽略相同关键码节点　f) 插入 12　g) 插入 24 和 90

二叉树在插入和删除节点的过程中不需要移动节点，而且从根节点开始搜寻要插入或者删除的节点位置所走过的节点数目，也少于链表，因此说二叉树操作效率优于线性表。

如果将上例中的输入序列改为如{90，53，45，24，45，23，12}，根据二叉排序树规则，其生长过程退化为一单链。需要注意的是树作为动态生长的数据结构，节点数据输入序列发生变化，其数据结构特征也会相应地变化。

2．程序设计

（1）节点定义

设有二叉树节点定义为：

```
struct tree{
    int    key;                      /*关键码*/
    struct   tree *left, *right;      /*左右指针域*/
    };
```

（2）插入一个节点

由图 3-53 可知，二叉树插入操作是寻找叶子节点的过程。程序进入时 S->key 为关键码，按序搜索二叉树，找到当前节点 S 要插入的位置，因为必定是一个叶子的左分枝（S->key 小于该叶子节点关键码）或右分枝（S->key 大于该叶子节点关键码值），或者是根节点（树为空时），因此，将 S 插入就是简单地修改二叉树某个叶子节点的指针指向 S，使 S 成为新的叶子。

程序 3-25　二叉排序树插入函数。

```
struct tree *addtree(struct tree *root，struct tree *r，struct tree *s)
{                                      /*递归中 root 是当前节点 r 的父亲*/
    if(!r){                            /*根、叶子节点时进入，S 被插入在根或叶子上*/
        r=s;
        r->left=NULL;                  /*空树被插入根、非空被插入到叶子，它们左、右指针均空*/
        r->right=NULL;
        if(!root)return(r);            /*空树时返回插入的根*/
        if(r->key<root->key)root->left=r;
                                       /*叶子，入左节点*/
        else   root->right=r;          /*叶子，入右节点（相等情况可以不考虑）*/
        return(root);
        }
    else{                              /*非空且非叶子，则开始递归寻找叶子*/
        if(s->key<r->key)addtree(r,r->left,s);
                                       /*关键码小于父节点搜索左子树*/
        else if(s->key>r->key)addtree(r,r->right,s);
                                       /*大于父节点搜索右子树*/
    }
}
```

这个插入程序的关键是一个递归结构中，根据排序规则由子树的父节点、子树的左右分枝一直搜索到当前 S 节点要插入的位置。即：

```
addtree(子树父节点，子树左或右分枝，插入节点);
```

（3）删除二叉排序树节点

在二叉排序树的插入过程中，每次插入的节点都是成为叶子，不用移动其他节点的位置，但删除操作过程就完全不同。删除节点的前提是保证删除以后的二叉树仍然是二叉排序树。因此，一个节点的删除一般要改变一些节点在二叉树中的位置，或者说二叉树的结构会有相应的变化，所以程序设计也要因需考虑各种情况而变得复杂起来。

要保证删除节点后二叉树仍然有序的原则，分下面几种情况讨论：

1）被删节点度为 0。删除叶子，这种情况容易处理，只要修改双亲的指针，置空。

2）被删节点度为 1，如图 3-54 所示。被删除节点只有单分枝子树，若是左分枝，则应把双亲指针指向被删节点左分枝子树的根；若是右分枝，则应把双亲指针指向被删节点右分枝子树的根。

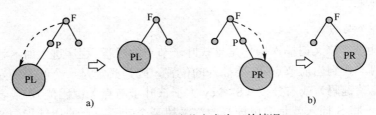

图 3-54 被删除节点度为 1 的情况

a) 被删节点只有左分枝　b) 被删节点只有右分枝

图 3-54a 中的删除操作结果应该是：

    F→left=P→left;

二叉排序树，程序设计是递归结构的。从根开始，每搜索一层就是递归调用自己一次的过程，给其父节点（这里的 F 节点就是被删除节点 P 的父节点）赋值就是函数的返回值：

```
if(root->key==key){              /*找到被删节点，当前子树的根就是被删节点 P*/
    if(root->right ==NULL){      /*若右分枝空就处理左子树*/
        p=root->left;            /*取被删节点左子树的根*/
        free(root);             /*释放*/
        return(p);              /*返回给当前 root 的父节点的左或右指针赋值*/
    }
}
```

同样，图 3-54b 中的删除操作结果应该是：

    F→right=P→right;

那么给 F 节点赋值是：

```
if(root->key==key){              /*找到被删节点，当前子树的根就是被删节点 P*/
    if(root->left==NULL){        /*左分枝空*/
        p=root->right;           /*取被删节点右子树的根*/
        free(root);
        return(p);               /*返回给当前 root 的父节点的左或右指针赋值*/
```

```
            }
        }
```

3）被删节点度为 2。左右分枝均非空，删除节点后必须重新对二叉树排序，方法如下：

① 按二叉排序树的规则，可以继承该节点的是其左子树中关键码最大的节点，显然，这是 P 节点左子树的最右端节点 S，它或者为叶子或者右分枝为空，如图 3-55 所示。图 3-56 给出了一个具体例子。指针修改如下：

S_{root}->right=S->left;　　　　/*如 S 度为 1 有左分枝，则应将左分枝赋给其父节点 S_{root} 的右指针*/
S->left=P->left;　　　　　　　/*注意与前一条语句顺序不能颠倒*/
F->left=S;　　　　　　　　　 /*如果 P 节点是 F 的右分枝，则应该是对 F 的右指针赋值*/

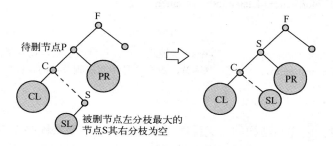

图 3-55　被删除节点度为 2 的情况（1）

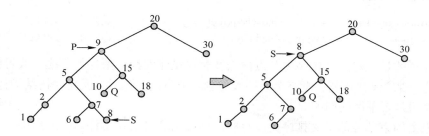

图 3-56　删除节点 P 的左子树最大节点 S

② 同样由二叉排序树的规则，也可以用 P 节点右子树的最小关键码节点来继承 P 节点位置（节点 Q 或者是叶子或者是左分枝为空）。按照上面的例子，被删除节点的右子树最小节点是 Q=10，因此得如图 3-57 所示的二叉树结构，是用节点 P 的右子树最小节点 Q 取代 P。

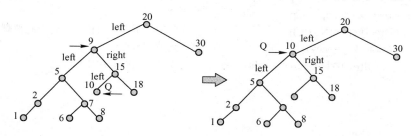

图 3-57　被删除节点度为 2 的情况（2）

指针修改如下：

```
        Q_root->left=Q->right;            /*如 Q 度为 1 有右分枝，则应将右分枝赋给其父节点 Q_root 的左指针*/
        Q->left=P->left;                  /*与前一条语句顺序无关*/
        F->left=Q;                        /*如果 P 节点是 F 的右分枝，则应该是对 F 的右指针赋值*/
```

函数参数使用引用方式会使程序设计更为方便，删除一棵二叉排序树最小节点的 C 函数如下：

```
struct tree *deletemin(struct tree *&root)
{
    struct tree *temp;
    if(!root)return(0);
    if(root->left)return(deletemin(root->left));
    else {
        temp=root;
        root=root->right;          /*root 是被删节点父指针的引用，让它指向被删节点右端*/
        return(temp);              /*注意，返回的是指向被删节点的指针*/
    }
}
```

依据此方法设计的递归结构的二叉排序树节点删除程序参见程序 3-26。删除操作是根据输入的关键码在二叉树中遍历寻找一个关键字值等于输入关键码的节点，找到后进行删除，遍历的过程是递归的：

```
if(root->key<key) root->right=removehelp(root->right,key);    /*递归搜索右分枝*/
else root->left=removehelp(root->left,key);                   /*递归搜索左分枝*/
```

需要注意的是，对二叉排序树节点插入及删除操作的约束条件是：插入或者删除节点之后，它仍是一棵二叉排序树。没有考虑插入与删除节点的操作对二叉排序树结构特性的影响，即二叉排序树是否平衡的问题。

没有平衡约束条件的二叉排序树没有实际的应用意义。在文件检索应用中，为防止插入与删除操作之后，检索效率变化，需要考虑插入与删除节点操作过程中，如何保持树仍然处于平衡状态的方法，这是 2-3 树和 B 树程序设计要解决的问题。

程序 3-26

```
struct tree *removehelp(struct tree *root,int key)
{
    struct tree *p,*q,*temp;
    if(!root)return(NULL);               /*递归出口条件，防止二叉树无此被删关键码*/
    if(root->key==key){                  /*找到被删节点*/
        if(root->left==root->right){     /*度为 0 只需删除操作*/
            free(root);
            return(NULL);
        }
        else{
            if(root->left ==NULL){       /*左分枝空*/
                p=root->right;           /*取被删节点 root 右子树的根*/
                free(root);
```

```
                    return(p);                    /*返回取代 root 的节点指针*/
                }
                else{
                    if(root->right ==NULL){/*右分枝空*/
                        p=root->left;        /*取被删节点左子树的根*/
                        free(root);
                        return(p);           /*返回取代 root 节点指针*/
                    }
                    else{                        /*左右均非空，找右分枝的最小节点*/
                        temp=deletemin(root->right);
                                              /*temp 指向右子树最小节点*/
                        root->key=temp->key;
                                              /*与被删节点值交换*/
                        return(root);        /*返回取代 root 的节点指针*/
                    }
                }
            }
        }
        else{                                    /*递归寻找*/
            if(root->key<key)root->right=removehelp(root->right,key);
            else                   root->left=removehelp(root->left,key);
            return(root);
        }
    }
```

程序每次从搜索子树的根出发，递归返回的是删除后子树根的新指针。要注意当前输入关键码不在二叉树中时，应由叶子节点处退出，程序调用形式是：

新树根指针 = removehelp(树根指针,key);

主程序中这个程序调用形式为：

root = removehelp(root，key);

一般来说，要求二叉树操作函数都采用递归结构。读者可以通过上机，验证删除操作几种方法的不同之处，前提是删除前后二叉树都是有序的。关于二叉树的上机实验，要求读者完成节点的插入、中序遍历、删除、检索及二叉树打印输出等基本功能。

3．基本概念例题

例 3-13 现有一棵 $n=28$ 节点的二叉树，问：

（1）它的叶子节点数最少是多少，发生在什么情况下？

（2）它的叶子节点数最多为多少？

（3）它的深度最小为多少？

（4）它的深度最大为多少？

解：（1）两个基本关系：

$$n_0=n_2+1$$
$$n=n_0+n_1+n_2 \text{ 或者 } n_0=(n-n_1+1)/2$$

所以，n_1 最大时 n_0 最小，当 $n_2=0$，即全部是度为 1 的节点时退化为单链，仅有一个叶子，故 $n_{1(min)}=1$。

（2）当 n_1 最小时 n_0 最大，即完全二叉树，显然满二叉树时 $n_1=0$，但 $n=28$，不符合 2^h-1 的条件（h 为深度），故 n_1 不为零。设深度为 k，因为：

$$4< \log_2(28+1)< 5$$

所以，$4<k\leq5$，即 $k=5$。因此到 k-1 层共有节点数 $n=2^4-1=15$，而 $28-15=13$，在第 5 层上比 $2^{5-1}=16$ 缺 3 个节点。3 除 2 有商为 1，即第 4 层有 1 个叶子、第 5 层有 13 个叶子节点，$n_0=14$。

（3）深度最大为 h=28，单链。

（4）深度最小为完全二叉树，h=5。

例 3-14 表达式树。利用指针实现二叉树需要注意叶子节点和内部节点是否同类的问题。很多应用中只需要在叶子节点存储数据而没有指针信息，指针只是在内部节点中作为寻找叶子节点位置的地址信息使用；还有一些应用，如表达式树，要求内部节点和叶子节点分别存储不同的数据类型，也需要分别定义叶子节点和内部节点结构。表达式树表示一个代数式，其内部节点数据域用一个字符变量存储运算符加、减、乘、除等，叶子节点只有数据域，定义为一个整型变量用来存储操作数，图 3-58 所示的表达式树表示了 4x（2x+a）–c，问如何实现该表达式树的存储结构，以及输出该表达式的遍历算法。

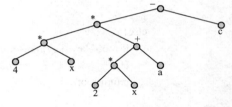

图 3-58　表达式树

解：（1）这是一个节点数据域同构问题，因为字符类型和整型变量长度只差一个字节，可以用共用体实现，定义如下：

```
union{                          struct node{
    int val;                        union{
    struct node{                        int val;
        char symbol;                    char symble;
        struct node *left,*Right;   }x;
    }x;                             struct node *left,*Right
}y;                             }y;
    定义(a)                         定义(b)
```

两个定义哪个合适？显然是定义（a）。因为知道叶子节点不需要指针，定义（b）在使用共用体的同时，对叶子增加了不必要的指针域。

（2）中序遍历即可。

3.3.4　穿线二叉树

在 3.3.1 节中指出，一棵树的空闲指针域数量 m= n(k–1)+1，对于二叉树来说就是 m=n+1，即有一半的指针在闲置。为避免浪费这些指针域，给它们一个附加功能，让其指向节点的中序前驱和后继节点，具体说，如果一个节点的左指针空，就用其指向该节点的中序前驱节点；如果是右指针为空，就用其指向该节点的中序后继节点。这些附加的指针称为"线索"，加进

"线索"功能的二叉树称为穿线二叉树。

　　要将一棵二叉树线索化，可以按中序遍历这棵二叉树，在遍历过程中用线索代替空的指针。图 3-59 所示是一棵线索化的二叉树。实线表示原来的指针，虚线表示新增的线索，原来为空的左指针都被用来作为指向节点中序前驱的线索；原来为空的右指针都被作为指向节点中序后继的线索。

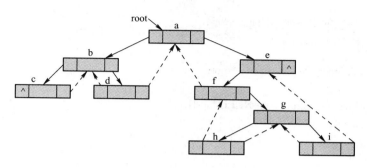

图 3-59　中序线索树

　　新的问题是，如何区分这些指针域存储的是指针还是线索？很容易，地址总是正的，所以指针域为正值的话，存的就是指针；如果是线索，就取值为负（通过取反得到其中序前驱或后继节点的地址）。图 3-59 中节点 c 的左指针域仍然为空，表示它是中序序列中的第一个节点，没有前驱；节点 e 的右指针域也为空，表明它是中序序列中的最后一个节点，没有后继。

1．二叉树的中序线索化

首先定义节点结构：

```
struct tree{
        int key;
        struct tree left,*right;
        }
```

　　中序遍历二叉树的顺序是遍历左子树、遍历根、遍历右子树。所以，使用一个栈记忆遍历过程中的向左下降序列，就可以得到每棵子树的根序列。

　　算法：

1）初始化。

```
    p=root；pr=NULL；top=-1;
```

2）访问节点，建立线索。

```
    while(1){
        while(p){push(stack,p,top); p=p->left;}          /*寻找中序序列第一个元素*/
        if(top=-1)算法结束；
        else{
            top=pop(stack,p,top);                        /*上升一层*/
            if(pr){
                if(!pr->right)pr->right=-p;              /*pr 是 p 前驱，故其右指针指向后继 p*/
```

```
                    else if(!p->left)p->left=-pr;              /*p 是 pr 后继，故其左指针指向前驱 pr*/
                }
            pr=p;                                              /*先出栈者为前驱*/
            p=p->right;                                        /*右子树的最左端节点是 p 后继*/
        }
    }
```

程序 3-27 是算法的 C 语言实现。

程序 3-27　中序线索化函数。

```
    struct tree *inorder_clew(struct tree *root)
    {
        struct tree *p,*&rp=p,*pr=NULL,*s[M];
        int top=-1;
        long ia;
        p=root;
        for(; ; ){
            while(p){top=push(s,p,top); p=p->left; }          /*在子树内寻找中序序列第一个元素*/
            if(top==-1)break;
            else{
                top=pop(s,rp,top);                            /*rp 就是 p*/
                if(pr){                                       /*仅在整个树中序序列起点时为空*/
                    if(!pr->right){
                        ia=-(long)p;                          /*以补码为线索标记*/
                        pr->right=(struct tree *)ia;          /*pr 是 p 前驱，故其右指针指向后继 p*/
                    }
                    else if(!p->left){
                        ia=-(long)pr;
                        p->left=(struct tree *)ia;            /*p 是 pr 后继，故左指针指向前驱 pr*/
                    }
                }
                pr=p;                                         /*递推，当前节点变成后继节点的前驱*/
                p=p->right;                                   /*递推，p 指向当前节点的后继*/
            }
        }
        return(0);
    }
```

2．中序遍历线索化的二叉树

有了穿线二叉树，从任何一个节点搜寻其前驱或者后继都非常方便，无需每次从树根开始。要按中序遍历穿线二叉树非常简单，首先从根节点开始沿着左指针达到最左端点，也就是中序序列的头节点，然后反复找它的后继。如果一个节点的右指针小于零就是线索，则该指针就指向后继；如果一个节点的右指针大于零，则它一定指向该节点右子树的根，那么，它的后继节点就是它的右子树的最左端点。直接给出中序遍历线索化二叉树，搜寻后继节点序列的函数参见程序 3-28。

程序 3-28 中序遍历线索化树后继节点遍历函数。

```
struct tree *clewprintf(struct tree *root)
{
    struct tree *q,*p;
    long ia;
    q=root；p=q;
    while(q){p=q；q=q->left;}                /*中序序列起点*/
    while(1){
        printf("%d,",p->key);               /*访问节点（打印键值）*/
        if(!p->right)return(0);             /*无后继则结束遍历*/
        if((long)p->right<0){               /*小于零则是线索*/
            ia=-(long)p->right;
            p=(struct tree *)ia;            /*恢复指针*/
        }
        else {
            p=p->right;                     /*取右子树根节点*/
            while((long)p->left>0)p=p->left;
                                            /*子树的中序序列起点*/
        }
    }
}
```

　　虽然在遍历操作上，线索化带来了简便的搜索方式，但显而易见的是，穿线二叉树的节点插入和删除操作一定比非穿线树要复杂，这是由于随着节点的动态增删，它的前驱和后继也发生变化，必须要同步地改变线索。因为在一棵二叉树中插入的一个新节点总是被插成叶子，所以线索的调整并不是很困难，但删除就比较麻烦，在此不作更多的讨论。

3.3.5　堆

　　堆的存储结构是数组形式，但是堆的逻辑结构是二叉树形式。堆有两个基本性质表征：
　　1）堆是一棵完全二叉树，所以它可以简单地用顺序存储结构的数组实现。
　　2）堆中存储的数据局部有序，即节点的关键码与其左右孩子的关键码有确定的顺序。
　　堆有两种定义形式：
　　1）最大值堆（Max-heap）。
　　最大值堆的性质是任意一个节点关键码都大于或等于其任意一个孩子的关键码，且定义是递归的。即根节点关键码大于或等于其左右孩子关键码的值，而其左右孩子关键码又依次地大于或等于其各自孩子关键码的值，所以根节点关键码具有所有节点中最大的关键码。
　　2）最小值堆（min-heap）。
　　最小值堆的性质是任意一个节点关键码都小于或等于其任意一个孩子的关键码，且定义是递归的。即根节点的关键码小于或等于其左右孩子关键码的值，而其左右孩子关键码又依次地小于或等于其各自孩子关键码的值，所以根节点关键码具有所有节点中最小的关键码。
　　注意，无论是最大值堆还是最小值堆，有序只是限定在父亲与孩子之间的，任何一个节点与其兄弟之间的关键码值大小都没有必然的联系。基于排序上的原因，只讨论最大值堆的

117

问题。

1. 建堆过程

假定一棵完全二叉树已经存储在数组内，如图 3-60 所示给出了建堆的示例，图 3-60a 的方法是从底层最左边叶子节点开始，比较每一个节点与其父节点的关键码值，若子节点值大，则父子位置交换，逐层向上比较，直至根节点。然后再从这个叶子节点的兄弟开始，继续该过程。具体到图 3-60a 的交换过程是（4-2），（4-1），（2-1），（5-2），（5-4），（6-3），（6-5），（7-5），（7-6），需要 9 次交换。

另一种方法是，如果假设节点 R 的左右子树已经符合堆结构，则只需要比较 R 与其左孩子、右孩子的关键码值，可能有：R 大于等于它们的孩子，则该树符合堆结构；R 小于其一个或者两个孩子的关键码值，则选择较大一个孩子与 R 的位置交换，形成一个堆。因为交换后的节点 R 被下拉了一层，如果仍然小于其一个或者两个的新子节点关键码值，则继续节点 R 的下拉过程，直至到达某一层使 R 大于其子节点，或者 R 成为叶子。因为叶子是不会被下拉的，所以，建堆过程应该从倒数第二层最右边一棵子树的根开始，如图 3-60b 所示，其建堆交换过程是（7-3），（5-2），（7-1），（6-1），需要 4 次交换。显然，不同的建堆方法构造的堆是不同的，所花费的交换次数也不相同。图 3-60b 建堆的起点位置是逻辑结构编号第 $\left(\dfrac{n}{2}\right)$ 个节点处，如图 3-61 所示，它的存储位置是数组下标的 $\left(\dfrac{n}{2}\right)-1$ 处，因为数组位置从 0 至 n–1。

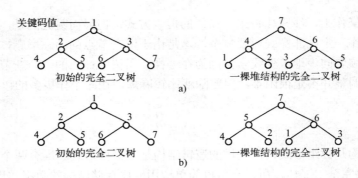

图 3-60　对一棵完全二叉树建堆

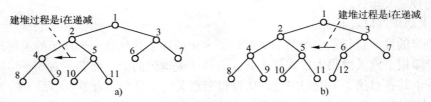

图 3-61　采用图 3-60b 建堆方法的起点示意

a）建堆过程从 i=5 开始，数组下标是 4　b）建堆过程从 i=6 开始，数组下标是 5

（1）堆函数

建堆函数由如下函数组成：

1）实现图 3-60b 建堆方法的 siftdown(int)函数。

118

2）实现建堆过程的 buildheap()函数。

3）辅助函数 isleaf(int)在 i 指向叶子节点的时候返回的布尔值为真。

4）辅助函数 leftchild(int)返回根节点左孩子的位置。

5）交换堆数组 heap[i]和 heap[j]位置的值用 swap(heap[int i],heap[int j])。

6）assert(int)是系统函数，如果输入参数为 0，就调用 abort()函数中的程序运行（abort()是立即中止程序运行）。assert(int)头文件是 assert.h。

堆元素定义如下：

```
struct heapnode{
    int key；
}array[n];
```

程序 3-29　建堆 C 函数。

```
void siftdown(struct node *heap,int n,int pos)
//heap 指向堆数组 array[0]
    {
        int j;
        assert((pos>=0)&&(pos<n));              /*系统函数检查 pos 在边界之内，pos 是建堆节点*/
        while(!isleaf(pos,n)){
            j=leftchild(pos,n);                /*取得其左孩子坐标*/
            if((j<(n-1))&&(heap[j].key<heap[j+1].key))j++;
                                               /*判别哪个孩子关键码大*/
            if(heap[pos].key>=heap[j].key)return;
                                               /*若 R 节点大于其左右孩子，符合堆结构*/
            swap(&heap[pos],&heap[j]);
                                               /*否则父亲与关键码值大的孩子交换位置，R
                                                 被下拉一层*/
            pos=j;                             /*pos 仍指向当前建堆节点 R*/
        }
    }

    void buildheap(struct node *heap,int n)    /*heap 指向 heaparray[0]，n 是堆数组长度*/
    {
        int i;
        for(i=n/2-1；i>=0；i--)siftdown(heap,n,i);
    }

    bool isleaf(int pos,int n)                 /*pos 指向堆数组当前位置，n 是堆数组长度*/
    {
        return((pos>=n/2)&&(pos<n));
    }

    int leftchild(int pos,int n)
    {
        assert(pos<n/2);
```

```
        return (2*pos+1);
    }

    void swap(struct node *a,struct node *b)
    {
        struct node i;
        i=*a；  *a=*b；  *b=i;
    }
```

对图 3-61b 建堆所得结果如图 3-62 所示。

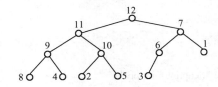

图 3-62　对图 3-61b 建堆所得的结果

（2）建堆效率

在函数 siftdown()调用中考虑一个元素在堆中向下移动的距离，设该堆深度为 d，则堆中深度为 d−1 的节点约有一半，它们不会向下移动，深度为 d-2 的节点约有四分之一，它们最多可以向下移动一层。建堆的过程中，每在完全二叉树中向上一层，节点数目是前一层的一半，而已建好的堆的高度增加 1，所以，元素在建堆过程中移动的最大距离总数是

$$\sum_{i=1}^{\log_2 n}(i-1)\frac{n}{2^i}=O(n)$$

2．在堆中插入节点

在一个堆中插入一个节点可以分解成两步：

1）新节点是插入到一棵顺序存储的完全二叉树的叶子。

2）在堆中寻找新节点的正确位置。

比如，在图 3-62 所示的堆中插入一个节点，首先是形如图 3-63 虚线所示的完全二叉树。然后，搜索新节点在堆中的位置（就不一定是叶子了）。显然，根据堆的规则，只需比较孩子与其父节点的值大小。如果孩子的值大于父节点，交换并且继续搜索；否则，退出循环，将新节点插入。设开始的叶子位置是 n−1，则其父节点位置就是 $\left\lfloor\frac{i}{2}\right\rfloor-1$。于是，从叶子位置开始沿着父节点指向一直往根节点搜索，或者插入到根，或者插入到搜索路径上的某一点。程序 3-30 是堆插入函数。

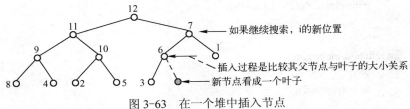

图 3-63　在一个堆中插入节点

120

程序 3-30 堆插入函数。

```
int insertMAXheap(struct node array[],struct node x,int *n)
{
    int i,j;
    if(*n==M)return(-1);                           /*空间不足*/
    (*n)++;
    i=*n;
    j=i/2-1;                                        /*指向新叶子的父节点*/
    while((i>=0)&&(x.key>array[j].key)){            /*如果孩子的值大于父节点*/
        array[i-1]=array[j];                        /*父节点下沉*/
        i/=2;
        j=i/2-1;                                    /*指向上一层父节点*/
    }
    array[i-1]=x;                                   /*插入*/
    return(0);
}
```

堆中节点的删除就是删除根节点的过程，将在堆排序中讨论。

3.3.6 哈夫曼树

哈夫曼树是二叉树的应用例子，它在通信编码中寻求具有总编码长度最短的二叉树结构。

1．最佳检索树

同一元素集合构造出不同深度的二叉树意味着检索效率的不同，如图 3-64 所示的情况。

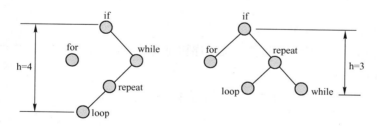

图 3-64　节点所处的深度不同，其检索效率不同

表 3-6　深度不同的二叉树检索效率比较

层　　次	图 3-64 左边树该层节点数	该层节点所用检索次数	图 3-64 右边树该层节点数	该层节点所用检索次数
根	1	1×1	1	1×1
2	2	2×2	2	2×2
3	1	1×3	2	2×3
4	1	1×4		
总检索次数		12		11
平均次数		12/5		11/5

设检索概率相等，显然检索 loop 节点在图 3-64 左边的树结构要比较 4 次，而图右边的

树结构只用比较 3 次，因而节点所在的层次反映了它的检索效率。在等概率条件下，可以认为图 3-64 右边的树的结构优于左边的树结构。从定量分析看，深度不同造成了两棵树的平均检索次数不同，如表 3-1 所示。在同样节点数构造的二叉树中完全二叉树具有最小深度，因此它的检索效率最佳，实际上最佳二叉排序树的特点是只有最下面两层树节点的度数可以小于 2，其他节点度数必须等于 2，图 3-65 给出了一个例子。

现在引入路径的概念：从一个节点到另一个节点之间的分枝数称为两节点间的路径长度，从树根到每一节点的路径长度之和，是树的路径长度。图 3-64 左边树的路径长度是

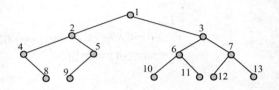

$$PL=0+1+1+2+3=7$$

图 3-64 右边树的路径长度是

$$PL=0+1+1+2+2=6$$

图 3-65　最佳二叉排序树

可以推断，在节点数相同条件下，只有最佳二叉排序树具有最短路径。设第 i 层上的节点路径长度为 L_i，则

$$L_i=i-1 \qquad i=1，2，\cdots，h；$$

而第 i 层上路径总长度为

$$PL_i = L_i \times i\text{层上节点总数} \leqslant (i-1) \cdot 2^{i-1}$$

所以，在任何二叉树成立：

路径为 0 的节点至多有 1 个；

路径为 1 的节点至多有 2 个；

路径为 2 的节点至多有 4 个；

$$\vdots$$

路径为 k 的节点至多有 2^k 个。

在节点总数 n 一定条件下，最佳二叉排序树每层的 $PL_i =(i-1) \cdot 2^{i-1}$，树的路径长度是下面展开级数的前 n 项和

$$0, 1, 1, 2, 2, 2, 2, 3, 3, 3, 3, 3, 3, 3, 3, 4, 4, \cdots$$

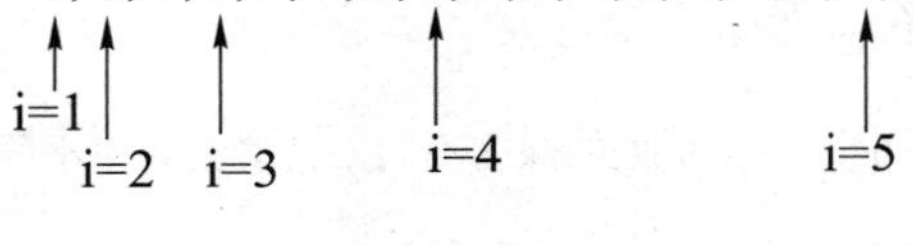

$$\underset{i=1}{\uparrow} \quad \underset{i=2}{\uparrow} \quad \underset{i=3}{\uparrow} \qquad \underset{i=4}{\uparrow} \qquad\qquad \underset{i=5}{\uparrow}$$

$$PL = \sum_{j=1}^{n} \lfloor \log_2 j \rfloor$$

在非最佳二叉排序树情况下，级数前 n 项中某些项的权值变大，如

$$0，1，1，2，2，3，3，4，5，5，5，6，\cdots$$

由于 n 一定，则其前 n 项和显然比最佳二叉排序树大，即

$$PL > \sum_{j=1}^{n} \lfloor \log_2 j \rfloor$$

现在的问题是，已经证明了在检索概率相等条件下，最佳二叉排序树具有最短路径。那么，在检索每个节点的概率不相等的情况下，什么样的二叉树结构具有最佳检索效率？如何

构造这种树？这就是讨论哈夫曼树的目的。

2．哈夫曼树结构与算法

（1）概念

如果一棵树的某些节点被访问的次数不同于另外一些节点，那么平均检索时间不仅与节点所在的层次有关，且与它的访问概率有关，哈夫曼树是在加权概率下的平均检索时间或路径长度为最小的树结构。在考虑加权概率情况下，定义二叉树的加权路径长度为

$$WPL = \sum_{i=1}^{n} W_i \times L_i$$

这里，W_i 是叶子节点 i 的加权，L_i 是从根到叶子节点 i 的路径长度，n 是二叉树中叶子节点个数，此树也称为空心二叉树。

定义：给一棵树的叶子加权，设有 $\{W_1, W_2, \cdots, W_n\}$ 一组实数与二叉树的叶子相结合作加权概率，则此树为空心二叉树或称为叶子二叉树，如图 3-66 所示。使上式空心二叉树路径 WPL 为最小的二叉树，称为加权概率下最佳二叉树或哈夫曼树。

（2）算法

设 $WG = \{W_1, W_2, \cdots, W_n\}$ 是一组实数集合，则哈夫曼树的生成是：

1）以此 n 个数为权，赋给 n 个节点构成 n 棵二叉树的根 T_i，其左右子树为空，形成森林 $F = \{T_1, T_2, \cdots, T_n\}$。

2）将 F 中的树根按其权值由小到大、从左至右排序。

3）从 F 中取出第一、第二棵树归并成新二叉树，新树根权值是两棵左右子树根的权值之和，重新放回到森林 F 中。

4）重复步骤 2）、3），直到 F 中只剩一棵二叉树为止，即为哈夫曼树。

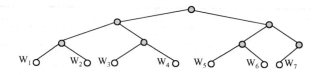

图 3-66　空心二叉树

例 3-15　有一组权值是 $\{7, 5, 2, 4\}$，构造的哈夫曼树如图 3-67 所示。直观上看，权重的节点因靠近树根而路径短，即经常访问的节点所需检索次数少，使全部节点平均检索时间减少，这是哈夫曼树的意义所在（哈夫曼树不是二叉排序树）。

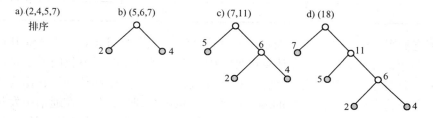

图 3-67　构造哈夫曼树

例 3-16　有一组权值是 $\{5, 29, 7, 8, 14, 23, 3, 11\}$，构造的哈夫曼树如图 3-68 所示。

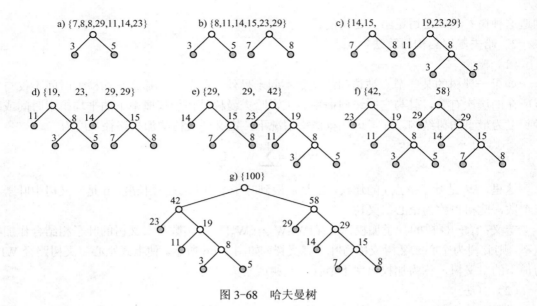

图 3-68　哈夫曼树

哈夫曼树的生成过程是典型的贪心算法。

3．哈夫曼树应用

（1）哈夫曼树编码

哈夫曼树的应用主要在通信编码上，它是在一定字符集、不同的字母出现频率条件下寻求一种总编码长度最短的编码方式。表 3-7 是英文 26 个字母在文献中出现的相对频率表。

表 3-7　英文字母相对频率表

字　　母	频　　率	字　　母	频　　率	字　　母	频　　率
a	77	j	4	s	67
b	17	k	7	t	85
c	32	l	42	u	37
d	42	m	24	v	12
e	120	n	67	w	22
f	24	O	67	x	4
g	17	p	20	y	22
h	50	q	5	z	2
i	76	r	59		

如果把它们用代码在计算机中表示，如 7 位 ASCII 码，字母 a 到 z 的 ASCII 码是 40H～5FH，是等长的编码方式。假定在计算机处理中所有字母出现的频率相同，于是，总体的编码长度最短。但实际上字母在文档中出现概率在统计意义上是不相等的，让出现频率高的字母与出现频率低的字母占用同长度的编码位数，显然不合理，比如，在通信中发报的总体时间就长。于是，自然想到常用的字母尽量地用短位数编码，不常用的可以是长位数编码表示，即哈夫曼编码。

例 3-17　哈夫曼树编码。已知如下 8 个字母出现频率，求哈夫曼编码树。

124

字母	c	d	e	f	k	l	u	z
频率	32	42	120	24	7	42	37	2

解：

求得的哈夫曼树如图 3-69 所示，图 3-69e 为最终的哈夫曼树。将得到的哈夫曼树所有左分枝用 0 标记，右分枝用 1 标记，从根走到任何一片叶子所经历的 0、1 序列，就是所求的字母编码。如单词 deed，其哈夫曼编码串是：10100101。

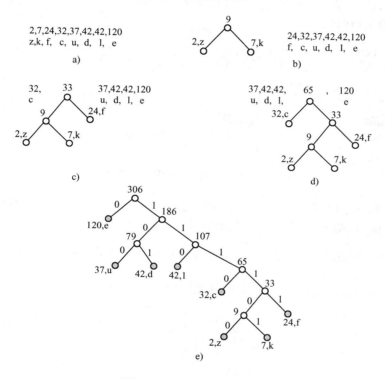

图 3-69　哈夫曼树编码树

对信息的反编码是从根节点开始，对接收到的二进制代码串从左至右逐位判别直至叶子，确定一个字母，然后再从根节点开始搜寻。如数字串 1011001110111101 的反编码是 101，100，1110，111101，既"duck"。

实际应用上哈夫曼编码的效率取决于实际文本的信息情况，如，虽然英文文献中 e 出现的频率最高，但作为单词的第一个字母时 t 出现的频率最高，所以，哈夫曼编码在实际上并不是最优的。另外，当编码表中出现的字母频率相差很大时，哈夫曼编码效率高。

（2）哈夫曼树在归并排序上的应用

如下 4 个已排序的数列要归成一个序列，时间复杂度以元素移动次数计算，如何决定数列两两归并的顺序，才能得到最小的时间开销？

A={1，2}；

B={3，4，5}；

C={6，7，8，9}；

D={10，11，12，13，14}；

因为归并两个序列操作的结果是合并为一个新的序列，长度是两子序列长度之和，所以元素所需的移动次数就是新序列的长度，图 3-70a、b、c、d 4 种情况给出了两两归并序列的几种不同顺序下所需移动次数的比较，图 3-70a 的归并顺序所需移动次数最少。

那么，如何确定外排序中归并不同长度子序列的顺序，以求得总的花费时间最少？如果把子序列看成是一个外部节点，序列长度（元素个数）是节点的权，而每次归并两个序列就是两个节点权的合并问题，显然，上述求解最佳归并顺序问题就转化为求一组加权节点，其总的路径长度为最短的问题。

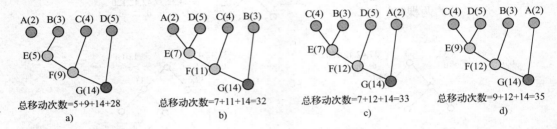

图 3-70　两两归并序列的移动次数比较

设 n 个待归并子序列的长度为 W_i，i=1，2，…，n，每个子序列内元素有序，以序列 i 为叶子节点 i，W_i 为该叶子的权，L_i 是从根到叶子节点 i 的路径长度，用加权节点构造出的哈夫曼树就对应着一个最佳归并顺序，其总的路径长度 $WPL = \sum_{i=1}^{n} W_i \times L_i$ 就是总的移动次数。

实际上，图 3-70a 就是一棵哈夫曼树，归并顺序如图 3-71 所示。

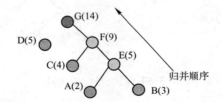

图 3-71　对图 3-70a 序列构造一棵哈夫曼树所得的最佳归并顺序

4．哈夫曼树程序设计
哈夫曼树的程序设计需要定义出两个结构体，即字母/频率对节点（权节点）和树节点：

```
struct LettFreq{              struct treenode{
    char lett；                   strucr LettFreq *var；
    int freq；                    struct treenode *left,*right；
}                             }
```

哈夫曼树节点 treenode 的数据域是一个指向字母/频率对（权节点）的指针。初始化的时候定义一个指针数组：

```
struct treenode *w[size]；  /*size 是最大叶子节点数目*/
```

126

森林 w[i]的数据域（指针）指向一组字母/频率对，如图 3-72 所示的 5 个字母/频率对。

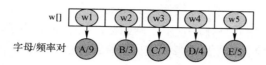

图 3-72　森林与一组字母/频率对

对森林构建最小堆结果如图 3-73 所示，因为指针指向字母/频率对，对 w[i]建堆就是按字母权重建堆。每次取出森林的第一棵树之后，都对森林进行一次最小堆构建。因此，取出的两棵树就是权最轻的两棵树，合并之后放回森林，如图 3-74 所示。

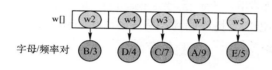

图 3-73　对森林构建最小堆

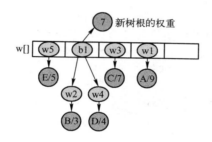

图 3-74　新树根与权重节点示意（合并两个最小权重树之后的最小堆）

合并过程直至森林中只剩余一棵树为止，即得到所求的哈夫曼树。参见程序 3-31。

程序 3-31　哈夫曼树函数。

```
struct treenode *buildtree(struct treenode **&rp,int &numinlist)
{
    struct treenode *temp1,*temp2,*temp3;
    struct lettfreq *tempnode;
    buildMINheap(rp,numinlist);              /*在堆数组[0～numinlist-1]建立最小堆*/
    while(numinlist>1){
        temp1=remove(rp,numinlist);          /*取出表头第一棵树并建最小堆,注意numinlist 已经减 1*/
        temp2=remove(rp,numinlist);
        tempnode=lettfreq((temp1->var->freq)+(temp2->var->freq));
                                             /*新树根的权重*/
        temp3=huffman(tempnode,temp1,temp2);
                                             /*构造 huffman 树*/
        insert(rp,temp3,numinlist);          /*把新树放回到森林尾部，numinlist 增 1*/
        buildMINheap(rp,numinlist);          /*重建最小堆*/
    }
```

```
                    return(rp[0]);                    /*如果森林只有一棵树则 return the tree*/
            }
```

在构造哈夫曼树中，对森林排序使用了堆函数，程序 3-31 首先建立一个最小堆，取 w[i] 按字母/频率对的最小权轻者。然后，每次取出森林顶部的一棵树 w[0]，并将森林剩余的树木重新构建一个最小堆。

函数 remove（）删除森林顶部的树，并返回指向该树根的指针，同时森林长度减 1。于是，程序 3-31 中的 temp1 和 temp2 就是哈夫曼树的左右子树根。函数 lettfreq()申请一个字母/频率对节点，并将传递过来的实参（左右子树根权重之和）赋给节点数据域的 freq。接下来的语句调用 huffman 函数，它申请一个树节点（treenode），左指针指向实参 temp1，右指针指向实参 temp2，而数据域的指针 var 指向实参 tempnode。huffman()返回指向新树根的指针给 temp3。最后，函数 insert()把新树放回到森林尾部，numinlist 增 1，并将当前森林里的树构建成一个最小堆。各函数参考如下：

```
struct treenode *remove(struct treenode **&rp,int &numinlist)
{                                  /*建立最小堆时先把堆顶 rp[0]删除（return）然后再建堆*/
    struct treenode *item;
    item=rp[0];                    /*存储待移除节点*/
    swap(rp[0],rp[numinlist-1]);   /*将当前堆数组的最后一个节点与堆顶节点交换*/
    numinlist--;                   /*森林里的树个数减 1*/
    if(numinlist>0)buildMINheap(rp,numinlist);
                                   /*最小堆*/
    return(item);                  /*返回被删除的最小权值的树根*/
}

void insert(struct treenode **&rp,struct treenode *item,int &numinlist)
{                                  /*在当前 numinlist 位置上插入一个元素*/
    assert(numinlist<msize-1);     /*msize 是数组最大长度*/
    rp[numinlist]=item;            /*新树根放在堆数组尾部*/
    numinlist++;                   /*森林数目增 1*/
}

struct lettfreq *lettfreq(int f)
{
    struct lettfreq *p;
    p=(struct lettfreq *)malloc(sizeof(struct lettfreq));
                                   /*申请一个字母/频率对节点*/
    p->freq=f;                     /*给权值赋值*/
    return(p);
}

struct treenode    *huffman(struct lettfreq *tempnode, struct treenode *temp1,struct treenode *temp2)
{
    struct treenode *p;
    p=(struct treenode *)malloc(sizeof(struct treenode));
```

```
                                        /*申请一个树节点*/
        p->left=temp1;                  /*左指针域指向一个子树根*/
        p->right=temp2;                 /*右指针域指向一个子树根*/
        p->var=tempnode;                /*数据域指针指向一个字母/频率对节点*/
        return(p);
    }
```

初始化过程如下：

```
    void input(struct treenode **&rp,int n)
    {
        int i;

        //以下申请叶子节点
        for(i=0；i<n；i++){
            rp[i]=(struct treenode *)malloc(sizeof(struct treenode));
            rp[i]->left=0；rp[i]->right=0;
        }

        //以下给叶子的指针域赋值
        for(i=0；i<n；i++){
            rp[i]->var=(struct lettfreq *)malloc(sizeof(struct lettfreq ));
            cout<<"请输入第"<<i+1<<"个叶子的字符和权重"<<endl;
            scanf("%c %d",&(rp[i]->var->lett),&(rp[i]->var->freq));
            fflush(stdin);
        }
    }
```

3.3.7 空间数据结构

有关二叉树的内容讨论到此，都是根据一个一维的整数关键码值检索一个节点，可以理解成它只能检索沿一个数轴分布的数据集合中的各个数据记录。例如，商场中某类商品随时间分布的销售情况，流程工业过程控制实时数据库记录的工艺流程数据，学生数据库随学号分布的学生记录信息等。

实际上，很多场合需要在一个平面检索一个记录信息。例如地理信息系统需要在一个地图平面上根据（x，y）坐标检索一个城市记录信息，或者数据分析中用多维关键码关联特性查询数据库中的记录等。图 3-75 给出了一个平面分布的城市记录示例，如何根据（x,y）坐标检索一个城市，这是空间数据结构应用问题，现在讨论二叉排序树的空间扩展 k-d 树，对其他方法更有兴趣的读者可以参考有关书籍。

1. k-d 树概念

（1）识别器

k-d 树是二叉树的空间扩展，其不同于二叉树的地方是 k-d 树的每一层用一个识别器（Discriminator）从多维关键码中选定某一维关键码值作 k-d 树分支走向的决策，决定 k 维关键码在第 i 层所用维数分量的识别器是：

i mod k

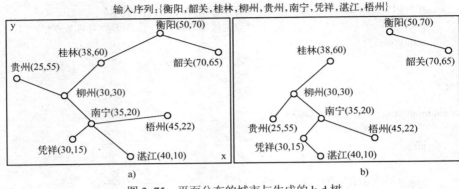

图 3-75　平面分布的城市与生成的 k-d 树

a) 平面分布的城市　b) k-d 树结构

比如，图 3-75 所示是（x,y）二维关键码，即 k=2，设 x 坐标定义为关键码 0，y 坐标定义为关键码 1，显然，识别器随层数 i 深入在 0 和 1 之间取值，以树根为第 0 层，则 k-d 树每一层的分支走向决策所用的关键码值是交互由坐标 x、y 值决定。

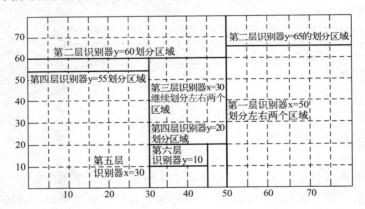

图 3-76　图 3-75b 所示的 k-d 树检索空间划分

注意，识别器只是选择在第 i 层用多维关键码中某个分量决策分支走向，但检索中判别是否找到匹配的关键码节点，仍需要使用多维关键码整体信息，以在图 3-75b 的 k-d 树中检索关键码为（35，20）节点过程为例，根据定义已知识别器由树根起交互用 x、y 坐标值作分支走向决策：

1）树根的 x 坐标是 50 而输入关键码值是 35，走左分支。

2）桂林节点的 y 坐标是 60，而输入关键码值是 20，仍然走左分支。

3）柳州节点的 x 坐标是 30，而输入关键码值是 35，走右分支。

4）南宁节点的 y 坐标是 20，而输入关键码值是 20，y 值匹配。

现在的问题是，图 3-75 中具有 y=20 的节点只有南宁一个，因而可以用单维信息匹配，不过这并不适于一般的处理情况，如同一图中检索关键码是（30,15），其走过的路径是：衡阳（50,70），桂林（38,60），柳州（30,30），如果只用单维分量匹配则柳州的 x 坐标符合，但显然具有坐标（30,15）的城市是凭祥。

（2）符合函数

为此，定义一个符合函数：某一类节点信息检索的多维关键码特征用 k 个分量描述，组成 k 维矢量 X，而节点集合中第 i 个节点的关键码是 $X_i = (x_{i1}, x_{i2}, \cdots, x_{ik})$，定义该集合信息元符合函数为

$$f(x_r, x_i) = \sqrt{\sum_{j=1}^{k}(x_{rj} - x_{ij})^2}$$

其中，x_r 是检索关键码，x_i 是节点关键码，当 d=2，则符合函数就是熟知的两点间距离公式

$$f(x_r, x_i) = \sqrt{(x_{r0} - x_{i0})^2 + (x_{r1} - x_{i1})^2}$$

其中，$x_{r0} = x_r, x_{i0} = x_i, x_{r1} = y_r, x_{i1} = y_i$。设两点距离为 0 表明匹配成功，则在图 3-75 中检索关键码向量为（30,15）的节点过程是：衡阳（50,70），桂林（38,60），柳州（30,30），南宁（35,20），凭祥（30,15）。

读者可能会发现一个问题，已知通过比较识别器选择的关键码分量和当前层次节点对应的特征分量大小来确定搜索路径，如果关键码值小于节点特征值则选择走左分支，如果大于则走右分支搜索路径，那么，图 3-75 中检索关键码（30,15）在搜索到节点柳州的时候，其识别器输出是以 x 坐标为当前层的分支走向判定，而检索关键码的 x 坐标和柳州的 x 坐标相等，如何判定后续搜索方向？约定如下，k-d 树节点插入时候，所有小于当前层决策特征信息的节点被放到 k-d 树的左子树，所有大于或等于当前层决策特征信息的节点被放到 k-d 树的右子树。

2．k-d 树程序设计初步

现在讨论二维 k-d 树的程序设计基本问题。

（1）检索操作

一个二维 k-d 树是二叉树向平面空间的自然扩展，它是二叉排序树，其关键码由坐标（x, y）表达，定义 x 是零维信息，y 是一维信息，其二叉树分枝规则是在第 i 层用 i mod 2 所确定的 0 或 1 取相对应的维信息作该层节点（x, y）的关键码识别值（根节点所在为 0 层），k-d 树按关键码有序，设节点结构定义如下：

```
struct kdnode{
    int val[2];                    /*定义 x 是零维信息，y 是一维信息*/
    struct kdnode *left,*right;
};
```

关键字（x,y）格式为 int key[2]，其中 key[0]是 x 坐标、key[1]是 y 坐标，lev 初值为 0，识别器函数 dkey 定义如下：

```
int dkey(int *p, int lev)
{
    if(lev==0)return *(p+0);
    else return *(p+1);
}
```

符合函数 vector 定义如下：

```
int vector(int *p，int *s)
{
    return sqrt((*(p+0)-*(s+0))*(*(p+0)-*(s+0))+(*(p+1)-*(s+1))*(*(p+1)-*(s+1)));
}
```

则二维 k-d 树按（x，y）关键字检索一个节点的过程参见程序 3-32。

程序 3-32　二维 k-d 树检索过程。

```
struct kdnode *kdsearch(struct kdnode *root，int *key，int lev)
{
        if(root==NULL)return NULL;
        if(vector(&key[0],&(root→val[0]))==0)return root;
        else
            if(dkey(&key[0],lev)<dkey(&(root→val[0]),lev))
                return kdsearch(root→left,&key[0],(lev+1)%2);
            else
                return kdsearch(root→right,&key[0],(lev+1)%2);
}
```

例 3-18　k-d 树检索。节点输入序列是 A（40,45），B（15,70），C（70,10），D（69,50），E（55,80），F（80,90），求：

1）画出生成的 k-d 树。

2）设检索关键字值是（69，50），描述在该 k-d 树上的检索过程。

3）画出该 k-d 树每一节点所划分的检索空间。

解：

生成 k-d 树如图 3-77a 所示，检索路径是 A，C，D（D 点距离空间为 0），检索空间如图 3-77b 所示。

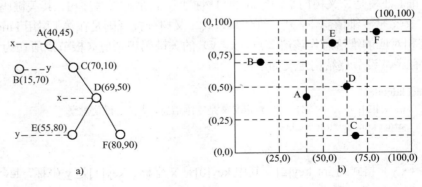

图 3-77　k-d 树举例

（2）删除操作

k-d 树的节点插入与二叉排序树一样，新进来的节点总是被插入到叶子位置，通过一个检索操作找到插入点，修改父指针插入到叶子位置。但是，其删除操作和二叉排序树有所不同。如果是叶子当然没有问题，如果度不为 0 则有些困难：如在图 3-75 中删除节点桂林，其有一个分支，读者不能像二叉树那样简单地修改指针，让桂林的父节点指向其子节点柳州。因为提升柳州节点的层次会让识别器的输出结果改变，柳州节点在第三层识别器输出结果是 1，提升到第二层之后识别器输出结果是 0，简单地提升柳州节点破坏了 k-d 树特性。事实上，南宁应该改在柳州左分支，而贵州在其右分支。

删除的思想和二叉树一样，设要删除节点为 P，则 P 位置或者被其右子树中具有 P 节点识别器的最小值节点所取代，或者被其左子树中具有 P 节点识别器的最大值节点所取代。假定 P 在奇数层，识别器是 y，如果要在 P 节点的右子树寻找有最小 y 值的节点，显然它并不一定在最左边，因为识别器输出是 x，y 交互的，如图 3-78 所示。所以，首先要用一个程序在右子树中找到最小值。

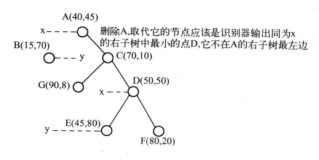

图 3-78　k-d 树删除

在 k-d 树上查找最小值的参考程序如下：

```
//discrim：用于最小值检索的关键码识别值
//level：当前层(mod k)；
//k：关键码的层数
Struct kdnode *Kdfindmin(Struct kdnode * rt,int discrim,int level,int k)
{
    Struct kdnode *temp1,*temp2；
    if(rt==NULL)return(NULL);
    temp1=Kdfindmin(rt→left,discrim,(level+1)%k,k);
    if(discrim!=level){                       /*最小值可能在任何一边*/
        temp2= Kdfindmin(rt→right,discrim,(level+1)%k,k);
    if((temp1==NULL)||((temp2!=NULL)&&
            (dkey(temp2->val,discrim)<dkey(temp1->val,discrim))))
            temp1=temp2;
    }                           /*temp1 如果有子节点，其子节点拥有最小值*/
    if((temp1==NULL)||(dkey(rt->val,discrim)<dkey(temp1->val,discrim)))
        return(rt);
    else return(temp1);
}
```

有关 k-d 树删除的程序比较复杂，可以在上机实验中讨论。

3.4　图

在数据结构二元组 K=(D,R)定义中，D 是有限元素集合，R 是定义在 D 上的有限个关系。通过限制一个关系 R 的前驱和后继元素的个数，分别得到了线性表和树形结构。如果不限制 R 的前驱和后继节点个数，所得结果就是图。图形数据结构是现实世界中广泛存在的一种非线性数据结构，本节不讨论图论中的内容，而主要是研究图形数据结构的计算机描述（存储）方式，为此，首先叙述它的一些基本概念和术语。

3.4.1　图的基本概念

如果 V(G)是数据元素的有限集合，E(G)是它的笛卡尔积 $V \times V$：$V \times V = \{(v,u) \mid v,u \in V$ 且 $v \neq u\}$ 的子集，则称图 G=(V,E)是一个图。其中，V(G)中的元素称为图 G 的顶点，E(G)中的元素称为图 G 的边。例如图 G1 的关系如下：

V(G1)={v_1,v_2,v_3,v_4}
E(G1)={$(v_1,v_2),(v_1,v_3),(v_1,v_4),(v_2,v_3),(v_2,v_4),(v_3,v_4)$}

其数据结构如图 3-79a 所示。而图 3-79b 的 G2、图 3-79c 的 G3 关系分别是：

V(G2)={$v_1,v_2,v_3,v_4,v_5,v_6,v_7$}
E(G2)={$(v_1,v_2),(v_1,v_3),(v_2,v_4),(v_2,v_5),(v_3,v_6),(v_3,v_7)$}
V(G3)={v_1,v_2,v_3}
E(G3)={$<v_1,v_2>,<v_2,v_1>,<v_2,v_3>$}

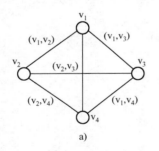 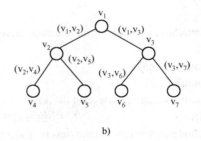 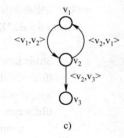

图 3-79　若干图形结构

a) G1 的结构　b) G2 的结构　c) G3 的结构

如果图中一条边的节点偶对是无序的，则称此图是无向图，在无向图中，(v_1,v_2)和(v_2,v_1)代表同一条边。

如果图中一条边的节点偶对是有序的，则称此图是有向图，在有向图中，$<v_1,v_2>$表示一条边，v_1 是始点，v_2 是终点。而$<v_1,v_2>$和$<v_2,v_1>$代表不同的边。在后面的讨论中，假定不考虑节点到其自身的边，即如果(v_1,v_2)或者$<v_1,v_2>$是一条边，则 $v_1 \neq v_2$。且不允许一条边在图中重复出现。

现在讨论完全有向图和完全无向图。假定一个无向图 G 中，边的集合 E 包含了 V 的笛卡尔积 $V \times V$ 所有分项，则称此图是完全无向图。即图 G 中任何两个顶点之间都有一条边相连。

显然，图 3-79a 是 4 个节点的完全无向图。在一个有 n 个顶点的无向图中，因为任何一顶点到其余 n-1 个顶点之间都有 n-1 条边相连，容易知道，第一个顶点 v_1 有 n-1 条边与其余 n-1 个顶点相连，第二个顶点 v_2 有 n-2 条边与其余 n-2 个顶点相连，因为 v_1 已经连接了 v_2，它们之间无需连接（因为 (v_1,v_2) 和 (v_2,v_1) 代表同一条边）。依此类推，最后一个顶点需要连接其他顶点的边数是零。即

$$\sum_{i=1}^{n}(n-i) = \frac{1}{2}n(n-1)$$

所以，一个具有 n 个顶点的无向图其边数小于等于 $\frac{1}{2}n(n-1)$，而当边数等于 $\frac{1}{2}n(n-1)$ 时，它是完全无向图。

假定一个有向图 G 中，任何两个顶点之间都有方向相反的两条边相连，则称此图是完全有向图。显然，完全有向图的边数等于 $n(n-1)$。

若 $(v_1,v_2) \in E$，则 v_1 和 v_2 相邻，而边 (v_1,v_2) 是与顶点 v_1 和 v_2 相关联的边。若 $<v_1,v_2>$ 为有向图的一条边，则称顶点 v_1 邻接到顶点 v_2，而 v_2 也邻接到 v_1，而边 $<v_1,v_2>$ 是与顶点 v_1 和 v_2 相关联的。

与树的度的概念类似，一个顶点的度就是与该顶点相关联的边的数目。若是一个有向图，则把以顶点 v 为终点的边的数目称之为 v 的入度，把以顶点 v 为始点的边的数目称之为 v 的出度。

图 3-79c 中 v_2 的出度为 2，入度为 1，所以 v_2 的度为 3。有向图中出度为 0 的顶点称为叶子，入度为 0 的顶点称为根。

若无向图 G 有 n 个顶点，t 条边，设 d_i 为顶点 v_i 的度数，因为一条边连接两个顶点，则

$$t = \frac{1}{2}\sum_{i=1}^{n}d_i$$

图 G=（V,E），G'=（V',E'），若 V'∈V，E'∈E，并且 E'中的边所关联的顶点全部在 V'中，则称图 G'是图 G 的子图。图 3-80 是图 3-79a 的几个子图。

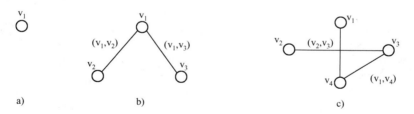

图 3-80 G1 的几个子图

图 G=（V,E）中，如果存在顶点序列 v_p, v_{i1}, v_{i2}, …, v_{in}, v_g，使得 (v_p,v_{i1}), (v_{i1},v_{i2}), …, (v_{in},v_g) 都在 E 中（若是有向图，则使得 $<v_p,v_{i1}>$, $<v_{i1},v_{i2}>$, …, $<v_{in},v_g>$ 都在 E 中），则称从顶点 v_p 到 v_g 之间存在一条路径，路径长度是这条路径上的边数。如果一条路径上的顶点除 v_p 和 v_g 可以相同之外，其余顶点均不相同，则称此路径是一条简单路径。

一般把路径 (v_1,v_2), (v_2,v_3), (v_3,v_4) 简单写成 v_1, v_2, v_3, v_4。图 3-79a 的 G1 中，v_1, v_2, v_3 和 v_1, v_3, v_4, v_1, v_3 是两条路径，前者是简单路径，后者不是。图 3-79c 的 G3 中，

v_1，v_2，v_3 是一条简单的有向路径，而 v_1，v_2，v_3，v_2 不是路径（没有 <$v3,v2$>连接边）。

$v_p=v_g$ 的简单路径称为环。一个有向图中，若存在一个顶点 v_0，从它出发有路径可以达到图中任何一个顶点，则称此有向图有根，根为 v_0。

现在讨论有向图和无向图的连通概念。对无向图 G=(V,E)来说，如果从顶点 v_i 到 v_j 有一条路径，称 v_j 和 v_j 是连通的。若 G 中任意两个顶点 v_i 和 v_j 都是连通的（i≠j），则称无向图 G 是连通的。

图 3-79a、b 是连通的。不连通的图如图 3-81 的 G4 所示。一个无向图的连通分支定义为该图的最大连通子图。

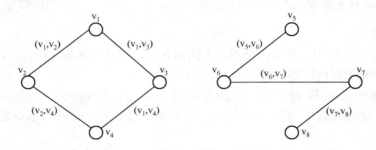

图 3-81　不连通的无向图 G4 存在两个连通分支

对有向图 G=(V,E)来说，若 G 中任意两个顶点 v_i 和 v_j（i≠j），都有一条从 v_i 到 v_j 的有向路径，且也存在从 v_j 和 v_i 的有向路径，则称有向图 G 是强连通的。图 3-79c 的 G3 不是强连通的，因为从 v_1 到 v_3 不存在一条路径。

一个有向图的强连通分支定义为此图的强连通最大子图。图 3-82 给出了图 3-79c 的 G3 的两个强连通分支。

如果给图的每一条边增加一个数值作为权，称为带权的图，带权的连通图称为网络，如图 3-83 所示。

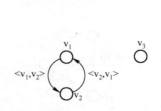

图 3-82　G3 的强连通分支

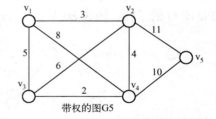

图 3-83　网络

3.4.2　图结构的物理存储方式

图结构的物理存储方式有 3 种，分别叙述如下。

1. 相邻矩阵

图 G 的相邻矩阵是表示 G 中顶点 i 和顶点 j 之间相邻关系的矩阵。若顶点 i 和顶点 j 相邻，则矩阵元素 $a_{ij}=1$，否则为 0。具体地说，设 G 有 n 个顶点，则相邻矩阵是如下定义的 n×n 矩阵。

$$A[i,j] = \begin{cases} 1 & 若(v_i,v_j)或 <v_i,v_j> 是图G的边 \\ 0 & 若(v_i,v_j)或 <v_i,v_j> 不是图G的边 \end{cases}$$

图 3-79 的 G1 和 G3 的相邻矩阵 $A1$ 和 $A3$ 分别表示如下。容易知道，带权图（网络）的相邻矩阵仅需将矩阵中的 1 代换为权值。图 3-83 所示网络的相邻矩阵 $A5$ 也在下面给出。

$$A1 = \begin{pmatrix} 0 & 1 & 1 & 1 \\ 1 & 0 & 1 & 1 \\ 1 & 1 & 0 & 1 \\ 1 & 1 & 1 & 0 \end{pmatrix}, \quad A3 = \begin{pmatrix} 0 & 1 & 0 \\ 1 & 0 & 1 \\ 0 & 0 & 0 \end{pmatrix}, \quad A5 = \begin{pmatrix} 0 & 3 & 5 & 8 & 0 \\ 3 & 0 & 6 & 4 & 11 \\ 5 & 6 & 0 & 2 & 0 \\ 8 & 4 & 2 & 0 & 10 \\ 0 & 11 & 0 & 10 & 0 \end{pmatrix}$$

设图 G 有 n 个顶点，用相邻矩阵存储图型结构的边的关系，用长度为 n 的顺序表存储图的 n 个顶点数据，或者是指向顶点数据的指针。对于有向图，相邻矩阵需要 n^2 个单元；对于无向图，因为相邻矩阵是对称的，只需要存储它的下三角部分。

显然，无向图的相邻矩阵第 i 行元素值之和就是第 i 个顶点的度（和顶点 i 相连的边数）。对于有向图，相邻矩阵第 i 行元素值之和是第 i 个顶点的出度（以顶点 i 为始点的边数），第 i 列元素值之和就是第 i 个顶点的入度（到顶点 i 的边数）。

此外，G 中顶点 i 和顶点 j 之间如果存在一条长度为 m 的路径，则相邻矩阵 A 的 A^m 的第 i 行第 j 列元素为 0。

2．图的邻接表示

在十字链表中有稀疏矩阵的链式存储方法，图的邻接表示与其类似。对于图 G 中的某一个顶点 v_i，用一个链表来记录与其相邻的所有顶点，也就是所有的边，称之为边表。然后用一个顺序表存储顶点 v_i（i=1，2，…，n）的数据以及指向 v_i 的边表的指针。如，图 3-84 是图 3-83 的 G5 的邻接表示（没有考虑权）。

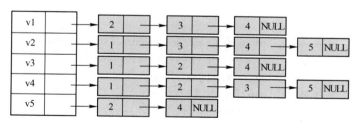

图 3-84　G5 的邻接表示

顶点 v_i 的边表的每个节点对应一个与 v_i 相连的边，节点数据域是与 v_i 相邻顶点的序号，指针域则指向下一个与 v_i 相邻的顶点。用邻接法表示无向图，则每条边在它两个端点的边表中各占一个节点。程序 3-33 给出了邻接表示的图数据输入的实例。

对于有向图，出边表和入边表分开保存，如图 3-85 是图 3-79c 的 G3 的邻接表示。

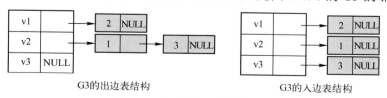

G3的出边表结构　　　　　　　　　G3的入边表结构

图 3-85　有向图 G3 的邻接表示

数据结构定义如下：

```
struct node{
        bool mark;                          /*访问标志*/
        char letter;                        /*顶点数据域*/
        struct edge *out;                   /*指向边表的指针*/
};

struct edge{
        bool mark;                          /*访问标志*/
        int no;                             /*顶点编号*/
        struct edge *link;                  /*指向边表的后继*/
};
```

程序 3-33 图的邻接表示。

```
void graphinput(struct node *nodelist,int n)
{
        int i,j,m;
        struct edge *q,*p;
        for(i=0；i<n；i++){                                          /*以下输入顶点数据*/
                printf("输入顶点%d 编号\n",i+1);
                cin>>nodelist[i].letter;
                nodelist[i].mark=false;                             /*设置访问标志初始为 false*/
                nodelist[i].out=NULL;                               /*边表初始置空*/
        }
        for(i=0；i<n；i++){                                          /*以下设置顶点的边表*/
                cout<<"输入第"<<i+1<<"个顶点的关联边数"<<endl;
                cin>>m；
                if(m){
                        nodelist[i].out=(struct edge *)malloc(sizeof(struct edge));
                        cout<<"输入第"<<i+1<<"个顶点的第"<<1<<"条边"<<endl;
                        scanf("%d",&(nodelist[i].out->no));          /*与第 i 个顶点相邻的图顶点编号*/
                        nodelist[i].out->link=NULL;
                        nodelist[i].out->mark=false;
                        p=nodelist[i].out;
                        for(j=1；j<m；j++){
                                q=(struct edge *)malloc(sizeof(struct edge));
                                cout<<"输入第"<<i+1<<"个顶点的第"<<j+1<<"条边"<<endl;
                                scanf("%d",&(q->no));
                                q->link=NULL;
                                q->mark=false;
                                p->link=q;
                                p=q;
                        }
                }
        }
}
```

3. 图的多重链表表示

图的邻接表用数组存储顶点信息，因而每条边会分别出现在其相邻两个顶点的边表中。如果把图的所有顶点信息用一个链表来描述（图节点），每个图节点指向一个边表（表节点），则表节点存储的不是顶点的序号，而是指向边（或者说弧）另一端相邻顶点的指针，称之为图的多重链表表示。分别为图和其边表设计了动态的数据结构如下：

```
struct node{
    bool mark;                      /*访问标志*/
    char letter;                    /*顶点数据域*/
    struct node *nextnode;          /*指向图顶点集合中下一个元素的指针*/
    struct arc *out;                /*指向该顶点边表的指针*/
};

struct arc{
    bool mark;                      /*访问标志*/
    struct node *link;              /*指向该边（弧）的另一端顶点的指针*/
    struct arc *nextarc;            /*指向与该顶点连接的其余边（弧）的指针*/
};
```

图节点结构由顶点数据域、指向顶点集合中下一个元素的指针，以及指向顶点边表节点的指针构成。

设顶点 v_i 有 k 条边与顶点 v_{j1}，v_{j2}，$\cdots$，v_{jk} 相连，顶点 v_i 的边表节点结构由指向顶点 v_{jn}（n=1，2，$\cdots$，k）的指针以及指向边表后继节点的指针构成。图 3-86a 所示的 G6 是一个有向图，图 3-86b 是它的多重链表节点结构。图 3-87 是图 3-86a 中 G6 的多重链表表示。

图 3-86　有向图 G6 及其多重链表节点结构

a) 有向图 G6　b) 节点结构

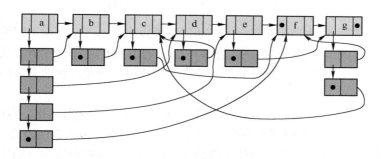

图 3-87　有向图 G6 的多重链表表示

3.4.3 图结构的遍历

给出一个图 G 和其中任意一个顶点 v_0，由 v_0 开始访问 G 中的每一个顶点一次且仅一次的操作称为图的遍历。由于子图中可能存在循环回路，所以树的遍历算法不能简单地应用于图。为防止程序进入死循环，必须对每一个访问过的顶点作标记，避免重复访问。

图的遍历方式有深度优先和广度优先两种方式，分别对应着栈和队两种数据结构运用。

深度优先（Depth-first Search：DFS）：访问顶点 v_0，然后选择一个 v_0 邻接到的且未被访问的顶点 v_i，再从 v_i 出发按深度优先访问其余邻接。当遇见一个所有邻接顶点都被访问过的顶点 U 的时候，回到已访问序列中最后一个有未被访问过的邻接的顶点 W，再从 W 出发按深度优先遍历图。当图中任何一个已被访问过的顶点都没有未被访问的邻接顶点时，遍历结束。

宽度优先（Breadth-first Search：BFS）：访问顶点 v_0，然后访问 v_0 邻接到的所有未被访问的顶点 v_1，v_2，v_3，…，v_t。然后在依次访问 v_1，v_2，v_3，…，v_t。所邻接的、未被访问的顶点，继续这一过程，直至访问全部顶点。宽度优先遍历非常类似于树的层次遍历，使用的是队列这种数据结构。

按深度优先遍历图 3-86a 所得顶点序列是：a，b，c，f，d，e，g。

按宽度优先遍历图 3-86a 所得顶点序列是：a，b，d，e，f，c，g。

若图是连通的无向图或者是强连通的有向图，则从任何一个顶点出发都能遍历图的所有顶点，所得结果如图 3-88a、b 所示，结构像一棵树。若图是有根的有向图，则从根出发，可以系统地遍历所有顶点。图的所有顶点加上遍历过程中访问的边所构成的子图，称为图的生成树，如图 3-88a、b。显然，根据访问起点的不同，生成的树不同。

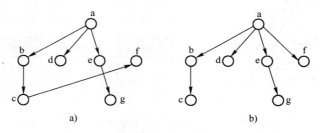

图 3-88　有向图 G6 的遍历

a）深度遍历生成树　b）宽度遍历生成树

对于非连通无向图和非强连通有向图，从任意顶点出发不一定能遍历图的所有顶点，而只能得到以该顶点为根的连通分支的生成树。因此，继续图的遍历过程需要从一个没有访问过的顶点开始，所得的也是那个顶点的连通分支的生成树，于是，图的遍历结果就是一个生成树的森林。

程序 3-34 是采用邻接存储方式的图深度优先遍历的 C 语言函数示例。程序使用了一个辅助数组 next[] 存储每一个顶点的下一个要检查的边。每达到一条未检查过的边，程序沿着边节点指示的顶点序号，按深度优先搜寻边下降路径上的顶点，并将沿途顶点的序号入栈。此时有两种情况：

1）next[] 空，深度方向上没有后继，则弹出栈顶，将搜索路径上最近入栈的顶点序号取出，检查它是否有尚未搜索的边，有则沿该边进行深度优先搜索，否则更换边。

2）该顶点已经被标记，也需要更换新的边。

程序 3-34 图的深度优先遍历（邻接表存储结构）。

```
void DFS(struct node *nodelist,int n)
{
        int i,k,top=-1,p;
        bool notfinished;
        int stack[size];
        struct edge *next[size];                     /*next[i]是每个顶点边表要检查的下一条边*/
        for(i=0；i<n；i++)next[i]=nodelist[i].out；      /*next[i]初始化指向各顶点边表第一条边*/
        for(k=0；k<n；k++){
                              /*搜索顶点集合中未被访问的顶点 k，并从此出发遍历该顶点生成子树*/
            if(nodelist[k].mark==false){              /*此顶点未访问*/
                i=k;
                printf("%c,",nodelist[i].letter);     /*访问此顶点*/
                nodelist[i].mark=true;                /*该顶点已访问标记*/
                notfinished=true；
                while(notfinished){                   /*从此出发遍历该顶点的生成子树*/
                    while(next[i]==NULL){             /*如果边表空则可以回溯顶点*/
                        if(top==-1){                  /*若栈空则该顶点生成子树遍历结束跳出循环*/
                            notfinished=false;
                            printf("\n");
                            break；
                        }
                        top=pop(stack,&i,top);        /*否则深度搜索路径上的一个顶点出栈*/
                    }
                    if(notfinished){                  /*检查与第 i 个顶点关联的一条尚未搜索的边*/
                        p=next[i]->no;                /*指向边的另一端邻接顶点 p*/
                        p-=1;                         /*因为顶点编号从 1 开始而数组下标从 0 开始*/
                        if(nodelist[p].mark==false){  /*顺此顶点的深度方向遍历*/
                            top=push(stack,i,top);    /*当前顶点的前驱进栈*/
                            next[i]->mark=true;       /*前驱边访问过标记*/
                            printf("%c,",nodelist[p].letter);
                                                      /*访问此顶点*/
                            nodelist[p].mark=true;    /*访问过标记*/
                            next[i]=next[i]->link;    /*指向顶点 i 边表的下一节点（边）*/
                            i=p;                      /*更换到邻接顶点 p 的边表*/
                        }
                        else next[i]=next[i]->link；   /*此顶点已经标记过，更换边*/
                    }
                }
            }
        }
    }
}
```

图 3-86a 中 G6 的邻接存储结构如图 3-89 所示，其深度优先遍历生成树如图 3-88a 所示，

程序 3-34 的输出是：

a,b,c,f,d,e,g,

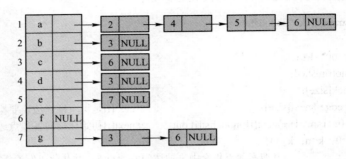

图 3-89　有向图 G6 的邻接存储结构

对下面图 3-90a 有向图 G7 从顶点 a 出发作深度优先遍历的结果是：

a,
b,e,
c,d,

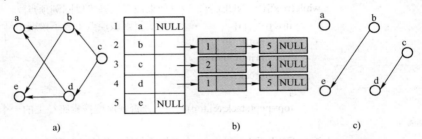

图 3-90　有向图 G7 从 a 点出发作深度优先遍历得到的生成树

a) 有向图 G7　b) 图 G7 的邻接表示　c) 从 a 出发深度优先遍历的生成树森林

图 3-91a、b 是对有向图 G7 从顶点 c 出发作深度优先遍历的结果，程序 3-34 输出是：

c,b,a,e,d,

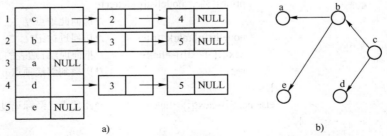

图 3-91　有向图 G7 从 c 点出发作深度优先遍历得到的生成树

a) 以图 G7 的 c 为起点的邻接表示　b) 从 c 出发深度优先遍历的生成树森林

程序 3-34 对每条边访问一次，对于顶点表从头到尾检查一次，所以花费时间数量级是 O(n+m)。这里的 n 是顶点数目，m 是边数。

142

3.4.4　无向连通图的最小生成树

既然从不同的顶点出发会有不同的生成树，而 n 个顶点的生成树有 n-1 条边，那么，当边带权的时候（网络），如何寻找一个（网络中的）最小生成树（Minimum-cost Spanning Tree，MST，即树中各边权值之和最小）？

图 3-92a 显示了一个城市之间公路网络的例子。各边权值是距离，要把 6 个城市联结起来至少需要构筑 5 条道路，所谓最小生成树就是求距离总和为最短的网络连接。

给定一个无向连通图 G，构造最小生成树的 Prim 算法得到的 MST 是一个包括 G 的所有顶点及其边的子集的图，而这个边的子集满足：

1）该子集的所有边的权值之和是图 G 所有边子集之中最小的。

2）子集的边能够保证图是连通的。

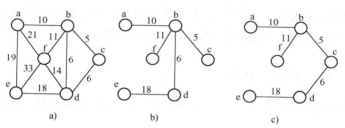

图 3-92　城际公路网络与最小生成树

a）网络图　b）最小生成树 1　c）最小生成树 2

显然，MST 的边集中没有回路，否则可以通过去掉回路中某条边而得到更小权值的边集。因此，n 个顶点的 MST 有 n-1 条边。

Prim 算法很简单：从任意顶点 n 开始，首先把这个顶点包括进 MST 中（初始化 MST 为 n），在与 n 相关联的边中选出权值为最小的边及其与 n 相邻的顶点 m。把 m 和边（n,m）加入到 MST 中。然后，选出与 n 或 m 相关联的边中权值最小的边及相邻顶点 k，同样，把 k 也加入到 MST 中。继续这一过程，每一步都通过选出连接当前已经在 MST 中的某个顶点以及另一尚未在 MST 中的顶点的权值，作为最小的边而扩展 MST。直至把所有顶点包括进 MST。

若有两个权值相等的边，可以任选其一加入到 MST 中，因此，MST 不唯一。图 3-92b、c 显示了这种情况。

MST 的生成过程可以这样理解，反复在图 G 中选择具有最小权值的边及相邻顶点加入到 MST 中，直至所有顶点进入到 MST。如图 3-92 的生成过程如图 3-93 所示。

显然，Prim 算法也是典型的贪心算法，有定理证明 Prim 算法产生的就是最小生成树，详细证明过程可见参考文献。

程序 3-35 是 Prim 算法的 C 语言实现。程序假设权值始终大于零，图用相邻矩阵表示。若（v_i,v_j）是边，则矩阵 $A[i,j]$ 是它的权值；若（v_i,v_j）不是边（即顶点 v_i 与 v_j 不相邻），则矩阵 $A[i,j]$ 的值是一个比任何权值都大得多的正数（INFINITY）。因为是无向图的相邻矩阵关于对角线对称，且对角线元素为零，所以只存储下三角矩阵。

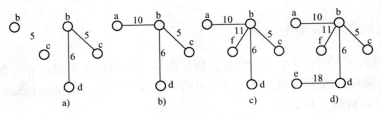

图 3-93　MST 的生成过程

用一维数组 array 存储相邻矩阵的下三角矩阵，显然，下三角矩阵的元素总数是

$$total = \sum_{i=1}^{n} i = \frac{n(n+1)}{2}$$

边 $A[i,j]$ 在 array 中的位置下标 l 就是前 i-1 行元素的个数加上 j

$$l = j + \sum_{k=1}^{i-1} k = \frac{i(i-1)}{2} + j$$

程序在构造 MST 过程中，如果顶点 v_i 已经在 MST 中，则置 $A[i,i]=1$；若边（v_i,v_j）在 MST 中，则置 $A[i,j]=-A[i,j]$。也就是说，程序调用结束的时候，相邻矩阵中为负的元素是 MST 中的边。

程序 3-35　无向连通图的 MST。

```
void MSTtree(int *array,int n)          /*数据存储在相邻矩阵 array[1]～array[n]*/
{
      int i,j,k,m,p=0,q=0,min;
      array[n*(n+1)/2]=1;               /*从顶点 n 开始构造 MST*/
      for(k=2; k<=n; k++){
          min=INFINITY;                 /*每次选择新加入 MST 的边都重新设置权值门限为+∞*/
          for(i=1; i<=n; i++){          /*选择符合条件的最小权值的边*/
              if(array[i*(i+1)/2]==1){
                                        /*如果顶点 i 已在 MST 中*/
                  for(j=1; j<=n; j++){
                      if(array[j*(j+1)/2]==0){
                          /*如果顶点 j 尚未在 MST 中*/
                          if(j<i)m=i*(i-1)/2+j;
                          /*j<i 则边在对角线左侧的下三角中，直接取边（i,j）的位置*/
                          else m=j*(j-1)/2+i;
                          /*j>i 则边在对角线右侧的上三角中，对应下三角中位置（j,i）*/
                          if(array[m]<min){
                              min=array[m];
                              p=m; q=j;
                          }
                      }
                  }
              }
          }
          array[q*(q+1)/2]=1;           /*将选中的边加入到 MST*/
          array[p]=-array[p];           /*将选中的顶点加入到 MST*/
```

144

```
          }
       }
```

图 3-92 所示无向连通图的相邻矩阵是下面的矩阵 A，程序 3-35 输出的 MST 相邻矩阵是下面的矩阵 A'（假设权值均小于 INFINITY ：99）。

$$A = \begin{bmatrix} 0 & & & & & \\ 10 & 0 & & & & \\ 99 & 5 & 0 & & & \\ 99 & 6 & 6 & 0 & & \\ 19 & 99 & 99 & 18 & 0 & \\ 21 & 11 & 99 & 14 & 33 & 0 \end{bmatrix}, A' = \begin{bmatrix} 1 & & & & & \\ -10 & 1 & & & & \\ 99 & -5 & 1 & & & \\ 99 & -6 & 6 & 1 & & \\ 19 & 99 & 99 & -18 & 1 & \\ 21 & -11 & 99 & 14 & 33 & 1 \end{bmatrix}$$

3.4.5 有向图的最短路径

城际公路网络有距离标定。如果两城市之间有路连通，且经中间城市可以有多条道路到达，那么，距离最短的连通路径是首选。注意，距离最短是指路径上的边带权总和最小，而不是路径上的边数最少。如图 3-94a，顶点 a 和顶点 c 之间的最短路径是 abc。

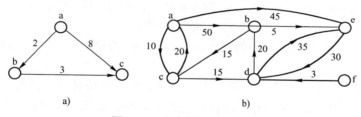

图 3-94　有向图的最短路径

a) 最短路径　b) 带权有向图

1. 单源最短路径（Single-source Shortest Paths）

图 3-94b 的相邻矩阵 A（顶点 a，b，c，d，e，f 对应序号 1，2，3，4，5，6）如下所示。单源最短路径就是从某一顶点 v_0 出发，到达图中其他各顶点的最短路径。

$$A = \begin{bmatrix} 0 & 50 & 10 & +\infty & 45 & +\infty \\ +\infty & 0 & 15 & +\infty & 5 & +\infty \\ 20 & +\infty & 0 & 15 & +\infty & +\infty \\ +\infty & 20 & +\infty & 0 & 35 & +\infty \\ +\infty & +\infty & +\infty & 30 & 0 & +\infty \\ +\infty & +\infty & +\infty & 3 & +\infty & 0 \end{bmatrix}$$

求最短路径的 Dijkstra 算法的基本思想是：把图中所有顶点分成两组，第一组是相对于顶点 v_0 的路径已经确定为最短路径的那些顶点，第二组中的顶点是尚未确定最短路径的顶点，每次从第二组中挑选出路径最短的那个顶点，加入到第一组中，直至从顶点 v_0 出发可以达到的所有顶点都包括进第一组内。

算法进行过程中，总是保持从 v_0 到第一组各顶点的最短路径长度均不大于从 v_0 到第二组的任何顶点的最短路径长度。因为每个顶点对应一个距离值，第一组内各顶点的距离值是相对 v_0 到该顶点的最短路径长度值，第二组内各顶点的距离值是从 v_0 到该顶点的、只允许经第一组内顶点作中间转接的最短路径长度值。算法步骤：

1）初始第一组内只有出发点顶点 v_0，它的最短路径值相对于自己就是 0，第二组内包括图内其他所有顶点。第二组内各顶点的距离值如下确定：若图中有边 $<v_0,v_k>$，则 v_k 的距离值就是此边的权值 $A[i_0,j_k]$，否则 v_k 的距离值的初值就是 $+\infty$。

2）从第二组中挑选出路径（距离值）最短的那个顶点 v_m 放入第一组中。

3）第一组每增加一个顶点 v_m，从 v_0 经该顶点中间转接达到第二组各顶点的最短路径就可能发生变化，因此各顶点距离长度值都需要修正。方法是：如果经 v_m 作中间转接，使得 v_0 到 v_k 的最短路径比不经过 v_m 转接、直接到达 v_k 的距离短，则修改 v_k 的距离值为 $A[i_0,j_m]+A[i_m,j_k]$。

4）重复步骤，直至图中所有顶点或者都进入第一组，或者仅剩余那些与 v_0 没有路径可达的顶点。

Dijkstra 算法仍然是按照贪心算法的基本思想。要证明算法的正确性，只需证明第二组内距离值最小的点 v_m，就是从第一组的 v_0 到第二组 v_m 的最短路径长度，证明如下：

1）若 v_m 的距离值不是从 v_0 到 v_m 的最短路径长度，那么，必有一条从 v_0 到经过第二组内其他顶点到达 v_m 的路径，其长度比 v_m 的距离值小。假设该路径经过第二组的顶点 v_s，则：v_s 的距离值<从 v_0 到 v_m 的最短路径长度<v_m 的距离值。

这与 v_m 是第二组内距离值最小的点矛盾，所以，v_m 的距离值就是从 v_0 到 v_m 的最短路径长度。

2）假设 v_x 是第二组中的任意一顶点，若 v_0 到 v_x 的最短路径只包含第一组内的顶点中转（无需经过 v_m），则由距离定义可知其路径长度必然不小于 v_0 到 v_m 的最短路径长度。若 v_0 到 v_x 的最短路径不仅包含第一组内顶点，而且也经过了第二组的顶点 v_y，因为 v_0 到 v_y 的路径就是 v_y 的距离值，它一定大于或等于从 v_0 到 v_m 的最短路径长度，再考虑到 v_y 到 v_x 的路径长度，那么，从 v_0 到 v_x 的最短路径长度必定大于从 v_0 到 v_m 的最短路径长度，因此，第二组内距离值最小的顶点 v_m，就是从 v_0 到第二组内的最短路径点。

Dijkstra 算法的程序实现对有向图采用了相邻矩阵存储。若 $<v_i,v_j>$ 是边，则 $A[i,j]$ 的值等于边的权。否则设置 $A[i,j]=$INFINITY。初始 A 的对角线元素为 0，处理中用 $A[i,j]=1$ 表示第 i 个顶点进入第一组。辅助数组 dist[] 的每个元素包括两个字段，length 字段的值是顶点相对 v_0 的距离，pre 字段则指示从 v_0 到该顶点 v_k 的路径上前驱顶点的序号。程序结束时，沿着前驱序号可以回溯到 v_0，从而确定从 v_0 到 v_k 的最短路径，最短路径长度值存储在 v_k 的 length 字段。程序 3-36 是单源最短路径算法的 C 语言实现，而变量 k 指明了出发点 v_0。

程序 3-36 单源最短路径。

```
void shortestPaths(struct node *dist,int *array,int n,int k)
{                                        /*权值存储在相邻矩阵 array[1]～array[n*n]中*/
    int i,u,temp,min;
    for(i=1; i<=n; i++){
        dist[i].length=array[n*(k-1)+i];       /*相邻矩阵第 k 行元素值就是与 k 关联的边*/
        if(dist[i].length!=INFINITY)dist[i].pre=k;
```

```
                else dist[i].pre=0；              /* (k,i)之间有弧存在，前驱是 k*/
                                                  /* (k,i)之间没有弧存在*/
        }
        array[n*(k-1)+k]=1；                      /*顶点 k 进入第一组*/
        while(1){
            min=INFINITY；
            u=0；
            for(i=1；i<=n；i++){                   /*在第二组中寻找最小距离点*/
                if((array[n*(i-1)+i]==0)&&(dist[i].length<min)){
                    u=i；min=dist[i].length；
                }
            }
            if(u==0)break；                        /*若 v_k 和其他点均不相邻程序结束*/
            array[n*(u-1)+u]=1；                    /*v_i 放进第一组*/
            for(i=1；i<=n；i++){                    /*修改第二组中各点距离*/
                temp=dist[u].length+array[n*(u-1)+i]；
                if((array[n*(i-1)+i]==0)&&(dist[i].length>temp)){
                    dist[i].length=temp；
                    dist[i].pre=u；
                }
            }
        }
    }
```

输入图 3-94b 的相邻矩阵 A，指定 k=1（即从 v_1 开始），程序的 disp[]输出是：

$$(0,1),(45,4),(10,1),(25,3),(45,1),(99,0)$$

返回的 dist[]各元素 pri 字段值指示从 v_1 到各顶点的最短路径。如，想求 v_1 至 v_4 的最短路径，从 disp[4].pre=3 可知，最短路径上的 v_4 前驱是 v_3，而 disp[3].pri=1 说明 v_3 的前驱就是 v_1，即 v_1 至 v_4 的最短路径是 v_1，v_3，v_4，最短路径值是 disp[4].length=25。

Dijkstra 算法有两重循环。主循环中处理顶点 v_k 到图中其余 n-1 个顶点的最短距离，内循环中寻找第二组内具有最小距离的点，也是扫描 n 个顶点，因此，其计算效率是 n^2 数量级的。

2．每对顶点间最短路径（All-Pairs Shortest Paths）

实际运用中，不但要知道从某一顶点到网络内其余顶点的最短路径，往往还需要知道网络内每两个顶点之间的最短路径。一种方法是通过反复 n 次调用程序，可以简单地解决这个问题；另一种方法如下所述，概念上更为清晰。

设有向图用相邻矩阵描述。这样定义相邻矩阵的阶 k：k 阶相邻矩阵 $A^k[i,j]$ 的元素值等于从顶点 i 到顶点 j 之间的最短路径上，允许经过中间顶点数目（边数）不大于 k 的最短路径长度。而 n 阶相邻矩阵 $A^n[i,j]$ 的元素值，等于从顶点 i 到顶点 j 之间的最短路径上经过中间顶点数目不大于 n 的最短路径长度，即从顶点 v_i 开始，允许经过图中所有 n 个顶点达到 v_j 的最短路径。

定义 $A^0[i,j]=A[i,j]$，由 $A^{k-1}[i,j]$ 递推求得 $A^k[i,j]$ 的过程，就是允许越来越多的顶点作为 v_i 到 v_j 路径上的中间顶点的过程，直至包括图内所有的顶点都可以作为中间顶点，从而求得 v_i 到 v_j 的最短路径。

如果 $A^{k-1}[i,j]$ 已知，递推求 $A^k[i,j]$ 就是在 $A^{k-1}[i,j]$ 上增加顶点 v_k 作为中间点，这有两种情况：

1) v_i 到 v_j 的最短路径上经过 v_k，即 $A^k[i,j] < A^{k-1}[i,j]$（否则没有增加 v_k 的必要），$A^k[i,j]$ 由两段构成，一段是从 v_i 开始经过 $k-1$ 个顶点达到 v_k 的最短路径 $A^{k-1}[i,k]$，另一段是从 v_k 开始经过 $k-1$ 个顶点达到 v_j 的最短路径 $A^{k-1}[k,j]$，因此，$A^k[i,j]$ 是它们之和：$A^k[i,j]=A^{k-1}[i,k]+A^{k-1}[k,j]$。

2) 第二种情况是 v_i 到 v_j 的最短路径上没有经过 v_k，即 $A^k[i,j]=A^{k-1}[i,j]$。

程序 3-37 是算法的 C 语言实现。初值 $A^0[i,j]$ 就是相邻矩阵，结束时 $A^n[i,j]$ 是每对顶点之间的最短路径长度。辅助矩阵 path[i,j] 是从 v_i 开始经过 $k-1$ 个顶点达到 v_j 的最短路径上 v_j 的前驱顶点序号。可以由 path[i,j] 的元素值回溯最短路径。

程序 3-37 每对顶点间最短路径。

```
void AllshortestPaths(int *path,int *array,int n)
{
    int i,j,k,temp；
    for(i=1；i<=n；i++)
        for(j=1；j<=n；j++){
            if(array[n*(i-1)+j]!=INFINITY)path[n*(i-1)+j]=i；    /*初始前驱*/
            else path[n*(i-1)+j]=0；                             /*没有前驱*/
        }
    for(k=1；k<=n；k++)                                          /*递推更新最短路径矩阵*/
        for(i=1；i<=n；i++)
            for(j=1；j<=n；j++){
                temp=array[n*(i-1)+k]+array[n*(k-1)+j]；         /*两段最短路径之和*/
                if(temp<array[n*(i-1)+j]){
                    array[n*(i-1)+j]=temp；                      /*取新的最短路径*/
                    path[n*(i-1)+j]=path[n*(k-1)+j]；            /* (i,j)的前驱是(k,j) */
                }
            }
}
```

图 3-95a、b 分别给出了一个带权有向图和其相邻矩阵。

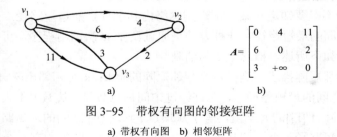

图 3-95 带权有向图的邻接矩阵

a) 带权有向图　b) 相邻矩阵

由程序 3-37 得到的每对顶点间最短路径矩阵 A^n 和辅助矩阵 **path** 如下

$$A = \begin{bmatrix} 0 & 4 & 6 \\ 5 & 0 & 2 \\ 3 & 7 & 0 \end{bmatrix}, path = \begin{bmatrix} 1 & 1 & 2 \\ 3 & 2 & 2 \\ 3 & 1 & 3 \end{bmatrix}$$

由 *path*[i,j] 的元素值可以回溯最短路径。如，由 A^n[2,1]可知 v_2 到 v_1 的最短路径长度是 5，由 *path*[2,1]=3 可知在 v_2 到 v_1 最短路径上，v_1 的前驱是 v_3；同理由 *path*[2,3]=2 可知，v_3 的前驱是 v_2。

显然，程序 3-37 的求解效率是 n^3 数量级的。

3.4.6 拓扑排序

拓扑排序是对一个拓扑结构上存在部分有序的元素进行分类的过程，也称拓扑分类。如如下情形是部分有序：

1）在字典中，单词是用别的单词来定义的。如单词 u 用单词 w 来定义，记为 w≺u，在字典中对单词进行拓扑分类是说把单词排列得没有前项引用。

2）一项工程项目由多个任务子项组成。某些子项必须在其他子任务实施之前完成，如子任务 w 必须在 u 之前完成，记为 w≺u，项目的拓扑分类是说把所有任务子项排列成在每一个子任务开始的时刻，其前项准备工作已经完成。

3）在大学课程中，因为课程要依赖它的预备知识，所以某些课程必须在其他课程之前先修。如课程 w 是课程 u 的先修，记为 w≺u，教学计划的拓扑分类是这样排列课程，使其任何课程不会安排在先修课程之前。

一般说，集合 V 上的一个部分有序是指 V 的元素之间存在一种关系，记为符号 ≺，称之为"先于"。并且，符合先于关系的 V 中的任何元素必须具有如下性质：

1）若 x≺y 且 y≺z，则 x≺z（传递性质）。

2）若 x≺y，则不能有 y≺x（反对称性质）。

3）x≺x 不成立（非自反性质）。

可以用一个有向图描述部分有序关系，如图 3-96a 所示。从图形结构上看，拓扑排序就是将存在部分有序的元素排列成线性有序。即将图的顶点排列成一排，使得所有的有向边箭头都指向右边，如图 3-96b 所示。

前述的性质 1）和性质 2）保证了拓扑图中不会出现回路，这是插入成线性有序的先决条件。按照如下进行拓扑排序：寻找一个这样的顶点，它没有先于的元素存在（拓扑图中至少存在一个满足条件的顶点，否则图中就会存在回路）；把该顶点放到拓扑排序结果表的首部，并从集合 V 中删除该顶点；剩余的集合中仍然是部分有序的，因此，重复上述过程，直至集合为空。

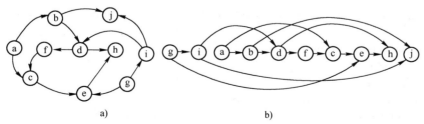

图 3-96　拓扑排序

a) 部分有序的拓扑结构图　b) 拓扑排序之后的部分线性序

149

图结构选择多重链表存储形式，如图 3-97 所示，节点定义如下：

```
struct leader{
    char letter;              /*顶点标识*/
    int count;                /*前驱顶点个数*/
    struct leader *next;      /*指向图顶点集合中下一个元素的指针*/
    struct trail *trail;      /*指向该顶点边表的指针*/
};

struct trailer{
    struct node *id;          /*指向该弧（边）的另一端顶点的指针*/
    struct leader *next;      /*指向与该顶点连接的其余弧（边）的指针*/
};
```

集合元素（图的顶点）以及次序关系的输入方式是按相邻顶点对的形式输入，如，图 3-96 中的元素及边的关系输入形式是：

<a,b> <b,d> <d,f> <b,j> <d,h> <f,c> <a,c> <c,e> <e,h> <g,e> <g,i> <i,d> <i,j>

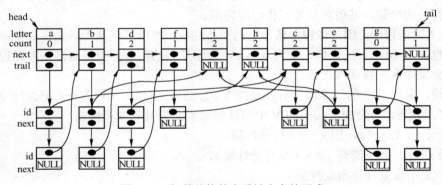

图 3-97　拓扑结构的多重链表存储形式

程序 3-38 是多重表数据输入程序。对于输入的 w，如果表中有此顶点，则它返回指向标识为 w 的图节点的指针；否则，新增一个图节点 t，标识为 w 并返回指向顶点 t 的指针。程序 3-39 是根据部分序建立多重链表的程序。每次输入顶点对<v_i,v_j>，若拓扑图已有顶点 v_i，则为它增加一条边，否则新增一个图节点 v_i；若拓扑图中已有顶点 v_j，让 v_i 指向 v_j，修改 v_j 的前驱个数，否则新增一个图节点 v_j，让 v_i 指向 v_j，并且设置 v_j 的前驱个数为 1。

程序 3-38　数据输入。

```
struct leader *insert(struct leader *head,struct leader *tail,char w,int &z)
{
    struct leader *h,*p;
    h=head;
    tail->key=w;                        /*视哨*/
    while(h->key!=w){p=h; h=h->next; }
    if(h==tail){                        /*表中无 w 的元素，插入 w*/
        h=new(leader);                  /*申请图节点*/
        z++;                            /*图节点总数加 1*/
```

```
            h->key=w;                        /*标识为 w*/
            h->count=0;                      /*初始的前驱节点数为 0*/
            h->trail=NULL;
            p->next=h;                       /*插入到多重表末端*/
            h->next=tail;
        }
        return(h);                           /*返回指向标识为 w 的顶点的指针*/
    }
```

程序 3-39 建立多重表。

```
    void link(struct leader *head,struct leader *tail,int &z)
    {
        char x,&rx=x,y,&ry=y;
        struct leader *p,*q;
        struct trail *t;
        read(rx,ry);
        while(x!='0'){                       /*x=0 则节点对输入终止*/
            printf("<%c,%c>\n",x,y);
            p=insert(head,tail,x,z);         /*插入 x，返回指向 x 的指针*/
            q=insert(head,tail,y,z);         /*插入 y，返回指向 y 的指针*/
            t=new(trail);                    /*申请边节点*/
            t->id=q;                         /*x 指向 y*/
            t->next=p->trail;                /*把新边节点插入到 x 的边表*/
            p->trail=t;
            (q->count)+=1;                   /*y 的前驱个数增加 1*/
            read(rx,ry);                     /*继续输入<x,y>*/
        }
    }
```

建立了部分序的多重链表之后，可以开始拓扑分类。在一个拓扑结构上对部分有序的元素进行分类的过程如下：

1）在图节点链上寻找前驱为零的节点 q，并建立新链 leader。

2）从新链头部开始输出 q，并从主链上删除，节点总数减 1。

3）沿 q 点边表搜索，并将 q 所有后继的前驱计数值减 1（因它们的前驱 q 被删除）。

4）若某一点的前驱计数值为变为 0，则把它插入新链。

5）若新链非空，回到步骤 2）循环，继续输出有部分序的节点。

图 3-98 所示是无前驱节点的新链，因为主链表达节点输入序列关系已经不需要，所以新链实际上使用了主链来连接无前驱节点，注意它们的边表关系没有改变。程序是多重表结构的拓扑排序函数。程序首先寻找所有 count=0 的起点，并将它们插入到主链。然后从头开始输出主链的节点，每输出一个就将节点总数减 1，并沿指向 q 的后继节点的指针，搜索 q 的后继关系。将 q 每一个后继节点的前驱数减 1 之后，前驱计数值变为 0，则该后继节点只有 q 为前驱，程序也把它插入到主链，应该紧接着 q 之后输出。

当程序结束时，拓扑图中已经没有无前驱的元素，如果还有剩余节点，表明该拓扑结构不是部分有序的。

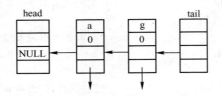

图 3-98　初始的无前驱节点链

程序 3-40　拓扑排序。

```
void topsort(struct leader *head,struct leader *tail,int &z)
{
    struct trail *t;
    struct leader *p,*q;
    p=head; head=NULL;
    while(p!=tail){                    /*寻找表内所有 count=0 的起点*/
        q=p;
        p=p->next;
        if(q->count==0){
            q->next=head;              /*插入到主链*/
            head=q;
        }
    }
    q=head;
    while(q){
        printf("%c,",q->key);          /*输出主链节点*/
        z--;                           /*节点总数减 1*/
        t=q->trail;                    /*指向取 q 的后继节点*/
        q=q->next;                     /*指向主链下一个部分序的起点*/


        while(t){
            p=t->id;
            (p->count)-=1;             /*q 后继节点的前驱数减 1*/

            if(p->count==0){           /*如果该后继节点只有 q 为前驱则将其插入主链准备输出*/

                p->next=q;
                q=p;
            }
            t=t->next;                 /*搜索 q 的其余后继*/

        }
    }
```

152

```
/*程序结束时拓扑图中已经没有无前驱的元素，如果还有剩余节点，表明该拓扑结构不是部分有序*/
if(z!=0)cout<<"This set is not partially ordered"<<endl;
    }
```

3.5 小结

希望通过这一部分的学习，使读者掌握基本的数据结构内容以及程序设计初步，通过教学、习题、上机实验几个环节为读者建立分析和设计数据结构的基本概念，包括理解数据逻辑结构、存储结构、几种典型的数据结构及其基本操作，为大家将来的学习打下良好的基础。

3.5.1 基本概念

什么是数据结构？这个问题涉及两个基本概念。

1）数据类型：程序设计语言中各个变量所具有的数据种类。如 FORTRON 的基本数据类型是整型、实数型、逻辑型、复数型。C 语言中除整型、字符型、实数型等基本数据类型外，还有结构、共用体、枚举、位域等用户定义的数据类型。

2）数据集合：指某种数据类型的元素集合。

在此基础上说数据结构是数据元素及其相互关系的集合。数据结构不仅描述数据元素，而且要描述它们之间相互关系所表达的元素之间存在的某种联系，称为结构，定义二元组

$$S=（D，R）$$

就是表达了这个意义。

程序设计中需要将数据结构存储在计算机内存中，即数据结构的物理映像，数据的逻辑结构与物理结构是不可分割的两个内容，这里再次列出数据结构划分类型如图 3-99 所示。

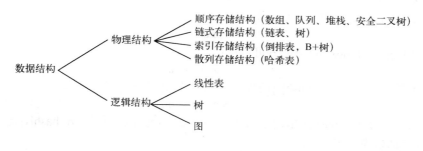

图 3-99 数据结构类型划分

3.5.2 学习难点

有 3 种基本的数据结构类型（线性表、树、图），其中需要特别注意的问题包括：

```
```

1. 数据结构中的指针问题

表结构中重点学习了链表设计，包括它的生长、删除等基本操作。在这里强调了 C 语言中指针的运用问题，对指针的理解一直是学习 C 语言和数据结构的一个主要问题。应该清楚，首先，指针是一个变量，它也有地址；其次，才是这个变量存储的是一个指向其他变量的地址；最后，这个指针必须和它所指向的那个变量的数据类型相同。因为在数组元素序列中，每个元素占用的存储空间大小由其数据类型决定，指针与其同类型，表明当对指针变量（内容）进行加 1 操作的时候，可以正确地指向数组内下一个元素的起始地址。

注意，指针只是指向变量所占存储空间起始地址，它是一个存储单元的地址，不是一段存储区域的空间，请看如下问题：

```
struct node {
    int key;
    ……
    struct node next;
}*hash[40], *p,a1;
```

程序定义了一个 node 结构类型的指针数组 hash[40]和指针 p，操作如下：

```
&a1=malloc(sizeof(node));
hash[i]=a1;
p=hash[i];
```

p = hash[i]操作是把元素 hash[i]指向的 a_1 的地址赋给了 p，还是把 hash[i]->next 赋给了 p呢？是否可以写成 p=hash[i]->next 呢？

问题出在对指针的理解上。

1）首先，定义是一个 node 节点类型的指针数组，所以，hash[i]就是指针，它指向一个地址 a1，如是某一个链表的第一个数据节点。

2）注意，指针是指向某数据类型变量的地址，它和该数据类型的内部结构无关。hash[i]只是一个 node 类型的指针变量，是地址的概念，它没有实际占有空间，不是 node 节点，当然也就没有 node 节点变量的指针域，如：

```
struct node a;
```

变量 a 是有指针域 next 的，读者可以用：

```
a->next=a2;
```

语句让 a 指向 a_2，但是，hash[i]指针没有 next 指针域这一说，所以：

```
p=hash[i]->next;
```

是错误的，实际上，hash[i]指向了链表头节点 a_1 的地址，所以，p=hash[i]就可以了。

2. 线性表的效率问题

顺序表、堆栈、队列等是基本要掌握的内容，特别在某一条件下的效率分析问题，如，删除操作时顺序表平均移动次数是表长 n 的函数：$ASL = \dfrac{n-1}{2}$，当 n 很大时它的效率明显低于链表结构，但在随机读写效率上顺序表优于链表。要特别注重顺序表与链表在概念上的区别。此外，递归也是读者必须掌握的内容之一。

3．二叉树

在树结构中重点讨论了二叉树。包括二叉树的基本概念、几种特殊的二叉树结构如满二叉树、完全二叉树、平衡二叉树等是读者必须了解的基本内容。二叉树程序设计是学习的重点，它比链表设计增加了递归设计内容的难度，读者必须通过实际编程，才能熟练掌握和很好地理解二叉树设计与应用问题。

二叉树的存储结构是多种形式的，有顺序存储方式、链式存储方式等，一般采用链式存储结构，它含有两个指针域、一个数据域，对于哈夫曼树还增加了父指针域。在二叉树程序设计中最基本的思想是递归程序设计的运用。用递归实现它的动态生长、删除、检索、遍历操作，原则上要求读者设计二叉树相关操作时，应是递归结构实现的。

从概念上讲数据结构另一种分类方式是静态与动态数据结构的区别。所谓静态和动态是指数据结构特性在该数据结构存在期间的变动情况。顺序表是静态的，因其结构特性在它存在期间是不变的，只有长度的变化。树是动态的，因为它的结构特性依赖于它的生长过程。应该说链表也是静态的数据结构，至少不能说它是动态的，因为链表插入与删除不改变它本身特性，只是表长的变化。

无论是表结构还是树结构，简洁明快的结构化程序设计风格始终是被提倡的，数据结构内容本身读者可以在将来的学习中不断加深理解，但良好的 C 语言程序设计能力与风格则是整个软件技术学习中的基础。

3.6 练习题

1. 线性表 A，B 中的元素为字符类型，用向量结构存放，请编写程序，判断 B 是否为 A 的子序列（如，A={ENGLISH}，B={LIS}，则称 B 是 A 的子序列）。

2. 线性表 $A=\{a_1,a_2,\cdots,a_n\}$，$B=\{b_1,b_2,\cdots,b_m\}$，元素为字符类型，用向量结构存放，请编写程序，将它们合并成一个向量结构的线性有序表。

3. 线性表 $A=\{a_1,a_2,\cdots,a_n\}$，元素为字符类型，用向量结构存放，请编写程序，将它倒序为 $A=\{a_n,a_{n-1},\cdots,a_1\}$。

4. 设有 n 个人围坐在圆桌周围，从第 s 个人开始报数，数到第 m 个的人出列，然后从出列的后下一个人开始重新报数，数到第 m 个的人又出列，如此重复，直到所有的人全部出列为止，约瑟夫（Josephus）问题是，对任意给定的 n,m 和 s，求按出列次序得到的 n 个人员的顺序表。请编写 C 程序。

5. 单链表 $A=\{a_1,a_2,\cdots,a_n\}$，$B=\{b_1,b_2,\cdots,b_m\}$，元素为字符类型，请编写程序，将它们合并成一个单链表 C，要求如下：

如果 n≥m，则 C={ $a_1,b_1,a_2,b_2,a_2,\cdots,a_m,b_m,a_m+1,\cdots,a_n$}；

如果 n<m，则 C={ $a_1,b_1,a_2,b_2,a_2,\cdots,a_n,b_n,b_n+1,\cdots,b_m$}。

6. 单链表 $A=\{a_1,a_2,\cdots,a_n\}$，元素为字符类型，请编写程序，将它倒序为 $A=\{a_n,a_n-1,\cdots,a_1\}$。

7. 循环单链表 $A=\{a_1,a_2,\cdots,a_n\}$，节点按关键字递增有序，关键字为整型，请编写程序，输入一个节点并插入到 A 中，要求插入后的 A 仍然按关键字递增有序。

8. 循环单链表 $A=\{a_1,a_2,\cdots,a_n\}$，n>1，A 既无头节点也无头指针，p 为指向 A 中某个节点的指针，请编写程序，删除 p 所指向节点的前驱节点。

9. 单链表表示多项式 $A = 4x^{12} + 5x^8 + 6x^3 + 4$，$B = 3x^{12} + 6x^7 + 2x^4 + 5$，试：

（1）设计这两个多项式的数据结构，设 x 为实数。

（2）编程，求这两个多项式相加之和的 C。

10. 用一长度为 m 的数组存放一双向栈，两个栈顶分别为 top1 和 top2，如下图所示，上溢条件是 top1=top2。编程实现从键盘输入一串整数，所有奇数入栈 stack1，所有偶数入栈 stack2，直到上溢时停止。

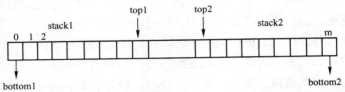

11. 编程实现表达式求值。请参考 C 语言运算符优先级排列，编制表达式求值的 C 程序。分别输入表达式如下：

（1）12*（34-11）/10。

（2）（1+2+3+4+，…，+12）/12。

12. 编程实现循环队列。设顺序存储的循环队列 Q 结构如下图。设长度为 10，队列有头指针 front 和一个记录队列中节点个数的计数器 count。建议函数参数值传递用引用形式处理。程序入队序列是整数 1，2，…，12，如果入队时候队满，则一个元素出队，请在屏幕上分别给出每个元素入队、队满、出队情况下的队列所有元素列表。

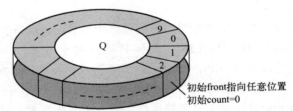

13. 建立一棵二叉树，数据域是整数类型的关键码值，不考虑输入关键码有相等的情形。编程实现下述基本功能：

（1）插入，输入关键码序列生成一棵二叉排序树，返回指向二叉树根节点的指针。

（2）删除，输入关键码搜索二叉树，删除与指定的关键码相等的节点，删除之后二叉树仍然有序。

（3）遍历，按中序遍历一棵二叉树。

14. 传入参数为二叉树根节点的指针。按照第一层，第二层，…，第 h 层的层次，每层是从左至右，编程实现顺序遍历这棵二叉树，并打印每一层上的所有节点。

15. C 语言编程实现以下二叉树函数：

（1）复制一棵二叉树。

（2）判断两棵二叉树是否相等。

（3）计算二叉树的树叶。

（4）计算二叉树的深度。

16. 设有序列{1，2，3，…，99}，要求：

（1）如何选取二叉树的节点输入顺序，使得程序能生成一棵完全二叉排序树。

（2）计算这棵树的深度。

（3）分别计算在这棵树上检索 1，49，51，99 节点所走过的层数。

17. 有向图如下，请按深度优先和广度优先两种方式设计并编程实现 C 语言的遍历函数，程序输出遍历图所得的顶点序列。功能要求如下：

（1）输入并生成一个图。

（2）深度优先遍历。

（3）广度优先遍历。

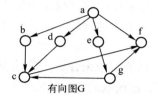

有向图G

第 4 章　算 法 初 步

上一章介绍了常用数据结构——线性表、树、图以及基于基本数据结构的运算。前面已经论述过，数据结构与算法往往是密不可分的。数据结构回答了现实问题如何在计算机系统中建立状态模型，而算法就回答了如何使用这些模型求解现实问题。从某种意义上说，数据结构体现了现实世界在计算机系统中的表达问题，而算法体现了现实问题在计算机系统中的求解过程。

正如数据结构的选择要根据具体的需求来评价，算法也有着各种评价方法与指标，而且在进行算法评价的时候，往往与该算法选取的数据结构有着很大的关系。因此，与上一章不同的是，本章立足于介绍一些通用的算法而并不局限于某个数据结构。为了说明数据结构与算法之间的相互作用和影响，还介绍为了运算的方便而建立辅助数据结构的例子——检索技术。

4.1　算法分析

算法分析的内容是数据结构设计中经常遇到的术语与概念。程序设计是算法与数据结构在计算机上的实现，算法分析也就是解决问题的步骤。衡量各种数据结构优劣时，就需要用到算法分析的内容。

4.1.1　基本概念

算法分析是程序执行时间的定性估算，也就是运行时间的上、下限范围。为此，需要明确一些基本概念。首先，算法分析有时间复杂度与空间复杂度两个方面，目前一般的计算机内存已足够大，在简单程序设计情况下，可以做到用程序的内存工作长度空间来换取时间上的处理速度，因此，有时候对于算法分析来说，更看重的是时间复杂度。

实际上不能这样简单处理。计算机内存资源是程序运行时间的基本条件，在当前普遍应用的多任务操作系统中，每一个进程分配的内存资源是有限的，当读者程序算法占用的空间超过操作系统分配给读者资源的时候，操作系统会在硬盘物理空间上给读者开设缓存区域，或者在读者的数据文件太大（它总是保存在硬盘物理空间上）、运行中需要分阶段从内存调入的情况下，程序执行过程中会出现频繁的内、外存数据交换，也就是 I/O 操作，任何一种 I/O 操作耗时远远大于 CPU 与内存之间的数据交换时间，差异大于一到两个数量级。因此，算法设计中空间复杂度依然是一个重要因素。

衡量算法优劣的一个基本标准是：处理一定规模（Size）的输入时，该算法所执行的基本操作（Basic Operation）的数量。

这里，规模的概念依赖于具体算法，如，检索和排序算法中的输入元素数量。基本操作的概念依据计算机硬件资源的不同而有所不同，如，一般的计算机 CPU 都支持两个变量之间的加减乘除的整数操作、浮点数操作，但是不支持 n 个整数之间的累加操作。定义基本操作的性质是完成该操作所需的时间与操作数具体值无关，所以，两个变量之间的加减乘除的整数操作可以看成是基本操作，但是 n 个数累加所花的时间就要由 n 的值来决定，如 for 语句的循环次数。

程序 4-1 是在一维数组中检索最大值，它依次遍历数组的每一个元素，比较每一元素值并保存当前最大元素。

程序 4-1 求数组最大值。

```
int largest(int *array,int n)
{
    int currlarge=0;
    for(int i=0; i<n; i++)if(array[i]>currlarge)crrrlarge=array[i];
    renturn(currlarge);
}
```

这里，n 是任务规模，基本操作是比较运算、赋值操作，它们所需的时间与其在数组中的位置 i 无关，也与元素数值的大小无关。影响程序运行时间的因素是规模 n，设基本操作时间是 c，则程序 4-1 的运行时间 t=cn，定性地说，程序 4-1 算法时间代价是 $T(n)$,它与输入规模呈线性关系增长。现在看程序 4-2 描述的情况。

程序 4-2 变量累加。

```
long add(int n)
{
    long sum=0;
    for(int i=1; i<=n; i++)for(j=1; j<=n; j++)sum++;
    renturn(sum);
}
```

程序 4-2 的输入规模是 n^2，基本操作是加法，设基本操作时间为 c，其运行时间是 cn^2，估计它的运行时间代价是 $T(n^2)$，这里的 c 包含了程序变量初始设置等因素。当规模为平方项的时候，时间代价的增长率就很可观了。

时间函数的增长率是衡量算法性能的关键指标。时间复杂度是定性分析，要定量确定某一算法所用时间是很困难的，要确定它随规模 n 的增长率在某一数量级，确切地说是确定那些具有最大执行频度（规模）的语句。所谓频度可以从下列程序语句中看到它的概念。即频度就是某一语句（基本操作）的循环执行次数，程序的频度是程序中具有最大频度的语句所具有的频度。下面的例子中，因为程序 1 只是单一命令语句，所以它的频度为 1；程序 2 有一个 n 次循环语句，它的频度是 n；程序 3 是双循环语句，当然它的频度就是 nm。

程序 1	程序 2	程序 3
...	...	...
x++;	for(i=0; i<n; i++){...}	for(i=0; i<n; i++){
	...	for(j=0; j<m; j++){···}
		}

$$\cdots$$
$$\}$$

频度为 1 　　　　　　频度为 n 　　　　　　频度为 n×m

据此，估计程序 1 算法时间复杂度是 O(1)，程序 2 是 O(n)，程序 3 是 O(n×m)数量级的。

4.1.2　上限分析

一个算法的运行时间上限用来描述该算法可能用的时间花销的最高增长率，它与输入规模 n 有关。一个算法的具体时间花费还与输入元素的分布特性有关，如快速排序过程中的最差、最佳和平均时间代价是不同的。因此，运行时间的上限也分成该算法平均条件下的增长率上限、最佳条件下的增长率上限或最差条件下的增长率上限。

现在给出算法时间复杂度的上限定义：如果存在两个常数 $C \geqslant 0$, $n_0 \geqslant 0$，当 $n \geqslant n_0$ 时有 $|f(n)| \leqslant C|g(n)|$，则称函数 $f(n)$ 是 $O(g(n))$ 的时间复杂度。

这里，大 O 表示时间估计上限，$|f(n)|$ 是某算法的运行时间。定义表明，如果说一个算法的时间复杂度是 $O(g(n))$ 数量级，则表明该算法实际消耗时间只是 $O(g(n))$ 的某个常数倍，其中 n 是算法规模参数。因此，当写 O(1)时间复杂度时，意味着算法执行时间是一个常数，而 O(n) 是 n 的线性函数，$O(\log_2 n)$ 是对数函数。当 n 充分大时 $\log_2 n$ 远小于 n，$n\log_2 n$ 远小于 n^2，一些常见的关系已经在表 4-1 给出。

表 4-1　几种时间复杂度随规模 n 的增长率比较

n	$\log_2 n$	$n\log_2 n$	n^2	n^3	2^n
1	0	0	1	1	2
2	1	2	4	8	4
4	2	8	16	64	16
8	3	24	64	512	256
16	4	64	256	4096	65536
32	5	160	1024	32768	483648

例 4-1　设有一算法，分析其每一语句的频度为 $C_k n^k$，则它们的和是

$$p(n) = C_k n^k + C_{k-1} n^{k-1} + C_{k-2} n^{k-2} + \cdots + C_1 n^1 + C_0$$

这里 $C_k \sim C_1$ 为常数，C_k 不为零，n 是程序执行规模。因为

$$\left| c_k n^k + c_{k-1} n^{k-1} + \cdots + c_0 \right| \leqslant \left| c_k n^k + c_{k-1} n^k + \cdots + c_0 n^k \right| \leqslant (c_k + c_{k-1} + \cdots + c_0)\left| n^k \right|$$

由定义可知，该算法的时间复杂度 $P(n) = O(n^k)$，即程序的算法时间复杂度只考虑具有最大频度的语句。

例 4-2　顺序检索的时间复杂度上限估计。线性检索表检索成功的平均比较次数与规模 n 的关系是 $\dfrac{n-1}{2}$，或者说它的平均检索时间估计是 $c\dfrac{n}{2}$。对于 n>1，有关系 $\left| c\dfrac{n}{2} \right| \leqslant c|n|$ 成立，所以它的平均时间复杂度上限是 O(n)。

4.1.3 下限分析

上限估计说明了一个算法时间的增长率极限情况，但有时候想知道一个算法至少需要多少运行时间，也就是它执行时间的下限程度，用符号 Ω 表示。定义： 如果存在两个常数 $C \geqslant 0$，$n_0 \geqslant 0$，当 $n \geqslant n_0$ 时有$|f(n)| \geqslant C|g(n)|$，则称函数 $f(n)$ 的时间复杂度下限是 $\Omega(g(n))$。

例 4-3 设一算法时间花销是 $T(n) = C_k n^k + C_{k-1} n^{k-1}$，因为$\left|c_k n^k + c_1 n\right| \geqslant \left|c_k n^k\right| \geqslant c_k \left|n^k\right|$，根据定义，它的时间估计下限是 $\Omega(n^k)$。

对于线性检索，在数组中要找到关键码为 k 的元素，最差的情况下，可能需要检索完整个数组长度才能确定，最好的情况下是一次，平均是数组长度的一半，因此，在平均和最差检索情况下，至少需要检索 cn 次（c 是基本操作），所以它的下限估计在这两种情况下也是 $\Omega(n)$。

当一个算法的时间估计上、下限相等，都是 g(n) 的时候，说该算法的时间估计是 $\Theta(g(n))$，即既是 $O(g(n))$，又是 $\Omega(g(n))$。

4.1.4 空间代价与时间代价转换

算法的空间开销与时间开销是一对矛盾体。如，计算 sin、cos 函数值是用级数求和的过程，如果在算法中多次使用 sin、cos 函数值，可以假定一个合理的精度将 sin、cos 函数值制作成一个表，如以每分为一个步长。这样，计算 sin、cos 函数值的过程就转换为查找表的过程，给出表的基地址和偏移量，可以很快查找到相应的函数值，而这一过程的代价是查找表所占用的内存开销。

另外一个例子是布尔变量的问题，它取值只有两种状态，真或假，假定一个算法使用了32 个布尔变量，一种方法是每个布尔变量用以字符类型量表示，需要占用 32 个字节。也可以用一个长整型变量表示，它的每一比特（bit）位代表一个布尔变量，只需要 4 个字节，显然，程序上前者简单后者繁琐，但是空间开销正好相反。

再看一个实际例子，假定一个算法中需要多次使用阶乘，最大是 12 的阶乘，当然可以很容易地用递归函数计算阶乘，它需要一个长整型量和多次递归调用。而从查找表概念理解，预先计算 12!，如表 4-2 所示，再查表即可。

表 4-2 阶乘查找表

12!	11!	10!	9!	8!	7!	6!	5!	4!	3!	2!	1!
479001600	39916800	3628800	362880	40320	5040	720	120	24	6	2	1

表 4-2 是一个数组，计算 12 以内的阶乘就是将给定值作为偏移量访问查找表的过程，它非常简单，是空间换时间的典型例子。

应该清楚，存储空间和时间开销互换的基本原则是：避免程序执行过程中出现不必要的内、外存数据交换，即外存硬盘空间开销越小，程序执行越快。在前面说过，I/O 数据交换是计算机运行的瓶颈。

有关算法的详细内容读者可以参考其他教科书。算法与数据结构是密切相关的，选择一种数据结构也就确定了元素之间的关系，它对应不同的算法。理想的情况是有一种好的数据结构得到高效率的算法表达，使时间复杂度最小，所以有"算法＋数据结构＝程序"这一说法。

4.2 检索

检索又称为查找，它是对某一同类型元素集合构成的检索表作某种操作，因此它不是数据结构，而是与数据结构相关的运算问题。检索的一般含义有：

1）查询特定的元素是否在检索表中。

2）检索一个元素的各种信息（属性）。

3）如果特定的元素不在检索表中，则插入此元素到表内。

4）检索到特定的元素后从表中删除此元素。

一般把前两种操作的检索称为静态检索，因为它不改变检索表的结构，而把包含后两种操作的检索称为动态检索，它有可能改变检索表中的元素。

检索需要元素具有特定的标识，即所谓的关键字。关键字是数据元素中某个数据项的值，如果用它能唯一标识一个元素，则称为主关键字；若几个元素可能具有相同的关键字，则称此数据项为次关键字。

定义检索的过程是：检索是根据一个给定值在检索表中确定一个关键字值等于该值的数据元素的过程。如果检索成功，其给出的结果是元素在检索表中位置的指针（或元素某些数据项信息）；如果检索失败，即表中不存在关键字值等于给定值的元素，应返回空指针。

4.2.1 顺序检索

顺序检索的特点：从表头开始对检索表元素逐一比较，用给定值检索关键字。它适应的存储结构是链式或顺序存储结构，对表中元素无排序要求。因为顺序检索的思想很简单，直接给出它的 C 语言程序。

1. 算法

程序 4-3 顺序检索。

```
int search(struct   node *p,int n,int   key)
{
        int i=0;                /*返回时 i 为 n 则检索失败，否则为元素在表中地址偏移*/
        *(p+n).key=key;         /*设置监视哨*/
        while(*(p+i).key !=key)i++;
        return(i);
}
```

程序表达了一个重要的技巧，即在数组的第 n+1 个位置设置了一个监视哨，返回时根据 i 值作检索成功与否的判别。

2．检索性能分析

定义：为确定元素在检索表中的位置，需和给定值进行比较的次数的期望值是检索算法在检索成功时的平均检索长度（ASL）。设表长为 n，则顺序检索的 ASL 是

$$ASL = \sum_{i=1}^{n}(P_i C_i)$$

这里，P_i 是检索表中第 i 个元素的概率，且 $\sum_{i=1}^{n} P_i = 1$；C_i 是找到表中其关键字与给定值相等的第 i 个记录时，和给定值已进行过比较的关键字个数。

上式假设检索表中必有欲检索的元素存在，但是实际上检索有成功也有失败，二者必居其一。当考虑检索可能失败的情况下，定义平均检索长度是检索成功时的平均检索长度与检索失败时的平均检索长度的均值，此时有 p（能够成功检索的概率）+q（不能够成功检索的概率）=1。

在顺序表中检索到第一个元素需比较一次，检索到第二个元素时需比较二次，即检索到第 i 个元素时已比较过的次数是 i，并设检索每一元素的概率相等，则有

$$ASL = \frac{1}{n}\sum_{i=1}^{n} i = \frac{n+1}{2}$$

可以直接理解为检索时最好的情况是欲检索元素在表中第一个位置上，一次比较后检索成功；最坏情况是元素在表的末尾，需 n 次比较后才确定，两种情况的平均即是平均检索长度。当元素不在表中时，总是需要比较 n+1 次才可以确定，设检索成功的概率是 p，则检索失败的概率是 1-p，在设有监视哨的程序算法中，检索失败的时候是比较了 n+1 次，所以有

$$ASL = \frac{p(n+1)}{2} + (1-p)(n+1)$$
$$= (n+1)(1-\frac{p}{2})$$

4.2.2 对半检索

1. 对半检索与二叉平衡树

对半检索的特点是仅适用于已排好序的检索表，且要求是顺序存储结构。这种方法也称为二分检索，是在已排好序的检索表中每次取它的中点关键字值比较，形成两个前后子表，如检索成功则退出，否则根据结果判别下一次检索在哪个子表中进行，重复分割该子表直至找到要检索的元素或子表长度为零。

算法：设表长为 n，表头指针为 low，表尾指针为 high，key 为关键字。

若 low ≤ high，则：

        mid=int[(low+high)/2]步骤 1

        if(key==*(p+mid).key)检索成功

        else   if(key<*(p+mid).key)high=mid-1；重复步骤 1

            else if(key>*(p+mid).key)low=mid+1；重复步骤 1

这个算法比较简单，读者要注意其中一些判别条件的设置，本教材不直接给出程序。

例 4-4 已知一有序表 T 中元素是{5，13，19，21，37，56，64，75，80，88，92}，图 4-1 给出了检索 21 的情况。

163

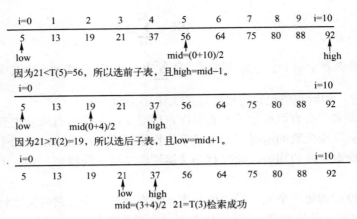

因为21<T(5)=56，所以选前子表，且high=mid−1。

因为21>T(2)=19，所以选后子表，且low=mid+1。

mid=(3+4)/2 21=T(3)检索成功

图 4-1 关键字为 21 的检索过程

现在分析检索失败的情况。如检索 85，它处于检索表外，3 次对半检索之后有 high=8，而 low=9，因为 high<low 循环条件破坏而检索失败，过程如图 4-2 所示。

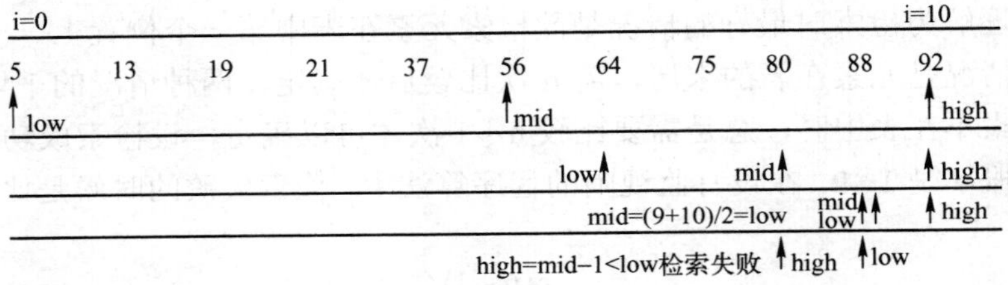

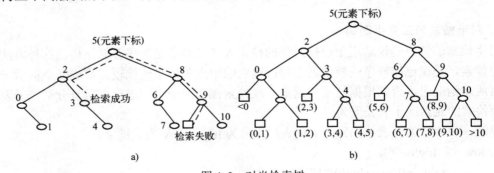

图 4-2 检索关键字为 85 的检索过程

关于性能分析，从判定树来看，上面两种情况如图 4-3 所示。一旦有序检索表确定，则判定树确定，不同的给定值的检索过程是判定树上不同的路径表达。检索表中每一元素都是判定树上不同层次的节点，有着不同的检索长度，最大检索长度是深度 h。

图 4-3 对半检索树

a) 例 4-4 的对半检索二叉树   b) 考虑成功与失败时的判定树

如果表内节点数 $n=2^h-1$，则判定树是满二叉树，显然，层次为 1、检索长度为 1 的节点有 1 个、层次为 2、检索长度为 2 的节点有 2 个，层次为 3、检索长度为 3 的节点有 4 个……，层次为 h 检索长度为 h 的节点有 2^{h-1} 个。设检索任一节点的概率相等，则平均检索长度是

$$ASL = \frac{1}{n}\sum_{i=1}^{h} i \cdot 2^{i-1}$$

不考虑系数 $\frac{1}{n}$，直接展开上式有

$$ASL=1\times 2^0+2\times 2^1+3\times 2^2 +4\times 2^3 +\cdots+(h-1)\times 2^{h-2}+h\times 2^{h-1} \tag{4-1}$$

用 2 乘以式（4-1）两边有

$$2ASL=1\times 2^1+2\times 2^2+3\times 2^3 +4\times 2^4 +\cdots+(h-1)\times 2^{h-1}+h\times 2^{h} \tag{4-2}$$

用式（4-1）减去式（4-2）有

$$-ASL=(1+2^1+2^2+2^3+2^4 +\cdots+2^{h-1})-h\times 2^h$$

再用系数 $\frac{1}{n}$ 同乘等式两边得平均检索长度为

$$ASL = h \cdot 2^h - \left(2^h - 1\right)$$
$$= \frac{1}{n}\left[(h-1)2^h +1\right]$$

因为 $n=2^h-1$，所以 $h=\log_2(n+1)$，有

$$ASL = \frac{1}{n}\left[(\log_2(n+1)-1)\cdot(n+1)+1\right]$$
$$= \frac{n+1}{n}[\log_2(n+1)]-1$$

实际上，表内节点数一般不满足 $n=2^h-1$ 条件，则判定树不是满二叉树，因为

$$2^{h-1}-1 < n \leqslant 2^h-1$$

则判定树具有和完全二叉树一样的深度 $h=\lceil\log_2 n\rceil+1$（注：符号 $\lceil\ \rceil$ 是取运算结果的上限整数），即最大检索长度不超过此值。在检索失败情况下，判定树是一个扩充二叉树（扩充树的叶子节点是内部节点数加 1：$n_0=n_2+1$，则 $2n_0+n_1=n_0+n_2+1+n_1=n_内+1$），检索失败的过程就是从根走到了外部节点，其最大检索长度也不超过 $h=\lceil\log_2 n\rceil+1$。

在非等概率情况下，对半检索的判定树效率未必是最佳的。在只考虑检索成功时，求以检索概率带权的内部路径长度之和为最小的判定树，称为静态最优检索树，在此不再讨论。

例 4-5 链表检索。设单链表有 n 个节点 a_1，a_2，$\cdots$，a_n，递增有序，只有检索而无插入与删除操作，为提高访问第 i 个元素的效率，对链表每个节点增加一附加指针，使之检索成功的平均检索次数达到 $O(\log n)$，要求头指针仍指向 a_1。问：

1）如何设置各节点指针。

2）设 n=11，请画出该逻辑结构。

解：1）没有插入与删除操作说明不用考虑检索表维护问题，因此本例是问什么链式存储结构在一个有序节点序列检索中可以达到相当于对半检索的 $O(\log n)$ 平均检索效率。显然，可以用节点附加的指针做成一个对半检索树，各节点指针分别指向其前后子序列中点的元素，而头节点 a_1 的左指针指向序列中点。

2）n=11，画出对半检索树逻辑结构如图 4-4 所示。

例 4-6 对半查找。设用顺序存储结构构成的一有序表是 $\{a_1$，a_2，a_3，a_4，$a_5\}$，已知各元素的查找概率相应是 $\{0.1$，　0.2，　0.1，　0.4，　0.2$\}$，现用对半检索法，求在检索成功时的平

均检索长度。

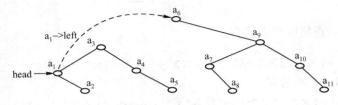

图 4-4　n=11 的对半检索树

解：本例考查对半检索树的概念，是访问节点的概率与寻找该节点所需的比较次数乘积和。

$$ASL = \sum C_i P_i = 2 \times 0.1 + 3 \times 0.2 + 1 \times 0.1 + \times 2 \times 0.4 + 3 \times 0.2 = 2.3$$

2．对半检索思想在链式存储结构中的应用——跳跃表

设计跳跃表的目的是为了解决线性表的检索效率与表的长度呈线性关系的问题，跳跃表是基于概率数据结构（Probabilistic Data Structure）确定其节点级数，因而其插入操作不需要刻意维持平衡，比平衡二叉树和 2-3 树更容易维护。

如果检索表有序并且是顺序存储结构的，采用对半检索则平均检索时间（或称为时间复杂度）可以达到 $O(\log_2 n)$，在线性表的链式存储结构中，无论元素是否有序，其检索效率都是 $O(n)$，实际应用中，线性表很多情况下使用链式存储结构。那么，如何在链表中构造出具有对半检索效率的结构形式？这就是跳跃表要回答的问题。

（1）跳跃表概念

之所以链表的检索效率为 $O(n)$，是因为遍历一个链表的过程需要沿着头节点指针域一次一个地逐点比较，搜索其后继节点如图 4-5a 所示。如果链表有序，那么假想给链表添加一个指针如图 4-5b 所示，于是检索过程可以跳跃进行，称之为一级跳跃表。

检索时，首先沿着 1 级指针跳跃，一直到有一个节点的关键码大于检索关键码值。然后回到该节点前驱的 0 级指针，再多走一个节点就可以确定检索结果（相等是检索成功，不等是检索失败），这样可以把检索效率提高一半。

如果继续以这种方式增加节点的指针域，如图 4-5c 所示。这是一个有 n=8 个节点的跳跃表，其第一个节点和中间节点有 $\log_2 8 = 3$ 个指针域，分别称之为 0 级、1 级和 2 级。第一次检索时，从跳跃表的最高一级指针开始，直接比较跳跃表位于 $\frac{n}{2}$ 处的中间节点。也就是说，好像是顺序表的对半检索那样。如果中间节点的关键码大于检索关键码值，退回到前一个节点，并降低一级指针级数，检索位于 $\frac{n}{4}$ 的节点，如此，根据比较结果使得跳跃步伐逐级减少，最终可以确定检索结果（相等是检索成功，不等是检索失败），因为跳跃表的检索过程完全类似于顺序表的对半检索，所以其平均检索时间有可能也是 $O(\log_2 n)$。

跳跃表节点数据结构中定义了一个指针数组，存储可能的最大级数指针，如图 4-5c 的节点定义如下：

```
struct node{
    int key;
    struct node *forward[level];        /*图 4-5c 的 level=2*/
```

```
            }
```

其中，forward[0]存储 0 级指针，forward[1]存储 1 级指针，依此类推。在表内按关键字检索一个节点的过程参见程序 4-4。

程序 4-4　跳跃表检索。

```
struct node *search(struct node *head,int key,int level)
{
        int i;
        struct node *p;
        p=head;
        for(i=level；i>=0；i--)
                while((p->forward[i]!=0)&&(p->forward[i]->key<key))
                        p=p->forward[i];
        p=p->forward[0];
                /*回到 0 级链，当前 p 或者空或者指向比检索关键字值小的前一个节点*/
        if(p->key==key)return(p);
        else return(0);
}
```

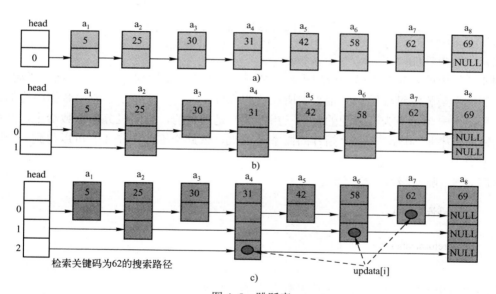

图 4-5　跳跃表

a) 0 级 8 节点的跳跃表　b) 1 级 8 节点的跳跃表　c) 2 级 8 节点的跳跃表

如，在图 4-5 中检索关键码为 62 的节点：检索从头节点最高一级（level=2）指针开始，因为 head->forward[2]指向节点 a_4，所以条件表达式为(p->forward[2]->key<key)，它首先比较 a_4，因为 a_4->key=31，小于 62，while()语句条件成立，表明检索需要继续向后搜索。

p=p->forward[i]让当前指针 p 指向 a_4，而 a_4->forward[2]指向 a_8，则条件表达式 (p->forward[2]->key<key)是 a_8->key=69 和检索关键码 62 相比较，69>62，while()语句条件不成立，当前指针 p 在 for 语句循环中级数减 1，即 a_4->forward[1]，指向 a_6。whlie()语句条件表

达式（p->forward[1]->key<key）为 a_6→key=58，它和 62 进行比较，满足 while()语句条件，p=p->forward[1]让当前指针 p 指向 a_6。

因 a6→forward[1]=a_8，而 a_8→key=69>62，于是退出 whlie()语句，当前指针 p 在 for 语句循环中级数继续减 1，即 a_6->forward[0]，指向 a_7。因为 a_7→key=62，于是 while()中因（p->forward[0]->key<key）条件不满足退出，又因 i=0 而同时退出 for()循环语句。此时，p 或者空或者指向比检索关键字值小的前一个节点，只需要检验 p 在 0 级链上的后继是否与检索关键字相等（检索成功），否则就是检索失败。即语句：

  p=p->forward[0]；
  if(p->key==key)return（p）；

两语句中用 a_7→key=62 和 62 进行比较，检索成功并返回指向 a_7 的指针。可以画出图 4-5 检索表的二叉检索判定树如图 4-6 所示。在图 4-5 中用关键字值 62 进行检索，检索过程中走过的节点及对应的级数 i 序列分别是 a_4、i=2，a_6、i=1，a_7、i=0。

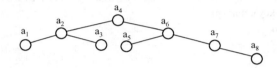

图 4-6 对应图 4-5 跳跃表的二叉检索判定树

（2）跳跃表性能

图 4-5 给出的是完全平衡的理想跳跃表情况，其距离是平均划分的，和平衡二叉树一样，要在表的插入与删除过程维护完全平衡所花费的代价太大，而所谓基于概率数据结构的方法是说，每插入一个节点为其分配的级别（指针数）是随机的，用随机分布函数给定，其得到一个指针的概率是 50%，有两个指针的概率是 25%，依此类推。程序 4-5 可以得到一个随机级数分配数。

程序 4-5 随机级数产生函数。

```
int randomlevel()
{
    return(rand()%RANGE);
}
```

在函数调用前应该使用初始化随机数发生器函数 srand()。

  srand((unsigned int)time(0));

srand()的头函数是 stdlib.h，而时间函数 time()的头函数是 time.h。取模操作将随机数范围限制在 RANGE 以内。下面是 RANGE=7，一个循环内连续 100 次调用 randomlevel()所返回的随机函数值在 0～7 之间的分布关系（由左至右分别是指针的级数 0,1,…,9），共有 5 次循环过程。

  16,15,9,14,17,15,14,0,0,0
  9,18,17,12,16,16,12,0,0,0

20,12,10,19,20,8,11,0,0,0

17,13,9,9,18,18,16,0,0,0

18,15,11,15,14,10,17,0,0,0

即获得 0 级指针的节点占总数的 16%，获得 1 级指针的节点占总数的 14%，获得 2 级指针的节点占总数的 11%，获得 3 级指针的节点占总数的 13%，…，获得 7 级指针的节点占总数的 14%。这样的随机分布如果是模拟掷骰子比较合适，因为是分布平均的。但显然并不符合需求，看来应该寻找一种更合适的随机函数。

在具有 n 个节点的平衡跳跃表结构中，其 0 级链上有 $\frac{n}{2^0}$ 个节点元素，在 1 级链上有 $\frac{n}{2^1}$ 个节点元素……，其 i 级链上有 $\frac{n}{2^i}$ 个节点元素。所以，构建跳跃表的时候应该尽量逼近这种结构。关键是如何确定随机函数分布关系。程序 4-6 给出了以概率 $\frac{1}{2^j}$ 产生新的指针级数的方法。其中，RAND_MAX 是随机函数所能返回的最大值，MAXlevel 是为跳跃表设定的级数上限，它与表节点数 n 是 $\log_2 n$ 的关系。

程序 4-6 按指数分布的随机级数产生函数。

```
int randX(int &level)
{
    int i,j,t;
    t=rand();
    for(i=0,j=2；i<MAXlevel；i++,j+=j)if(t>RAND_MAX/j)break；
    if(i>level)level=i；      /*level 是跳跃表当前最大级数，每插入一个新节点都应更新*/
    return(i);               /*返回随机分配给新节点的级数 i*/
}
```

下面是 MAXlevel=7，一个循环内连续 100 次调用 randX() 所返回的随机函数值在 0～7 之间的分布关系（由左至右分别是指针的级数 0,1，…,9），也是共有 5 次循环过程。

44,27,16,5,5,1,1,1,0,0

53,26,11,3,6,0,0,1,0,0

54,20,13,6,3,2,0,2,0,0

47,28,13,6,2,2,1,1,0,0

48,23,19,6,1,1,1,1,0,0

显然，它基本满足要求。一旦确定了一个新节点的级别，下一步就是找到其插入的位置，链接到跳跃表中。当然还必须要考虑有没有这种可能出现，就是 level 连续返回多个级别很高的值，如 5 或者 6，造成跳跃表中许多节点都有多个指针，因为没有跳过足够多的节点，于是插入和检索性能都比较差，类似于线性表关系。反之，很多级别低的节点也不好，极端情况是都为 0 级节点，跳跃表退化成一个链表，其效率也成为 O(n)。极端性能的跳跃表有可能出现，但是其概率非常低，如，连续插入 10 个节点都为 0 级节点的可能性是千分之一左右。

跳跃表优于二叉排序树的另一点是其性能与节点插入顺序无关，随着跳跃表节点数的增加，其出现最差效率的可能性会以指数方式减小，而达到平均情况 $O(\log_2 n)$ 的可能性则迅速增大。

（3）跳跃表插入过程

插入步骤和检索函数中根据给定的关键字检索表中节点过程非常类似。假设跳跃表按递增有序。程序首先从最高级数链对跳跃表进行插入位置的检索，并在检索过程中用一辅助指针数组 updata[] 记录在每一级链的检索路径上所走过的最远一个节点位置，如图 4-5c 所示，它也就是要插入的新节点在每一级链上的前驱节点。因为每插入一个新节点都有可能增加跳跃表的指针级数，从而影响到检索的起点指针级数设置。因此，必须在随机分配新节点指针级数的同时，更新当前跳跃表的最大级数 level。程序 4-7 是跳跃表插入函数。

程序 4-7 跳跃表插入。

```
void insert(struct node *head,int key,int &level)
{
        struct node *p,*updata[MAXlevel];
        int i,newlevel;
        p=head;
        newlevel=randX(level);                          /*随机取得新节点的级数同时更新 level*/
        for(i=level；i>=0；i--){
                while((p->forward[i]!=0)&&(p->forward[i]->key<key))
                        p=p->forward[i];
                updata[i]=p;
                                        /*updata[i]记录了检索过程中在各级走过的最大节点位置*/
        }
        p=new(struct node);
        p->key=key；                           /*设置新节点*/
        for(i=0；i<MAXlevel；i++)p->forward[i]=0;
        for(i=0；i<=newlevel；i++){              /*插入是从最高的 newlevel 级链直至 0 级链*/
                p->forward[i]=updata[i]->forward[i];
                                        /*插入到分配的级数链*/
                updata[i]->forward[i]=p;
        }
}
```

为跳跃表设置一个独立头节点，初始化设置函数参见程序 4-8。对于较小的跳跃表，最大级数限制 MAXlevel 取 10 就足够了。注意，主程序中要对随机函数作初始化设置：

```
srand((unsigned int)time(0));              //随机函数种子
```

程序 4-8 跳跃表初始化设置。

```
struct node *initialization(int &level,int &total)
{
        int i;
        struct node *head;
        head=new(struct node);
        for(i=0；i<MAXlevel；i++)head->forward[i]=0;              /*头节点的初始设置*/
```

```
        head->key=0;
        level=0;                                    /*设置跳跃表当前的级数为 0*/
        total=0;                                     /*节点总数为 0*/
        return(head);
    }
```

4.2.3　分块检索

　　分块检索是存储器索引上经常采用的一种方法，效率介于顺序检索与对半检索之间。它要求检索表分块有序。若以关键码检索，则要求每一块内的关键码是此块内最大或最小的。因此，块内的关键码排列可以无序，但块与块之间的关键码是有序的。假设按递增有序，则第一块内所有关键码均小于第二块内的关键码，第二块内所有关键码又均小于第三块内的关键码等。

　　分块检索首先建立一个索引表，把每块中最大的一个关键码按组顺序存放，显然此数组也是递增有序的。检索时，先用对半或顺序检索方法检索此索引表，确定满足条件的节点在哪一块中，然后根据块地址索引找到块首所在的存储位置，再对该检索块内的元素作顺序检索。

　　图 4-7 所示为分块检索示意。索引表元素包含了每块中节点的上边界（最大关键码）与块起始地址对，假设检索关键码是 24，首先检索索引表 A[1].key<24，继续是 A[2].key>24，确定 24 在第二块内，按 A[2].link=7 找到第二块起始地址，逐次比较到 B2[5].key=24，检索成功。分块检索效率取决于分块长度及块数

$$E(n) = E_a + E_b$$

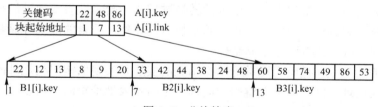

图 4-7　分块检索

　　式中，E_a 是索引表中确定搜索节点所在块位置的平均检索长度；E_b 是在块内检索节点的平均检索长度。

　　设有 n 个节点平均分成 b 块，每块有 $s = \dfrac{n}{b}$ 个节点，再设检索概率相等且只考虑检索成功，则

$$E_a = \frac{1}{b}\sum_{i=1}^{b} i = \frac{b+1}{2}$$

显然 $E_b = \dfrac{s+1}{2}$，所以分块检索的平均检索长度是

$$E(n) = \frac{b+s}{2} + 1 = \frac{n+s^2}{2s} + 1$$

当 $s = \sqrt{n}$ 时，分块检索的平均检索长度

$$E(n) = \sqrt{n} + 1 \approx \sqrt{n}$$

为最小，所以当索引表很大的时候可以用对半检索，或者二级索引表结构进一步提高检

索效率。

4.2.4 哈希检索

哈希检索（散列检索）是一类完全不同的检索方法，它的思想是用关键码构造一个散列函数来生成与确定要插入或待查节点的地址，因此，可以认为它的检索时间与表长无关，只是一个函数的运算过程。

设 F 是一个包含 n 个节点的文件空间，R_i 是其中一个节点，i=1，2，…，n；K_i 是其关键码，如果关键码 K_i 与节点地址之间有一种函数关系存在，则可以通过该函数唯一确定地把关键码值转换为相应节点在文件中的地址

$$ADDR\_R_i=H(K_i)$$

这里，$ADDR\_R_i$ 是 R_i 的地址，$H(K_i)$ 是地址散列函数，也称为哈希函数。所以，一旦选定了哈希函数，就可以由关键码确定任一节点在文件中的位置，例如一文件有节点{R_1，R_2，R_3}，其关键码是

ABCD，BCDE，CDEF

选关键码第一个字符的 ASCII 值加上一常数 1000，0000H 为散列函数：

H（K）=ASCII（K 的首字符）+1000，0000H

H（1）=ASCII（A）+1000，0000H＝1100，0001H

H（2）=ASCII（B）+1000，0000H＝1100，0010H

H（3）=ASCII（C）+1000，0000H＝1100，0011H

把节点按地址存放在内存空间中相应位置就形成了哈希表，用哈希函数构造表的过程，即通过哈希函数实现由关键码到存储地址的转换过程称为哈希造表或地址散列。以同样的函数用关键码对哈希表进行节点检索，称为哈希检索。显然，元素的散列存储是一种新的存储结构，完全不同于链表或者顺序存储结构。

哈希检索的实质是构造哈希函数，哈希函数的实质是实现关键码到地址的转换，即把关键码空间映射成地址空间。因为关键码空间远大于哈希表地址空间，所以会产生不同的关键码映射到同一哈希地址上的现象，称为"地址冲突"。如上例文件中另有一些节点 R_4、R_5、R_6 关键码是 A1、B1、C1，则用该哈希函数散列后生成的地址如表 4-3 所示。关键码 ABCD 不等于 A1，但经过地址散列后它们具有相同的哈希地址，即"地址冲突"。定义具有相同函数值的关键码对该哈希函数来说是同义词，因此要求运用哈希检索时有：

1）由给定关键码集合构造计算简便且地址散列均匀的哈希函数，以减少冲突。

2）拟定处理冲突的办法。

表 4-3　地址冲突

关 键 码	哈 希 函 数	哈 希 地 址
ABCD	ASCII(首字符)+常数	1100，0001H
BCDE	ASCII(首字符)+常数	1100，0010H
CDEF	ASCII(首字符)+常数	1100，0011H
A1	ASCII(首字符)+常数	1100，0001H
B1	ASCII(首字符)+常数	1100，0010H
C1	ASCII(首字符)+常数	1100，0011H

所谓地址散列均匀是指构造的哈希函数应尽可能地与关键码的所有部分都产生相关，因而可以最大程度地反映不同关键码的差异，如前例中的 A1、B1、C1，如果不仅考虑取首位字符的 ASCII 码，而是取关键码各字母的 ASCII 值的平方和作为哈希函数，就可以减少冲突。至于设定处理冲突的办法，因为一般说冲突是不可避免的，需要寻求一种有效处理它的手段。

1. 哈希函数

一般说关键码分布于一个相对大的范围而哈希表的大小却是有限的，即是如此，也不能保证根据哈希函数得到的散列地址可以均匀地填满哈希表的每一个位置（槽），一个好的哈希函数应该让大部分的元素记录可以存储在根据散列地址组织的（存储结构）槽位中，或者说至少表的一半是满的，而产生的地址冲突可以由处理冲突的方法解决。

哈希函数的选择取决于具体应用条件下的关键码分布状况，如果预先知道其分布概率就可以设计出比较好的哈希函数，否则比较困难。

例 4-7 下面这个函数把一个整数散列到表长为 16 的哈希表中。

```
int hx(int x){     return(x % 16)；}
```

对于 2 字节二进制串来说，函数返回值仅由其最低 4 个比特位决定，分布应该很差，如二进制串 1000 0000 0000 1111（32783），对 16 取模运算，就是将其右移 4 位（空出的高位填 0 补进）：0000 1000 0000 0000（2048），余数是 1111，而二进制串 0000 0000 1111 1111（255）对 16 取模运算结果是 0000 0000 0000 1111，余数也是 1111。

例 4-8 下面是用于长度限制在 10 个大写英文字母的字符串哈希函数。

```
int hx(ch x[10])
{
    int i,sum;
    for(sum=0；i=0；i<10；i++)sum+=(int)x[i]；
    return(sum % M)；
}
```

该函数用输入字符串 10 个字符的 ASCII 之和，再取 M 的模，因为字母的 ASCII 码值分布在 65～90 之间，所以 10 个字符之和在 650～900 之间，显然，如果表长 M 在 100 以内其散列地址分布得比较好（因为（650%100）=50，（900%100）=0，大致填满表的一半左右），如果 M 在 1000 左右其散列地址会相当地差。下面列出几种常用的哈希函数方法：

1）直接定址法。直接取关键码或关键码的某个线性函数值为哈希地址。

$$H_i = a \times key + b \qquad (a, b = const)$$

2）除留余数法。取关键码被某个不大于哈希表长 M 的数 p 除后所得的余数为哈希地址。

$$H_i = key \; mod \; p \qquad (p \text{是质数且小于表长} M)$$

3）平方取中法。取关键码平方后的中间几位为哈希地址。

4）随机函数法。选择一个随机函数，取关键码的随机函数值为它的哈希地址。

实际工作中主要考虑如下因素为选择哈希函数的条件：

1）哈希函数的计算复杂性。

2）哈希表大小。

3）关键码分布情况。

4）检索概率。

2．闭地址散列

设哈希地址集为 0～M-1，冲突是在由关键码得到哈希地址为 i，而此地址上已存放有其他节点元素时发生。处理冲突就是为该关键码的节点寻找另一个空槽（哈希地址），称之为再探测，探测方法有多种，在再探测过程中仍然可能会遇见槽位不空的情况，于是再探测处理冲突可能会得到一个哈希地址序列，即多次冲突处理后才有可能找到空地址。

（1）线性探测法和基本聚集问题

这是基本的地址冲突处理方法，思想很简单，如果通过哈希函数得到基地址 i，发现该槽位不空，那么就由紧邻的地址开始，线性遍历哈希表内所有的地址，并将元素放到所发现的第一个空槽内，线性探测函数是

$$H_i = (H(key)+i) \mod M \qquad i=1,2,\cdots,M-1$$

这里 H_i 是由线性探测产生的哈希地址序列，H(key)是哈希函数，M 是表长，i 是增量序列，这种方法称为线性探测再散列。即当哈希函数计算到地址 i 时如果位置 i 上已有节点存在，则继续探测 i+1 地址是否为空，并且在不空时持续探测下去。

设 H(r)是哈希函数，哈希表 Table[M]初始化为 NULL，关键码 r 不能为 NULL，基于线性探测再散列方法的插入程序参见程序 4-9。

程序 4-9　基于线性再散列方法的插入程序。

```
void hashInsert(int r)
{
    int i,h0;
    int pos=h0=H(r);
        for(i=1; Table[pos] !=NULL; i++ ){
            if(Table[pos])==r)return（-1）;
                                    /*如果和后一条语句交换顺序则可能在基位置重复插入 r*/
            pos=(h0+i) %M;
        }
        Table[pos]=r;
}
```

该程序假定在插入或检索过程中，哈希表至少有一个槽位为空，否则会出现无限循环过程。从哈希表中检索一个元素是否在表内的过程，程序 4-10 和插入元素的过程所使用的方法必须一样，从而可以准确地找到不在基位置上的元素，返回其在哈希表内的位置。若返回值为空则表示检索失败。

程序 4-10　从哈希表检索元素。

```
void hashInsert(int r)
{
        int i,h0;
        int pos=h0=H(r);
        for(i=1; (Table[pos] !=key)&&( Table[pos] !=NULL); i++ )pos=(h0+i) %M;
        if(Table[pos]==key)return(pos);
        else return(NULL);
```

```
    }
```

例 4-9　线性探测产生的基本聚集问题。哈希表长 M=11，哈希函数采用除模取余，且 p=M。处理冲突的策略是线性探测，再探测函数 $H_i = (H(key)+i) \mod 11$，i=1,2,…,M-1，输入元素序列是{9874，2009，1001，9537，3016，9875}，得到哈希表如图 4-8a 所示。问：

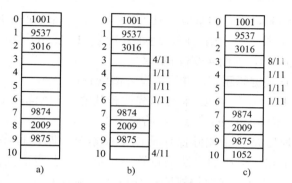

图 4-8　线性探测产生的聚集现象

a) 初始　b) 每一空槽接收下一记录的概率分布　c) 输入 1052 后每一空槽接收下一记录的概率分布

1）表中剩余的每一空槽接收下一个记录的概率。

2）继续输入关键字值 1052 后，表中剩余的每一空槽接收下一个记录的概率。

3）根据以上计算，说明随着输入记录的增加，线性探测法处理冲突所产生的问题。

解：1）理想情况下表中剩余的每一空槽接收下一个记录的概率应该是等分的，但是如图 4-8a 的初始分布之后，假设新一个输入元素基地址是 0，则它经过线性探测一定会被分配到空槽 3 的位置，同样，如果新元素基地址是 1 或者 2，也会被分配到空槽 3 的位置，考虑到新元素基地址也可能就是 3，所以，空槽 3 接收新元素的可能性是 $\frac{4}{11}$，空槽 4、5、6 因为在其前的槽位是空，所以接收下一个新元素的时候不会产生线性探测问题，其接收概率为 $\frac{1}{11}$，而槽位 10 的情况与槽位 3 完全相同，它有可能接收前面非空槽位 7、8、9 的线性探测结果，所以接收新元素的可能性也是 $\frac{4}{11}$，因此，表中剩余的每一空槽接收下一个记录的概率分布如图 4-8b 所示。

2）继续输入 1052，哈希地址是（1052 % 11）=7，经过线性再探测它被放置到槽位 10，此时，由于槽位 3 前面连续 7 个槽位全部非空，所有基地址散列到这 7 个地址上的元素都有可能被放置到槽位 3，于是，经过元素 1052 的进入及线性再探测过程，槽位 3 现在接收下一个新元素的概率已经变成 $\frac{8}{11}$，现在表中剩余每一空槽接收下一个记录的概率分布如图 4-8c 所示。

3）随着输入记录的增加，线性探测法处理冲突所产生的问题是记录在表内的分布出现聚集倾向，称为基本聚集。随着聚集程度的增加，它将导致新元素进入或者检索过程中出现很长的探测序列，严重地降低哈希表使用效率。

（2）删除操作造成检索链的中断问题

如果假设哈希表至少有一个槽位是空的（实际应用中一般不会占满整个哈系表空间），则程序 4-10 的线性再探测过程是以找到一个匹配检索关键码的节点，或者找到一个空槽为结束标志，这会带来所谓的删除操作造成检索链中断问题。

设已输入节点关键码序列是 $\{K_1, K_2, \cdots, K_i, K_{i+1}, \cdots\}$，通过哈希函数散列得到哈希表如图 4-9a 所示。进行如下操作：

1）现在输入关键码 K_j，设它的基地址 $H(K_j)=i$，因非空而产生冲突，线性再探测序列从 i+1 开始遍历哈希表寻找一个空槽，假定地址为 i 至 j-1 之间的槽位均非空，但槽位 j 空，于是 K_i 被放到表中的空槽 j，如图 4-9b 所示。

2）现在将 K_{i+1} 节点关键码删除，并重新设置槽位 i+1 为空。

3）对哈希表检索 K_j 节点关键码，程序首先比较基地址 i 槽位，非空，再探测地址 j，空槽，于是检索结果是关键码为 K_j 的节点不在哈希表中。

造成这种情况的原因是由于删除操作造成了检索链中断，程序发现一个空槽后就会判别已经达到检索链末端。解决的办法是设置一个标记，表明该位置曾经有元素插入过，这个标记称之为墓碑，它的设置使得删除操作既不会影响该单元的继续使用，因为插入操作的时候，如果是墓碑标记就可以直接覆盖，不会使槽位浪费；同时，墓碑也避免了因删除操作中断了再探测的检索过程问题，因此，程序 4-10 的 for 语句中需要增加一个墓碑判断条件。

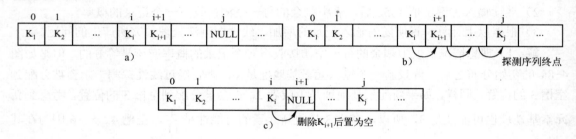

图 4-9　删除操作造成检索链中断

删除操作带来的检索链中断问题无论对哪种再探测方法都是同样的。

（3）随机探测法

解决线性探测造成的基本聚集问题的原则，是让表中每一空槽接收下一记录的概率应尽可能地相等，方法之一是采用随机探测序列，产生的再探测地址是从哈希表剩余的空槽中随机选取的，其在探测函数定义如下

$$H_i = (H(key) + d_i) \mod M \qquad i = 1, 2, \cdots, k$$

式中，d_i 为一组随机数序列。

例 4-10　随机探测。顺序输入一组关键字（$K_1, K_2, K_3, K_4, K_5, K_6, K_7$）得到的哈希地址是（2，25，4，2，1，1，2），假设哈希表长 29（表长是一个素数，对提高哈希表性能很重要），哈希函数是除模取余，模长 p=M，用随机探测方法确定冲突后地址的函数是

$$H_i = (H(key) + d_i) \mod 29 \qquad i = 1, 2, \cdots, k$$

随机步长序列 d_i 是 23，2，19，14，…，求：

1）画出该组输入下的哈希表，并写出产生冲突后地址探测函数的求值过程。

2）指出对该哈希表进行哪类操作可能产生问题，说明原因并提出解决办法。

解：1）$K_1=2$，$K_2=25$，$K_3=4$，均为空槽，基地址一次散列成功；

K_4：$a_1=((2+23)\%29)=25$，$a_2=((2+2)\%29)=4$，$a_3=((2+19)\%29)=21$，3 次探测成功；

$K_5=1$，空槽，基地址一次散列成功；

K_6：$a_1=((1+23)\%29)=24$；

K_7：$a_1=((2+23)\% 29)=25$，$a_2=((2+2)\%29)=4$，$a_3=((2+19)\%29)=21$，$a_4=((2+14)\%29)=16$。

所得哈希表是：

1	2	3	4	…	16	…	21	22	23	24	25		29
K_5	K_1		K_3	…	K_7	…	K_4			K_6	K_2	…	

2）如果对哈希表进行删除操作有可能会产生检索链中断问题，因为删除后该单元位置为空，使在该冲突序列链上的后续记录探测不能进行，如删除关键字 K_4 后，位置 21 为空，如果要检索 K_7 就不可能，因为在插入 K_7 的探测序列中达到过槽位 21，由于槽位 21 不空继续探测到槽位 16（注意，检索时使用的随机探测序列就是插入过程使用的随机序列），当 K_4 删除后由于槽位 21 变为空，用关键码 K_7 检索并用探测序列达到槽位 21 时，由于其为空，程序会判别是 K_7 不在哈希表内，检索失败，因此，删除造成了 K_7 检索链中断。

（4）平方探测法

设哈希函数是 $H(key)$，再探测函数可以写成 $P(H,i)=f$，基于平方探测再散列的 f 描述就是 $P(H,i)=i^2$，即

$$H_i=(H(key)+i^2)\mod M \qquad i=1,2,\cdots,k \qquad (4\text{-}3)$$

显然，可以把线性再探测和随机再探测函数统一描述如下

$$P(H,i)=i，\quad P(H,i)=array[i]$$

其中数组 array[] 长度为 M−1，存储的是 1～M−1 的随机序列。

例 4-11 平方探测。设哈希表长 M=101，输入关键码 K_1，K_2 的哈希地址是 $H(K_1)=30$，$H(K_2)=29$，根据式（4-3）分别写出它们探测序列的前 4 个地址是：

$$K_1 探测序列=\{30，31，34，39，\cdots\}$$

$$K_2 探测序列=\{29，30，33，38，\cdots\}$$

显然，具有不同基位置的两个关键码在散列过程中，使用平方探测可以很快分开它们的探测序列。但是，对于再探测序列来说，希望尽可能多地探测到哈希表的每一个槽位，如线性探测，它能遍历整个哈希表去搜寻每一个槽位是否为空，但是容易产生聚集，平方探测显然会遗漏一些槽位，因为它是以跳跃方式进行再探测过程，不过可以证明，它至少能探查到哈希表一半以上的地址。

例 4-12 设两次探测序列是 $H_i=(H(key)+i^2)\mod M, i=1,2,\cdots,k$，M 是哈希表长（M 为质数），请证明，两次探测序列至少可以访问到表中的一半地址。

证明：只需证明当探测序列产生地址冲突时，序列下标大于等于 $\dfrac{M}{2}$。

设 $i\neq j$ 而 $d_i=d_j$，根据同余的定义有

$$i^2(\mathrm{mod}\,M) \equiv j^2(\mathrm{mod}\,M)$$

所以 $(i^2 - j^2)\mathrm{mod}\,M \equiv 0$，或：$i^2 - j^2 \equiv 0(\mathrm{mod}\,M)$

即 $(i^2 - j^2)$ 能被 M 除尽，因式分解后有

$$(i + j)(i - j) \equiv 0(\mathrm{mod}\,M)$$

因为 M 为质数且 i，$j < M$，所以 $(i - j) \neq 0(\mathrm{mod}\,M)$，因而

$$(i + j) \equiv 0(\mathrm{mod}\,M)$$

$$i + j = cM$$

c 为整数，所以

i 或 $j \geqslant \dfrac{M}{2}$，证毕。

这里，使用了数论中同余概念与同余定理，下面是相关描述。

同余定义：若 a 和 b 为整数，而 m 为正整数，如果 m 整除 a-b，就说 a 与 b 模 m 同余，记为

$$a \equiv b(\mathrm{mod}\,m)$$

可以证明 $a \equiv b(\mathrm{mod}\,m)$，当且仅当 $a(\mathrm{mod}\,m) = b(\mathrm{mod}\,m)$ 时成立。根据定义，如果整数 a 和 b 模 m 同余，则 a-b 被 m 整除，显然，a-b-0 也被 m 整除，所以，如果 $a \equiv b(\mathrm{mod}\,m)$ 成立，则必有 $a - b \equiv 0(\mathrm{mod}\,m)$ 成立。

同余定理：令 m 为正整数，整数 a 和 b 模 m 同余的充分必要条件是存在整数 k 使得

$$a = b + km$$

（5）二次聚集问题与双散列探测方法

虽然随机探测和平方探测能解决基本聚集问题，但是它们产生的探测序列是基位置的函数，如果构造的哈希函数让不同的关键码具有相同的基地址，那么它们就有相同的探测序列而无法分开。由于哈希函数散列到一个特定基位置导致的地址聚集，称为二次聚集。

为避免二次聚集，需要让探测序列是原来关键码值的函数，而不是基位置的函数，一种简单的处理方法是仍然采用线性探测方法，但是设计有两个哈希函数 $H_1(key)$ 和 $H_2(key)$，它们都以关键码为自变量散列地址，其中，$H_1(key)$ 产生一个 0 到 M-1 之间的散列地址，而 $H_2(key)$ 产生一个 1 到 M-1 之间，并且是和 M 互素的数作为地址补偿，双散列探测序列是

$$H_i = (H_1(key) + iH_2(key)) \quad \mathrm{mod} \quad M \qquad i = 1, 2, \cdots, k \qquad (4\text{-}4)$$

例 4-13 双散列方法。仍设哈希表长 M=101，输入关键码 K_1，K_2 和 K_3，它们的哈希地址分别是 $H_1(K_1)=30$，$H_1(K_2)=28$，$H_1(K_3)=30$，$H_2(K_1)=2$，$H_2(K_2)=5$，$H_2(K_3)=5$，根据式（4-4）分别写出它们探测序列的前 4 个地址是

$$K_1\text{探测序列} = \{30, 32, 34, 36, \cdots\}$$
$$K_2\text{探测序列} = \{28, 33, 38, 43, \cdots\}$$
$$K_3\text{探测序列} = \{30, 35, 40, 45, \cdots\}$$

实际上，$H_1(key)$ 和 $H_2(key)$ 仍有可能产生相同的探测序列，如 $H_1(K_4)=28$，$H_2(K_4)=2$，其探测序列与 K_1 相同（注意，所有探测序列都是从基位置以后开始的）

$$K_4\text{探测序列} = \{28, 30, 32, 34, 36, \cdots\}$$

可以进一步地考虑让随机探测与双散列方法结合，让 i 成为一个随机序列中选取的随机数。

3．开地址散列

设哈希函数产生的地址集在 0～M-1 区间，则可以设立指针向量组 array[M]，其每个分量初值为空，将具有哈希地址 j 上的同义词所包含的关键码节点存储在以向量组第 j 个分量为头指针的同一个线性链表内，存储按关键码有序。即所有产生冲突的元素都被放到一个链表内，于是，哈希散列过程转换为对链表的操作过程。

例 4-14 设输入关键码为（19，14，23，1，68，20，84，27，55，11，10，79），其表长为 13，选择哈希函数是 $H_i = key \ mod \ 13$。则开地址散列法解决冲突后得到的哈希表如图 4-10 所示。

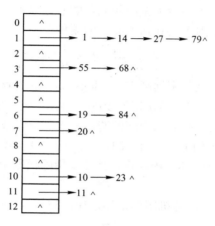

图 4-10　开地址散列法得到的哈希表

4．哈希表检索效率

散列存储结构是通过哈希函数运算得到元素散列地址的，但由于冲突的存在使得在检索过程中它仍然是一个给定值和关键码的比较过程，因此平均检索长度仍是哈希检索的效率量度，而检索过程中给定值和关键码的比较个数取决于哈希函数质量、处理冲突的方法以及哈希表的装填因子。

当散列表为空的时候，第一条记录直接插入到其基位置上，随着存储记录的不断增加，把记录插入到基位置上的可能性也越来越小，如果记录被散列到一个基位置而该槽位已经不空，则探测序列必须在表内检索到另一空槽才行，换句话说散列过程增加了比较环节。可以预计，随着记录数的增加，越来越多的新记录有可能被放到远离基位置的空槽内，即探测序列越来越长而比较次数越来越多，因此，哈希检索效率预期是表填充程度的一个函数，设表长为 M，已存储记录数为 N，定义装填因子是 $\alpha = \dfrac{N}{M}$，即：装填因子＝表中填入节点个数/哈希表长度。

可以认为，新记录插入的时候基位置被占用的可能性就是 α，假定可以不考虑任何聚集问题，而发现基位置和探测序列下一个位置均非空的可能性是

$$\frac{N(N-1)}{M(M-1)}$$

此时探测序列长度为 2，当探测序列达到 i+1 时，表明在第 i 次探测仍然发生冲突，其可

能性是

$$\frac{N(N-1)\cdots(N-i+1)}{M(M-1)\cdots(M-i+1)}$$

当 N 和 M 都很大时近似有 $\left(\dfrac{N}{M}\right)^i$，所以，预期探测次数的期望值是 1 加上第 i 次探测产生冲突的概率之和，约为

$$1+\sum_{i=1}^{\infty}\left(\frac{N}{M}\right)^i=\frac{1}{1-\alpha}$$

即一次检索成功的代价与哈希表为空时相同，随着记录数目的增加，平均检索长度（或者说插入代价的均值）是装填因子从 0 到当前 α 的累积

$$\frac{1}{\alpha}\int_0^\alpha\frac{1}{1-x}dx=\frac{1}{\alpha}\ln\left(\frac{1}{1-\alpha}\right)$$

无论从哪方面看，哈希检索效率远高于 O（$\log_2$ n），随着 α 的增加效率会降低，当 α 足够小的时候，效率仍然可以小于 2，当 α 接近 50% 的时候，效率接近 2。因此，要求哈希表工作的时候应该在半满状态，太小则表的空间浪费，太大则检索效率降低过多。

例 4-15 设输入关键码为（13，29，1，23，44，55，20，84，27，68，11，10，79，14），选择装填因子 α=0.75，哈希表长 M=19，哈希函数采用除模取余法，取模 p=17，求：

1）线性探测产生的哈希表。

2）随机探测产生的哈希表，随机序列是{3，16，55，44，…}。

3）平方探测产生的哈希表。

解： 1）线性探测法。注意线性探测中 a_j=(H(Key)+i)%M，使用的模是表长度 M，而哈希散列使用的模是 p=17。

0	1	2	3	4	5	6	7	8	9	10	11	12	13	14	15	16	17	18
68	1		20	55		23				44	27	29	13	11	10	84	79	14

27：a_1=27%17=10，a_2=（H(27)+1）%19=11；

11：a_1=11%17=11，a_2=（11+1）%19=12，a_3=（11+2）%19=13，a_4=(11+3)%19=14；

10：a_1=10%17=10，a_2=（10+1）%19=11，a_3=（10+2）%19=12，a_4=(10+3)%19=13，

　　　a_5=（10+4）%19=14，a_6=（10+5）%19=15；

79：a_1=79%17=11，a_2=（79+1）%19=12，a_3=（79+2）%19=13，a_4=(79+3)%19=14，

　　　a_5=（79+4）%19=15，a_6=（79+5）%19=16，a_7=（79+6）%19=17；

14：a_1=14%17=14，a_2=（14+1）%19=15，a_3=（14+2）%19=16，a_4=(14+3)%19=17，

　　　a_5=（14+4）%19=18。

2）随机探测法。已知 a_j=(H(K)+d_j)%19，随机步长序列 d_j 是{3，16，55，44，…}，则：

0	1	2	3	4	5	6	7	8	9	10	11	12	13	14	15	16	17	18
68	1		20	55	27	23	10		79	44		29	13	11		84	14	

27：a_1=27%17=10，a_2=（27+3）%19=13，a_3=（27+16）%19=5；

11：a_1=11%17=11；

10：$a_1=10\%17=10$，$a_2=$（10+3）%19=13，$a_3=$（10+16）%19=7；

79：$a_1=79\%17=11$，$a_2=$（79+3）%19=6，$a_3=$（79+16）%19=0，$a_4=(79+55)\%19=1$，
$a_5=$（79+44）%19=9；

14：$a_1=14\%17=14$，$a_2=$（14+3）%19=17。

解3）：平方探测法。已知 $H_i=(H(key)+i^2)\%19$：

0	1	2	3	4	5	6	7	8	9	10	11	12	13	14	15	16	17	18
68	1		20	55		23	79		27	44	11	29	13	10	14	84		

27：$a_1=27\%17=10$，$a_2=$（27+1）%19=9；

11：$a_1=11\%17=11$；

10：$a_1=10\%17=10$，$a_2=$（10+1）%19=11，$a_3=$（10+4）%19=14；

79：$a_1=79\%17=11$，$a_2=$（79+1）%19=6，$a_3=$（79+4）%19=7；

14：$a_1=14\%17=14$，$a_2=$（14+1）%19=15。

例 4-16 求成功检索图 4-10 所示哈希表的平均检索长度。

解： 比较次数为 1 的节点有 6，比较次数为 2 的节点有 4，比较次数为 3 和 4 的节点分别只有 1 个，所以，平均比较次数是

$$\text{ASL}=\frac{1\times 6+2\times 4+3+4}{12}=\frac{21}{12}$$

4.3 排序

排序是程序设计中的重要内容，它的功能是按元素的关键码把元素集合排成一个关键码有序序列。排序有内部排序与外部排序之分，内部指计算机内部存储器，内部排序是元素待排序列在内存中，当内存不足以容下所有元素集合时，把它存储在外部存储器上进行排序运算，称为外部排序。在这里首先给出排序定义，进而再讨论内部排序问题。

设有 n 个元素序列{R_1, R_2, …, R_n}，其相应的关键码序列是{K_1, K_2, …, K_n}，需确定 1，2，…，n 的一种排列 P_1, P_2, …, P_n，使其相应的关键码满足如下非递减（或非递增）关系

$$K_{p1}\leq K_{p2}\leq K_{p3}\leq,\ \cdots,\ \leq K_{pn}$$

即序列按{R_{p1}, R_{p2}, R_{p3}, …, R_{pn}}成关键码有序序列，这种操作的过程称为排序。

当 K_1, K_2, …, K_n 是元素主关键码时，即任何不同的元素有不同的关键码，此排序结果是唯一的，上面的等号不成立。当 K_1, K_2, …, K_n 是元素次关键码时，排序结果不唯一，此时涉及排序稳定性问题：

设 $K_i=K_j$，$1\leq i$，$j\leq n$，且 i 不等于 j。定义：若排序前 R_i 在 R_j 之前（$i<j$），而排序后仍有 $R_{pi}<R_{pj}$，即具有相同关键码的元素其在序列中的相对顺序在排序前后不发生变化，则称此排序方法是稳定的。反之，若排序改变了 R_{pi}、R_{pj} 的相对顺序，则称此排序方法是不稳定的。

在排序过程中主要有两种运算，即关键码的比较运算和元素位置的交换运算，以此衡量排序算法的效率。对于简单的排序算法，其时间复杂度大约是 $O(n^2)$，对于快速排序算法其时间复杂度是 $O(n\log_2 n)$数量级的。要求必须掌握几种基本方法是交换排序、Shell 排序、快速排序、堆排序、归并排序等。下面从最基本的交换排序方法开始，进而再研究快速排序方法的程序设计问题。

4.3.1 交换排序

1. 直接插入排序

直接插入排序是在插入第 i 个元素时，假设序列的前 i-1 个元素 R_1，R_2，…，R_{i-1} 是已排好序的，用 K_i 与 K_1，K_2，…，K_{i-1} 依次相比较，找出 K_i 应插入的位置将其插入。原位置上的元素顺序向后推移一位，存储结构采用顺序存储形式。为了在检索插入位置过程中避免数组下界溢出，在 R[0]处设置了一个监视哨。

（1）算法

1）待排序的 n 个元素在数组 array[n+1]中，按递增排序。

2）for(i=2；i<=n；i++){   /*第一个元素已经有序*/
　　　　array[0]=array[i]；   /*监视哨*/
　　　　j=i-1；
　　　　while(array[0].key<array[j].key){
　　　　　　array[j+1]=array[j]；   /*顺序向后移动一位*/
　　　　　　j--；
　　　　}   /*循环中止时 j+1 指向第 i 个元素应插入的位置*/
　　　　array[j+1]=array[0]；
　　}

程序本身并不复杂，要注意监视哨的作用，当 $R_i<R_1$ 时程序也能正常中止循环，把 R_i 插入到 R_1 位置。一个具体的直接插入排序例子过程如图 4-11 所示。

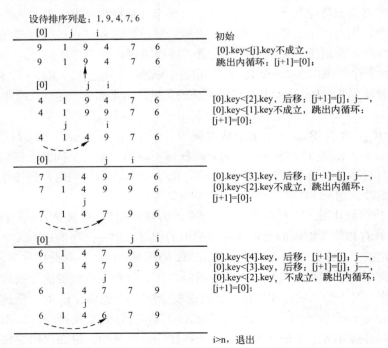

图 4-11　直接插入排序过程

（2）效率分析

直观上看，其双重循环最大比较次数都是 n，因此其时间复杂度是 $O(n^2)$。而在一个元素 i 排序过程中，要在已排好序的 i-1 个元素中插入第 i 个元素，其比较次数 C_i 最多是 i 次，此时 $R_i < R_1$ 被插到第一个元素位置。比较次数最少是一次，此时 $R_i \geqslant R_{i-1}$，位置没有移动。因此 n 次循环的最小比较次数

$$C_{min} = n-1$$

最大比较次数

$$C_{max} = \sum_{i=2}^{n} i$$

$$= \frac{(n+2)(n-1)}{2}$$

而一次插入检索过程中，为插入元素 i 所需移动次数最大是 C_{i+1}，最小是两次（包括 array[0] 的一次移动）。那么，n 个元素排序时，其 n-1 个元素需 2(n-1) 次，所以最小移动次数

$$M_{min} = 2 \times (n-1)$$

最大移动次数

$$M_{max} = \sum_{i=2}^{n} (i+1)$$

$$= (n-1) + \frac{(n+2)(n-1)}{2}$$

直接插入排序也可以考虑用链表来实现，此时没有元素移动问题，但最大、最小比较次数一样。另外，直接插入排序的一种改进是二分法插入排序，即检索插入位置时用二分法进行，其检索效率有所提高，但不能改变元素的移动次数，所以其平均时间复杂度不变，且只适用于顺序存储结构。

算法判别条件"while(array[0].key<array[j].key)"是指当前 j 指向关键码若小于排序元素 array[0]关键码，则序列顺序后移，找到有序的位置后交换元素；若等于或大于就不发生交换。因此，具有相同关键码的元素在排序前、后的相对位置不会发生变化，所以它是一个稳定的排序方法。

2. 冒泡排序

冒泡排序（Bubble Sort）的意思是每一趟排序将数组内一个具有最小关键码的元素排出到数组顶部，算法有一个双重循环，其中内循环从数组底部开始比较相邻元素关键码大小，位居小者向上交换，并在内循环中通过两两交换将最小元素者直接排出到顶部，此时外循环减 1 指向数组顶部减 1 位置，继续内循环过程，将数组内具有次最小关键码的元素排出至数组顶部减 1 位置，如此直至循环结束，每次循环长度比前次减 1，最终结果是一个递增排序的数组。图 4-12 所示是冒泡排序过程示意，算法参见程序 4-11。

程序 4-11　冒泡排序。

```
void bubsort(struct node *p,int n)
{
    struct node s;
    for(int i=0; i<n-1; i++){
```

```
int flag=0;
for(int j=n-1; j>i; j--)if(*（p+j）.key<*（p+j-1）.key){
        s=*（p+j）;
        *（p+j）=*（p+j-1）;
        *（p+j-1）=s;
    flag=1;
}
if(flag==0)retrun;
}
}
```

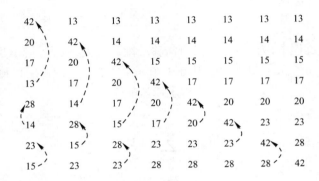

图 4-12　冒泡排序过程示意

程序 4-11 中如果没有 flag 这个标志位，那么即使数组已经有序，程序也会继续双重循环直至结束为止。另外注意到，如果*（p+j）.key>=*（p+j）.key，相邻元素不发生交换，所以冒泡排序是一个稳定的排序方法。

冒泡排序是一个双重循环过程，所以其比较次数是

$$\sum_{i=1}^{n}i = O(n^2)$$

其最佳、平均和最差情况基本是相同的。

3. 选择排序

选择排序（Selection Sort）每次寻找待排序元素中最小的排序码，并与其最终排序位置上的元素一次交换到位，避免冒泡排序算法有元素在交换过程中不断变位的问题，如，首先选择 n 个元素的最小排序码，将其与排序数组[0]位置的元素交换，然后是选择剩余 n-1 个元素的最小排序码，将其与排序数组[1]位置上的元素交换，即第 i 次排序过程是选择剩余 n-i 个元素的最小排序码，并与排序数组[i]位置的元素交换，它的特点是 n 个元素排序最多只有 n-1次交换。图 4-13 所示是选择排序过程示意，程序 4-12 是选择排序函数。

程序 4-12　选择排序。

```
void selsort(struct node *p,int n)
{
    struct node s;
    for(int i=0; i<n-1; i++){
```

```
                    int lowindex=i;
                    for(int j=n-1; j>i; j--)if(p[j].key<p[lowindex].key)lowindex=j;
                    s=p[i];
                    p[i]=p[lowindex];
                    p[lowindex]=s;
                }
            }
```

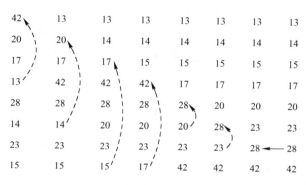

图 4-13 选择排序过程示意

选择排序实际上仍然是冒泡排序，程序记住最小排序元素的位置，并一次交换到位，它的比较次数仍然是 $O(n^2)$ 量级，但交换次数最多只有 n-1 次。如果 *（p+j）.key>=*（lowindex）.key，不发生交换，所以选择排序是一个稳定的排序方法。

4. 树形选择排序

直接插入排序的问题在于为了从 n 个排序码中找出最小的排序码，需要比较 n-1 次，然后又从剩下的 n-1 个排序码中比较 n-2 次，而事实上，这 n-2 次比较中有多个排序码已经在前面比较过大小，只是没有保留结果而已，以致有多次比较重复进行，造成效率下降。如果这样考虑：设 n 个排序元素为叶子，第一步是将相邻的叶子两两比较，取出较小排序码者作为子树的根，共有 $\lfloor \frac{n}{2} \rfloor$ 棵子树；然后将这 $\lfloor \frac{n}{2} \rfloor$ 棵子树的根再次按相邻顺序两两比较，取出较小排序码者作为生长一层后的子树的根，共有 $\lfloor \frac{n}{4} \rfloor$ 棵；循环反复直至排出最小排序码成为排序树的树根为止；将树根移至另一个数组，并且将叶子数组中最小排序码标记为无穷大；然后继续从剩余的 n-1 个叶子中选择次最小排序码，重复上述步骤的过程。实际上只需要修改从树根到刚刚标记为无穷大的叶子节点这一条路径上的各节点的值，而不用比较其他的节点，除去第一次以外，等于每次寻找排序码的过程是走过深度为 $\log_2 n$ 的二叉树，即只需要比较 $\log_2 n$ 次，称为树形选择排序。图 4-14 是树形排序的过程前 3 次循环示意，排序数组为{72，73，71，23，94，16，5，68}；图 4-14a 是构造选择排序二叉树，图 4-14b 是标记最小排序码后调整得到的次最小排序码，图 4-14c 是又一次循环过程。

因为第一次构造这棵二叉树需要比较 n-1 次才能找到最小的排序码，以后每次在这棵树上检索最小排序码需要比较 $\log_2 n$ 次，共有 n-1 次检索，所以，树形选择排序总的比较次数为

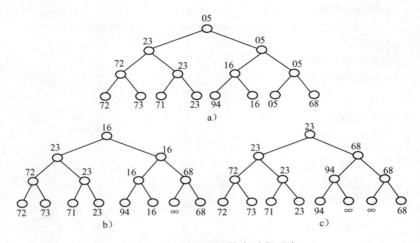

图 4-14 树形选择排序过程示意

$$(n-1)+(n-1)\log_2 n$$

时间复杂度是 $O(n\log_2 n)$。

树形选择排序程序设计的要点有：

1）建立一个指针数组，存储排序树的根（森林）。

2）两两树根合并之后，再放回到森林中较小的那个树根位置。

3）树木总数为奇数时，把剩余那棵树的树根直接放入森林。

4）移动所有的新树根，生成新的森林（数目减半）。

5）直至森林只有一棵树时，在建好的树形选择排序二叉树中，检索与根关键码相匹配的叶子，置无穷大，修改从树根到刚刚标记为无穷大的叶子节点这一条路径上的各节点的值，选择左右分支关键码小者，作为当前子树的根，直至树根。

程序 4-13 树形选择排序。

```
/*节点结构*/
struct treenode{
    int key;
    struct treenode *left,*right;
    };
/*节点输入程序*/
int enter(struct treenode **&rp)
{
    int i=0;
    printf("输入关键码序列,结尾码零：\n");
    do{
        rp[i]=(struct treenode *)malloc(sizeof(struct treenode));
        rp[i]->left=0;
        rp[i]->right=0;
        scanf("%d",&(rp[i]->key));
        i++;
    }while((rp[i-1]->key)!=0);
```

```
        rp[i-1]->key=9999;        /*如果元素个数是奇数，结尾码是一个排序码*/
        return(--i);              /*实际元素的个数比 i 少一*/
}
//树形选择排序
int sort(struct treenode **&rp,int *Keysort,int &numinlist)
{
        struct treenode *root;
        int num=numinlist;                  /*节点数 numinlist 在建树过程中会改变*/
        root=buildtree(rp,numinlist);       /*建立树形选择二叉树*/
        for(int i=0;i<num;i++){
                Keysort[i]=root->key;
                KeySearche(root,root,root->key);        /*在树形选择二叉树中取最小值*/
                }
        return(num);                        /*返回排序节点数*/
}
/*在森林中合并相邻两树根，取最小值为新选择树的子根，直至只有一个树根*/
struct treenode *buildtree(struct treenode **&rp,int &numinlist)
{
        int k=1;
        while(numinlist>1){
                Newremove(rp,numinlist,k);
                k*=2;
                }
        return(rp[0]);
}
/*remove()把排序数组两两比较，取小者为新生树根*/
void Newremove(struct treenode **&rp,int &numinlist,int k)
{
         struct treenode *temp; int i;

        for(i=0;i<(numinlist-1)*k;i+=(2*k))
                    rp[i]->key<rp[i+k]->key?rp[i]=huffman(rp[i],rp[i+k]):rp[i]=huffman(rp[i+k],rp[i]);
                            /*新树根总是在偶数位置上*/
        if(numinlist%2==1)numinlist++;
        numinlist/=2;           /*树根的数目减半*/
}
/*huffman()返回一个新树根，键值是 temp1 的键值*/
struct treenode *huffman(struct treenode *temp1,struct treenode *temp2)
{
        struct treenode *p;
        p=(struct treenode *)malloc(sizeof(struct treenode));
        p->left=temp1;
        p->right=temp2;
        p->key=temp1->key; return(p);
}
/*在建好的树形选择排序二叉树中检索叶子，与根关键码相匹配*/
```

```
void KeySearche(struct treenode *root,struct treenode *r,int key)
{
        if(!r->left||!r->right){    /*r 是叶子节点*/
                if(root->left==r)root->key=root->right->key;
                else root->key=root->left->key;
                r->key=9999;                                    /*无穷大*/
                }
        else{
                if(r->left->key==key)KeySearche(r,r->left,key);      /*搜索左子树*/
                else KeySearche(r,r->right,key);                     /*搜索右子树*/
                if(root->left->key>root->right->key)root->key=root->right->key;
                else root->key=root->left->key;                      /*提升过程中维护最小堆的堆顶*/
                }
}
```

4.3.2　Shell 排序

Shell 排序也称为缩小增量法（Diminishing Increment Sort）。它不是根据相邻元素的大小进行比较和交换，而是把总长度为 n 的待排序序列以步长 $d_i = \dfrac{n}{2^i}$ 进行分割，间隔为 d_i 的元素构成一组，组内用直接插入或者是选择法排序。下标 i 是第 i 次分组的间隔，i=1，2，…。随着间隔 d_i 的不断缩小，组内元素逐步地增多，但因为是在 d_{i-1} 的有序组内基础上新增待排元素，所以比较容易排序。

若 n 不是 2 的整数幂，不妨对排序数组长度补零到整数幂的长度为止。

图 4-15 显示了排序数组长度为 8 的排序过程。程序 4-14 是 Shell 排序的实现。

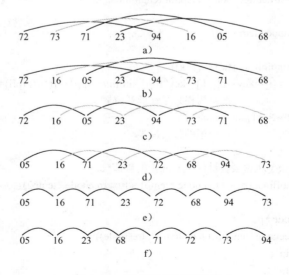

图 4-15　Shell 排序过程示意

a) 分隔 d_i=4　b) 组内排序　c) 分隔 d_i=2　d) 再次组内排序　e) 分隔 d_i=1，合并成一个组　f) 整个数组排序

程序 4-14 Shell 排序。

```
void shellsort(struct node *p,int n)
{
        for(int i=n/2; i>2; i/=2)
                for(int j=0; j<i; j++)inssort2((p+j),n-j,i);
        inssort2(p,n,1);
}

void inssort2(struct node *p,int n,int incr)
{
        for(int i=incr; i<n; i+=incr)
                for(int j=i; (j>=incr)&&(p[j].key<p[j-incr].key); j-=incr)
                        swap((p+j),(p+j-incr));
}
```

4.3.3 快速排序

对已知的元素序列排序，在一般的排序方法中，一直到最后一个元素排好序之前，所有元素在文件（排序表）中的位置都有可能移动。所以，一个元素在文件中的位置是随着排序过程而不断移动的，造成了不必要的时间浪费。快速排序基于这样一种思想，第 i 次排序不是确定排序表中前 i-1 个元素的相对顺序，而是只确定第 i 个元素在排序表中的最终位置。方法是每次排序后形成前、后两个子序列，关键码小于或等于该元素关键码的所有元素均处于它左侧，构成前子序列；关键码大于该元素关键码的所有元素均处于它右侧，形成后子序列。称此元素所处的位置为枢轴，元素为枢轴元素。这样，可以对每一个子序列重复同样的处理过程，形成递归形式，直到每一元素子序列只剩一个元素为止。

此方法的关键在于确定序列或子序列的哪一个元素作为枢轴元素，一般选取待排序列的第一个元素作为枢轴元素，首先给出算法。

1. 算法

设有序列{R[s], R[s+1], …, R[t]}，进行如下操作。

1）设置指针 i=s, j=t, R[s].key 为待排元素关键码 k_1，指针 p=&R[s]。

2）执行循环：

```
while(i<j)do{
    while((i<j)&&(*(p+j).key>=k1))j--;
                        /*递增排序*(p+j)>枢轴 k 则顺序不变继续检索*/
    *(p+i)<==>*(p+j)
                        /*由尾部起找到一小于枢轴的元素*(p+j),把它交换到前子序列 i 的位置*/
    while((i<j)&&(*(p+i).key<=k1))i++;
                        /*递增排序*(p+i)<枢轴 k 则顺序不变继续检索*/
    *(p+i)<==>*(p+j);
                        /*自头部起找到一大于枢轴的元素*(p+i),把它交换到后子序列 j 的位置*/
}
```

3）当 i=j 时一个元素被排好序，可以递归调用此过程直到全部排序结束。

图 4-16 给出了一个元素的快速排序过程示意，如果枢轴元素 K_1 选择合适，则每次平分前、后子序列可以得到较高的效率，程序 4-15 是用 C 语言编写的快速排序的完整程序。

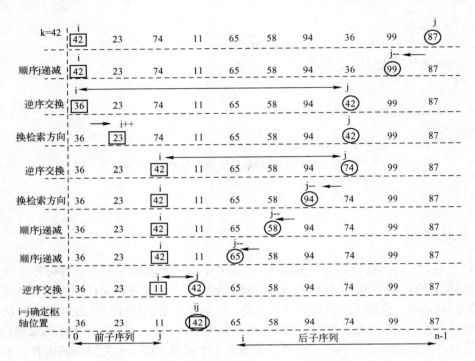

图 4-16　快速排序的一个元素排序过程示意

程序 4-15　快速排序。

```
void   qksort(struct node *p,int   l,int t)
{
      int   i,j;
      struct node x;
      i=l; j=t; x=p[i];                /*取序列第一个元素作为枢轴*/
      do{
            while((p[j].key>x.key)&&(j>i))j--;
                            /*从尾部开始只要没找到小于 x 的元素就递减循环*/
            if(j>i){
                  p[i]=p[j];        /*向前单向交换，j 位置空出会在后续循环中被另外元素补上*/
                  i++;             /*准备开始从头部向尾部搜寻*/
            }
            while((p[i].key<x.key)&&(j>i))i++;
            if(j>i){
                  p[j]=p[i];        /*向后单向交换，i 位置空出会在后续循环中被另外元素补上*/
                  j--;
            }
      }while(i!=j);                 /*只要 i 不等于 j 一次排序尚未完成*/
```

```
        p[i]=x;                    /*找到枢轴，把 x 放到其在序列的最终位置上，一次排序完成*/
        i++;
        j--;
        if(l<j)qksort(p,l,j);      /*对前子序列 0～j 元素递归排序*/
        if(i<t)qksort(p,i,t);      /*对后子序列 i～n-1 元素递归排序*/
    }
```

函数在主程序中调用形式为：

```
    qksort(p，0，n-1);
```

2. 效率

快速排序算法的效率分析与枢轴元素选取密切相关，最差的情况是：每次排序选取的枢轴元素在排序后处于将长度为 n_i 的待排序列分割成一个子序列没有元素而另一个子序列有 n_i-1 个元素的位置上，于是，下次排序需要比较和交换的次数都是 n_i-1，如果在总长为 n 的排序数组中每次都发生这种情况，则其时间花销是 $\sum_{i=1}^{n} i = O(n^2)$，所以，最差情况下快速排序效率与冒泡排序相当，如果枢轴是随机选取的，发生这种情况的可能性不大。

快速排序最好的情况是：每趟排序选取的枢轴元素在排序后处于将长度为 n_i 的待排序列分割成两个长度相等的子序列位置上，下次排序需要比较和交换的次数都是 $\frac{n_i}{2}$，如果每次排序都发生这种情况，则总长为 n 的排序数组会被分割 $\log_2 n$ 次，每次的交换和比较次数是 $\sum_{i=0}^{\log_2 n} \frac{n}{2^i}$，这里假设 n 是 2 的整数幂，其时间花销是 $O(n\log_2 n)$。

快速排序的平均效率在最好与最差情况之间，假定选取的枢轴元素位置将第 i 次排序数组的长度分割成 0，1，2，…，n_i-2，n_i-1 情况的可能性相等，概率为 $\frac{1}{n_i}$，则平均效率是

$$T(n) = cn + \frac{1}{n}\sum_{i=0}^{n-1}[T(i) + T(n-1-i)], \quad T(0) = c, T(1) = c$$

它仍然为 $O(n\log_2 n)$ 数量级。快速排序算法中，要注意待排元素 K_1 的选取方法不是唯一的，它对排序效率有很大影响。

4.3.4 堆排序

快速排序在其枢轴元素每次都选到位于其前后子序列的中点时，相当于每次递归找到一棵平衡二叉树的根，这时其效率最高。显然，如果能找到总是在一棵平衡二叉树进行排序的方法，就有可能得到比快速排序更高的效率。堆是一棵完全二叉树，堆的特点又是根为最大值（详见 3.3.5 节论述），那么基于最大值堆排序的思想就很简单，将待排序的 n 个元素组建一个最大值堆，把根取出放到排序数组的位置[n-1]处；重新对剩下的 n-1 个元素建堆，再次取出其根并放置到排序数组的[n-2]位置处；循环直至堆空，堆排序完成。

实际上，排序数组就是堆数组，每次取出的根直接和堆数组的[n-1]位置元素交换，根被放到堆数组的[n-1]位置，而原来[n-1]位置的元素成为树根；于是，堆数组[0～n-2]的那些剩

余元素在逻辑上仍然保持了完全二叉树的形状,可以继续对这些 n-1 个剩余元素建堆,图 4-17 显示了一个堆排序过程的前 4 步情况,程序 4-16 是堆排序程序。

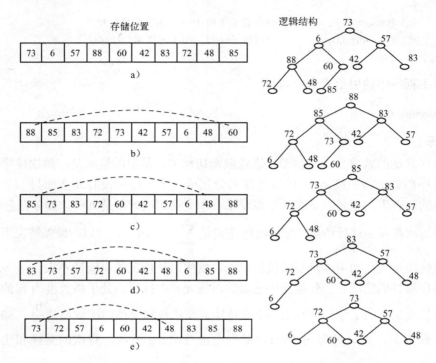

图 4-17　{73,6,57,88,60,42,83,72,48,85}堆排序的前 4 步过程

a) 初始　b) 建堆　c) 尾部 n-1 节点 60 和树根 88 交换后建堆
d) n-2 节点 48 和树根 85 交换后建堆　e) n-3 节点 6 和树根 83 交换后建堆

程序 4-16 堆排序。

```
void heapsort(struct node *heap,int n)        /*heap 指向 heaparray[0],n 是堆数组长度*/
{
    int i;
    buildMAXheap(heap,n);                     /*在堆数组[0~n-1]建立堆*/
    swap((heap+0),(heap+n-1));                /*将当前堆数组的最后一个节点与堆顶节点交换*/
    n--;                                      /*堆元素减 1*/
    while(n){                                 /*排序过程直至堆剩余一个元素为止*/
        buildMAXheap(heap,n);
        swap((heap+0),(heap+n-1));
        n=n-1;
    }
}
```

因为建堆效率是 O(n),而将位置 i 上的元素与堆顶元素交换需要 n-1 次,并重建 n-1 次堆,在最坏情况下,每次恢复堆的需要移动 $\log_2 i$ 次,那么,$\sum_{i=1}^{n-1} \log_2 i$ 次移动需要时间开销是 O(n $\log_2$ n),即堆排序最坏情况下的效率是 O(n $\log_2$ n)。

4.3.5 归并排序

1. 两路归并排序思想

将两个有序的数组合并为一个有序的数组，称为归并排序（Merge Sort）。设待排序数组有 n 个元素 $\{R_1, R_2, \cdots, R_n\}$，在前面讨论的直接插入排序方法中，对第 i 个元素排序时假定前 i-1 个元素是已经排好序的，初始 i 从 2 开始。与此类似，归并排序初始时将 n 个元素的数组看成是含有 n 个长度为 1 的有序子数组，然后将相邻子数组两两归并，归并后的子数组的长度倍增为 2，而个数减少一半为 $\frac{n}{2}$，反复归并子数组，直至最后归并到一个长度为 n 的数组为止。归并排序不同于快速排序，它的运行效率与元素在数组中的排列方式无关，因此避免了快速排序中最差的情形。

归并排序和 Shell 排序有些类似，它们的区别在于，Shell 是把长度为 n 的待排序序列以步长 $d_i = \frac{n}{2^i}$ 进行分割，以间隔为 d_i 的元素构成一组。而归并排序是相邻的元素为一组，继而以相邻组归并。

对包含 n 个元素的数组应用归并排序方法，需要一个长度为 n 的辅助数组暂存两路归并的中间结果，空间开销的增加是归并排序的一个弱点。但是，任何试图通过程序技巧来取消辅助数组的代价是程序变得极其复杂，这并不可取。

图 4-18 所示是两路归并排序示意。图中显示，一次归并结束时，序列尾部可能有一个子数组及元素不能归并，需要进行尾部处理。因为，一次归并过程中，子数组能两两归并的条件是当前归并元素位置 i≤n-2L+1，否则，余下的待排序元素一定不足两个子数组的长度，需要进行尾部处理，有两种方法：

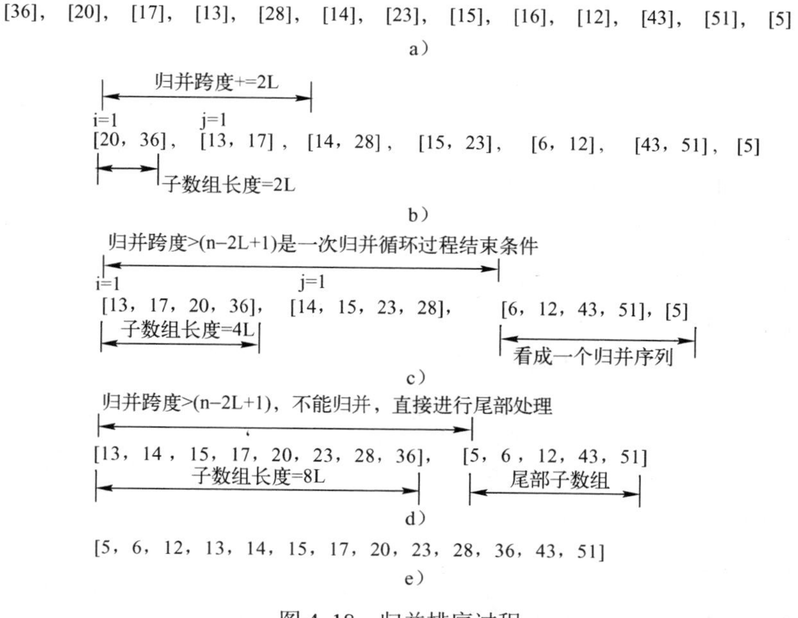

[36]，[20]，[17]，[13]，[28]，[14]，[23]，[15]，[16]，[12]，[43]，[51]，[5]

a）

归并跨度+=2L
i=1　　j=1
[20，36]，[13，17]，[14，28]，[15，23]，[6，12]，[43，51]，[5]
子数组长度=2L

b）

归并跨度>(n−2L+1)是一次归并循环过程结束条件
i=1　　　　　j=1
[13，17，20，36]，[14，15，23，28]，[6，12，43，51]，[5]
子数组长度=4L　　　　　　　　　看成一个归并序列

c）

归并跨度>(n−2L+1)，不能归并，直接进行尾部处理
[13，14，15，17，20，23，28，36]，[5，6，12，43，51]
子数组长度=8L　　　　　　　尾部子数组

d）

[5，6，12，13，14，15，17，20，23，28，36，43，51]

e）

图 4-18　归并排序过程

a) 初始将数组看成是由 n 个长度为 1 的子数组构成　b) 相邻子数组一次归并后，子数组长度倍增，子数组的个数减少一半

c) 一次归并结束时，尾部可能有子数组或元素不能归并，需要进行尾部处理

d) 归并跨度大于 n−2L+1，无需两两归并，直接进行尾部处理　e) 直接两两归并

1）前归并位置 i<n-L+1，即余数多于一个子数组，将它们看成是一个归并序列直接进行归并处理，并放入到归并结果序列的尾部。

2）i>n-L+1，余下元素个数少于一个子数组长度，将这些元素直接移入到归并结果序列的尾部。

2．两路归并算法

包含 n 个元素的数组两两归并排序的算法包含有两个函数，分别是：

（1）两路归并函数

merge（归并起点，子数组 1 终点位置，子数组 2 终点位置，待排序数组，中间数组）

（2）一趟归并函数

mergepass（待排序数组长度，子数组长度，待排序数组，中间数组）

两路归并程序实现参见程序 4-17。

程序 4-17 两路归并。

```
void merge(int L,int m,int m1,struct node *array,struct node *temp)
{
        int i=L,k=L,j=m+1；
        while((i<=m)&&(j<=m1)){
                if(array[i].key<=array[j].key){
                        temp[k]=array[i];
                        i++;
                }
                else{
                        temp[k]=array[j];
                        j++;
                }
                k++;
        }
        if(i>m)for(i=j；i<=m1；i++){
                temp[k]=array[i];
                k++;
        }
        else for(j=i；j<=m；j++){
                temp[k]=array[j];
                k++;
        }
}
```

一趟归并程序参见程序 4-18。

程序 4-18 一趟归并。

```
void mergepass(int n,int L,struct node *array,struct node *temp)
{
        for(int i=1；i<=n-2*L+1；i+=2*L)merge(i,i+L-1,i+2*L-1,array,temp);
        if(i<n-L+1) merge(i,i+L-1,n,array,temp);
```

```
        else for(int j=i; j<=n; j++)temp[j]=array[j];
    }
```

最后，得到两路归并排序算法参见程序 4-19。

程序 4-19　两路归并排序算法。

```
    int mergesort(int n,struct node *array)
    {
        int L=1;
        struct node temp[N+1];                              /*排序元素个数是 N*/
        while(L<n){
            mergepass(n,L,array,temp);
            L*=2;
            if(L>=n){
                for(int i=1; i<=n; i++) array[i]=temp[i];
                return(0);
            }
            mergepass(n,L,temp,array);
            L*=2;
        }
    }
```

当 $2^{i-1}<n\leq2^i$ 时，mergepass()调用了 i 次（i≈$\log_2 n$），每次调用 mergepass()的时间开销是 O(n)数量级，在 mergesort()中，最后有可能需要从 temp[]向 array[]移动 n 次，所以，两路归并排序的时间花销是 O(n$\log_2 n$)数量级，相当于快速排序方法。

4.4　索引

4.4.1　基本概念

索引文件用于组织磁盘中大量数据记录检索的排列方式，主要是为提高关系数据库的操作效率而设计的。一个应用关系数据库设计时，从逻辑结构上看每一客观实体（关系）至少有一个能唯一地标识其所有属性或关系的主属性，称为主关键字。若一个属性不能唯一地标识一个关系，或者说它对应多个关系实体，则称其为该关系的次关键字。在设计关系数据库时，总是按照主关键字组织数据字典的全局逻辑结构及连接关系的，在物理实现上，也是用主关键字与记录的物理地址相关联的。

当大量的数据记录在内存时，为了提高检索效率就必须按检索的形式进行排序。显然，主关键字检索是检索关系实体的基本操作之一，如，一个学生数据库用学号唯一标识学生这个客观实体的所有属性，要检索特定学生的情况时，输入该学生的学号可以检索到该生所有属性值（如姓名、年龄、性别、籍贯、家庭所在地、系别等），于是自然会以主关键字对学生记录排序。

现在的问题是：检索是多角度、综合性进行的，如需要查看自动化系、来自浙江杭州的学生情况，查找符合这一检索条件所要求的记录的方法可以有多种，如，将记录按"系别"

进行排序，在检索到"系别"等于"自动化系"的记录中，筛选出"家庭所在地"的属性值等于"杭州"的记录。然而要对"系别"这一属性进行排序，就得把内存物理地址与该属性相关联，换句话说，就是所有记录需要按"系别"属性重排。此外，同一关系数据库还有可能遇到查询"年龄"等于 20 岁的女生记录的情况，或者是"姓名"等于"xxx"的检索要求等。显然，不可能每次都按检索条件重排硬盘中关系数据库的所有记录。

避免重排数据库记录的另一种选择是索引技术（Index File），称为索引技术或索引文件的方法是：其文件内每个关键码与标识该记录在数据库的物理位置的指针相关联（一起存储）。因此，索引文件为记录提供了一种按索引关键字排列的顺序，而不需要改变记录的物理位置。一个数据库系统允许有多个索引文件，每个索引文件都通过一个不同的关键字段支持对记录有效率的访问，即索引文件提供了用多个关键字访问数据记录的功能，也避免了数据库记录的重排操作。简而言之，索引技术的应用使记录的检索与其物理顺序无关。

显然，不可能让每个关键码都与记录的物理指针相关联，这样记录的物理位置变化会造成所有索引文件的修改。次关键码索引文件实际上是把一个次关键码与具有这个次关键码的每一个记录的主关键码相关联起来，而主关键码索引再与一个指向记录物理位置的指针相关联，即其访问顺序是次关键码—主关键码—记录物理位置。

可以说，索引技术是组织大型数据库的关键技术，其中线性表索引主要用于数据库记录的检索操作，对于记录的插入与删除操作广泛使用的是树形索引，即 B$^+$树。

4.4.2　线性索引

1. 线性索引

线性索引是一个按"关键码-指针"对顺序组织的索引文件，该文件按关键码的顺序排序，指针指向记录的物理位置，如图 4-19 所示。线性索引文件本身的记录是定长的，其检索效率是 O(n)，随数据库记录增大而降低，即使索引文件是顺序存储的能使用二分检索，但是当数据库记录数目很大时，索引文件本身也无法在内存中一次装入，运用二分检索，过程中会多次访问硬盘，效率可能还不如线性索引。

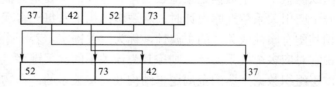

图 4-19　线性索引可以实现变长数据库记录检索

已被熟知的多级索引结构是一种解决方案。如：一个关键字/指针对需要 8 个字节，磁盘中一个物理页大小是 1024 个字节，即可以存储 128 个索引记录。设数据库记录的线性索引文件长度为 100 磁盘页（100KB），每页内记录（关键码值）按递增有序，则在内存中建立一个二级索引文件，其每个记录是每个磁盘页的第一个关键码值，该二级索引文件长度只有 100 项。数据库检索时，先根据检索关键码值在这个顺序表文件中，用二分检索找到小于或等于它的最大值，就可以找到包含该关键码的索引文件磁盘页，将该磁盘页调入内存后，只需继续在 128 个记录中查找即可完成，如图 4-20 所示。

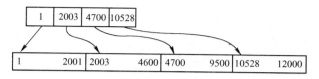

图 4-20　二级线性索引

2．倒排表

二级索引存在的一个问题是：当向数据库插入或删除一条记录时，必须同时修改磁盘与内存中的一、二级索引文件。当索引文件很大时，这种更改涉及所有磁盘页数据（索引记录）的移动，代价很大。特别是当索引文件所有记录均与物理记录相关联的情况下，随着一个实体记录的插入或者删除，数据库的所有索引文件都需要修改。另外，当次关键码取值范围很窄时，数据库记录中有大量的记录取值相同，造成索引文件中大量的重复引用。如一个极端的例子是学生记录中的性别属性，非男即女，于是，索引文件中有一半记录是重复的。

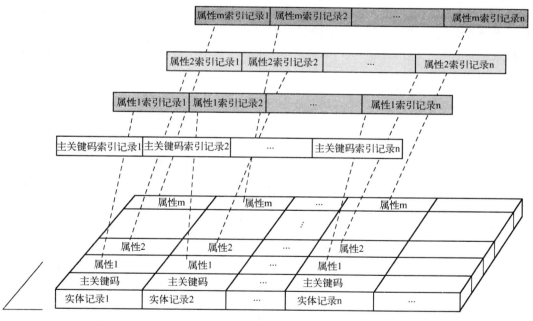

如果所有索引文件指针均和物理记录关联，则实体记录数目变更时将影响所有索引文件

图 4-21　二级线性索引的更新与存储冗余

一种改进的方法是二维数组形式，其每一行对一个次关键码值，每一列包含了具有该次关键码值的所有记录的主关键码值。于是，首先通过次关键码检索索引表找到它所对应的所有主关键码值，下一步可以通过主关键码检索数据库记录，从而得到满足检索条件的所有记录列表，如图 4-22 所示。二维索引表不仅可以减少空间，而且数据库更新操作对索引文件的影响也被限制在索引文件的一行之内，极限情况是次关键码取值范围变化，如新添一个次关键码值时，需要移动二维数组，但这种情况实际中很少见。

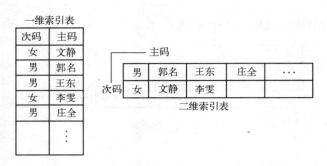

图 4-22　二维索引表

它的不足之处是数组必须有一个固定的长度，则有：

1）次关键码相关联的主关键码记录数受限（限定了数据库具有相同次关键码值的最大允许记录数）。

2）当次关键码取值对应的数据库记录数目变化很大时，二维数组长度无法兼顾，从而造成一个次关键码值对应很少记录数（如只有一个主关键码相关联）的话，存储空间浪费很大。

既然二维数组也是一个线性表，显然链表是一种解决办法。定义倒排表：每一次关键码值有一指针指向它所对应的所有主关键码形成的数组，数组中的每一主关键码与磁盘中的数据库记录位置有唯一的指针相关联，即检索记录顺序是由次关键码到主关键码，再到物理位置记录，如图 4-23 所示。

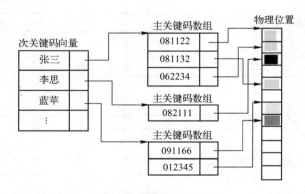

图 4-23　倒排表的链式存储结构

4.4.3　2-3 树

基于线性索引技术的关系数据库存储方式存在的最大问题是：当大量的记录频繁更新的时候，其操作效率非常低。原因是每更新一条记录就要修改一个索引文件内的所有指针的内容，当读者有多个索引文件以及海量的记录数目时，线性索引效率很低，而且修改指针的操作效率与线性索引结构无关；多级索引结构虽然能提高检索效率，但是记录物理地址变更引起的指针修改是全索引文件范围内的，即线性索引文件其所有指针信息都是相关的。如果有一种方法，使记录的插入与删除只是影响索引文件局部区域，那么它作为主关键码的索引就会完成得很好。树形索引是一种很好的索引文件组织方式，它本身是非线性结构，磁盘页之间指针相关性很低，它可以提供有效的插入与删除操作，从以前的二叉检索树讨论中知道，其效率是节点个数的对数关系，如图 4-24 所示。

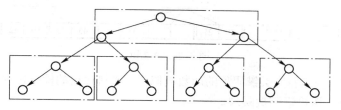

图 4-24　基于磁盘页的树形索引结构

二叉树当然不适合作为索引文件结构：第一，它只有两个子树，不符合磁盘页划分；第二，它会因为更新节点操作变得不平衡，尤其检索树存储在磁盘中时，不平衡情况对检索效率影响更大，当一个节点深度跨越了多个磁盘页时，对节点的访问就是从第一个磁盘页（根节点）开始达到这个节点所在磁盘页为止的所有节点的路径之和，随着磁盘页在内外存中的调进调出，它涉及多次内外存交换，效率变得非常低下，如图 4-25 所示。因此，要采用树形索引结构，必须寻找一种新的树形结构，它能解决插入与删除操作带来的不平衡问题。这种树形结构经过多次更新操作之后能自动保持平衡，并且适合按磁盘页存储，即要求它的算法具有下列特性：

1）以一个磁盘页为单位。

2）插入与删除操作之后能自动保持高度平衡。

3）平均访问效率最佳。

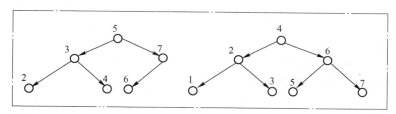

图 4-25　向完全二叉树插入一个关键码值为 1 的节点之后，需要调整所有节点重新维持平衡

为解决上述问题，本节首先讨论 2-3 树概念，然后在此基础上引伸出 B^+ 树。

1. 2-3 树定义

一棵 2-3 树具有下列性质：

1）一个节点包含一个或者两个关键码。

2）每个内部节点有两个子女（如果它包含一个关键码），或者三个子女（包含两个关键码）。

3）所有叶子节点在树的同一层，因此树总是高度平衡的。

类似于二叉排序树，2-3 树每一个节点的左子树中所有后继节点的值都小于其父节点第一个关键码的值；而中间子树所有后继节点的值都大于或等于其父节点第一个关键码的值而小于第二个关键码的值；如果有右子树，则右子树所有后继节点都大于或等于其父节点第二个关键码的值，如图 4-26 所示。

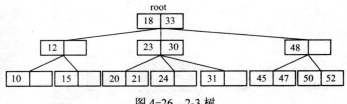

图4-26 2-3 树

一个在 2-3 树中检索特定关键码值的函数类似于二叉排序树的检索过程，参见程序 4-20。

程序 4-20 2-3 树检索函数实现。

```
struct node *findnode(struct node *root,int key)
{
if(root==NULL)return NULL;
if(key==root→lkey)return root;
if((root→Numkeys==2)&&(key==root→rkey))return root;
if(key<root→lkey)return findnode(root→left,key);
else{
        if(root→Numkeys==1)return findnode(root→center,key);
            else{
            if(key<root→rkey)return findnode(root→center,key);
                else return findnode(root→right,key);
            }
        }
}
```

显然，2-3 树节点定义为：

```
struct node {
        int lkey,rkey,Numkeys;
        struct node *left,*center,*right;
};
```

2．树节点插入

向 2-3 树插入记录（不是节点）与二叉排序树相同的是，新记录始终是被插入到叶子节点；不同的是，2-3 树不向下生长叶子，而是向上提升分列出来的记录，分为以下几种情况：

1）被插入到的叶子节点只有一个关键码（代表一个记录），则新记录按左小右大原则被放置到空位置上，如图 4-27 所示。

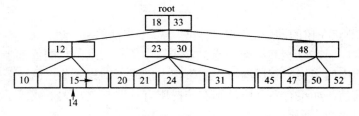

图 4-27 在图 4-26 中插入关键码值为 14 的记录

2）被插入的叶子节点已经有两个关键码，但其父节点只有一个关键码。当被插入叶子节点内部已经没有空位置时，要创建一个节点容纳新增记录和原先两个记录。设原叶子节点为 L，首先将 L 分裂为两个节点 L 和 L′，L 取 3 个节点中值为最小者，L′取值为最大者，居中的关键码和指向 L′的指针被传回 L 的父节点，即所谓提升一次的过程。被提升到父节点的关键码按左小右大排序，并插入到父节点空位置中。如图 4-28 所示。

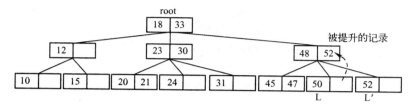

图 4-28　在图 4-26 中插入关键码值为 55 的记录产生一次提升

3）被插入的叶子节点已经有两个关键码，而且其父节点内部亦满。此时，用从叶子节点提升上来的关键码对父节点重复一次分裂-提升过程，将一个关键码从父节点中向更上一层提升，直至根结点，如果根节点被分裂，则继续提升的关键码形成新的根节点，此时，2-3 树新增一层，如图 4-29 所示。

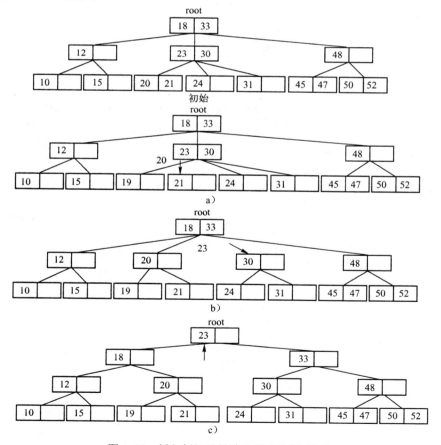

图 4-29　插入新记录导致父节点分裂-提升

a）插入 19 产生叶子分裂与提升　b）父节点产生分裂与提升　c）根节点提升

程序 4-21 2-3 树插入函数。

```
struct node *insert(struct node *root,int key, struct node *retptr,int retkey)
    {
        int myretv；
        struct node *myretp=NULL；
        if(root==NULL){
            root=(struct node*)malloc(sizeof(struct node));
            root→lkey=key；
            root→Numkeys=1；
        }
        else{
        if(root→left==NULL){                       /*叶子节点*/
            if(root→Numkeys==1){                   /*只有一个关键码*/
                root→Numkeys=2；
                if(key>=root→lkey)root→rkey=key；
                else{
                    root→rkey=root→lkey；
                    root→lkey=key；
                }
            }
                else {                             /*关键码满，分裂提升*/
                retptr=(struct node*)malloc(sizeof(struct node));
        /*注意，当前的 retptr 是上级的 myretp，申请 L'节点且返回指针指向 L'*/
                if(key>root→rkey){                 /* L'节点取最大值的关键码*/
                    retptr→lkey=key；
                    retkey=root→rkey；             /*提升中间值的关键码*/
                }
                        else{                      /*root→rkey 是最大值的关键码*/
                        retptr→lkey=root→rkey；
                        if(key<root→lkey){         /*判别中间值的关键码*/
                            retkey=root→lkey；
                            root→lkey=key；
                        }
                        else retkey=key；
                }
                root→Numkeys=retptr→Numkeys=1；     /*置 L 和 L'关键码数为1*/
            }
            }
            else {                                 /*非叶子节点小于左关键码值搜寻左子树*/
                if（key<root→lkey）insert(root→left,key, myretp,myretv)；
                else {                 /*子树为二叉或小于右关键码搜寻中间子树*/
                if(（root→Numkeys==1）||(key<root→rkey))
```

202

```
                insert(root→center,key,myretp,myretv);
else{                          /*搜寻右子树*/
        insert(root→right,key, myretp,myretv);  }
}
if(myretp!=NULL){
/*下行调用中若有孩子节点分裂形成提升,myretp 在子树调用中被赋值*/
if（root→Numkeys==2）{                    /*分裂并提升父节点*/
        retptr=(struct node*)malloc(sizeof(struct node));
/*此时的 retptr 是来自当前函数调用之上的指针，尚未被赋值*/
        root→Numkeys=retptr→Numkeys=1;
        if(myretv<root→lkey){             /*提升左关键码*/
                retkey=root→lkey;         /*返回值*/
                root→lkey=myretv;         /*原 root 为 L*/
                    retptr→lkey=root→rkey;
                                          /*L'关键码*/
                retptr→left=root→center;
                retptr→center=root→right;
                root→center=myrept;       /*最后更新 root，指向 L'*/
        }
        else{
/*提升值大于左子树，继续判断是否来自中间子树*/
                if(myretv<root→rkey){
/*要提升 root 的中间关键码值（myretv 来自中间子树中分裂提升上来）*/
                        retkey=myretv;
                        retptr→lkey=root→rkey；/*L'关键码*/
                        retptr→left=myrept;
                        retptr→center=root→right;
                        }
                else{                        /*提升右关键码*/
                        retkey=root→rkey;
                        retptr→lkey=myretv;
                        retptr→left=root→right;
                        retptr→center=myrept;
                        }
                }
        }
}
else{                            /*root 节点内只有一个键，可增加一个*/
        root→Numkeys=2;
        if(myretv<root→lkey){
                root→rkey=root→lkey；
                root→lkey=meretv；
                root→right=root→center；
                root→center=myretp；
```

```
                                }
                        else{
                                root→rkey=myretv;
                                root→right=myretp;
                        }
                }
            }
        }
    }
}
```

调用程序 4-21 返回的是提升关键码的值（如有则为新的根节点键）与指向（如有则为新的根节点指向）L'的指针。其中要注意的是分裂父节点几种处理情况：

1）提升左关键码值，此时一定是从左子树中分裂提升，如图 4-30 所示。

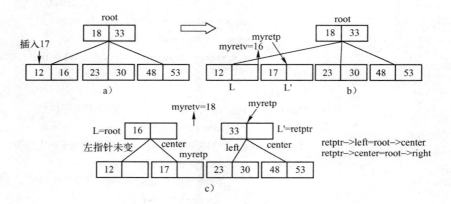

图 4-30　父节点分裂提升左关键码

2）提升中间关键码值是从中间子树中分裂提升上来的，如图 4-31 所示。

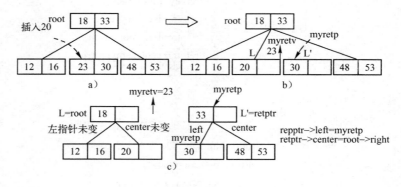

图 4-31　父节点分裂提升中间关键码

3）提升右关键码情况如图 4-32 所示。

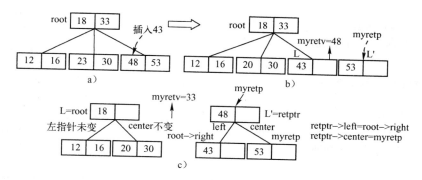

图 4-32 父节点分裂提升右关键码

关于 2-3 树的删除操作，需要考虑 3 种情况：

1）包含两个关键码的叶子节点中删除一个关键码时只需要简单清除即可，不会影响其他节点。

2）唯一个关键码从叶子节点中删除。

3）从一个内部节点删除一个关键码。

后两种情况特别复杂，留待讲解 B⁺树时讨论。

4.4.4 B⁺树

1. B⁺树定义

定义：一个 m 阶的 B⁺树具有以下特性：

1）根是一个叶子节点或者至少有两个子女。

2）除了根节点和叶子节点以外，每个节点有 m/2 到 m 个子女，存储 m-1 个关键码。

3）所有叶子节点在树的同一层，因此树总是高度平衡的。

4）记录只存储在叶子节点，内部节点关键码值只是用于引导检索路径的占位符。

5）叶子节点用指针连接成一个链表。

6）类比于二叉排序树的检索特性。

B⁺树的叶子节点与内部节点不同的是，叶子节点存储实际记录，当作为索引树应用时，就是记录的关键码值与指向记录位置的指针，叶子节点存储的信息可能多于或少于 m 个记录，如图 4-33 所示。

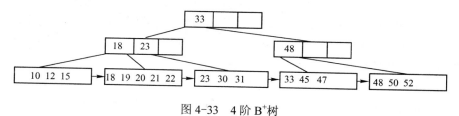

图 4-33 4 阶 B⁺树

B⁺树节点结构定义为：

```
Struct Bpnode {
    Struct PAIR recarray[MAXSIZE];          /*关键码/指针对数组*/
```

```
            int numrec;
            Bpnode *left,*right;
        }
```

其中，PAIR 结构定义为：

```
        Struct PAIR｛
            int key;
            Struct BPnode *point;
        ｝
```

因为 point 同时也是指向文件记录的指针，需要注意同构问题。这里假设文件记录与节点结构相同，实际上不一定是这样。此外，这里定义的叶子节点只是存储了指向记录位置的指针与关键码 key，实际上应该是记录的关键码与数据信息（文件名等）。

一个 B$^+$树的检索函数如程序 4-22，子函数 binaryle()调用后返回数组 recarray[]内的等于或小于检索关键码值 key 的那个最大关键码的位置偏移。

图 4-34　具有 m 个子女的 B$^+$树节点 k 的关键码/指针对数组

程序 4-22　B$^+$树检索函数。

```
        struct BPnode *find(struct BPnode *root,int key)
        {
            int currec;
            currec=binaryle(root->recarray,root->numrec,key);
            if(root->left==NULL){                              /*叶子节点*/
                if(root->recarray[currec].key==key)
                    return root->recarray[currec].point;
                else return NULL;
            }
            else find(root->recarray[currec].point,key);
        }
```

请注意，一个节点的左指针为空时表明到达了叶子节点，从节点结构定义可知，内部节点的左指针应该指向其左子树的根节点，而叶子节点链上的每个节点左指针为空，只有右指针指向其兄弟节点，且链尾右指针亦为空。

2．B$^+$树插入与删除

（1）插入操作过程

一棵 B$^+$树的生长过程如图 4-35 所示，首先找到包含记录的叶子节点，如果叶子未满，则只需简单地将关键码（与指向其物理位置的指针）放置到数组中，记录数加 1；如果叶子已经满了，则分裂叶子节点为两个，记录在两个节点之间平均分配，然后提升右边节点关键码值最小（数组第一个位置上的记录关键码）的一份拷贝，提升处理过程与 2-3 树一样，可能会形成父节点直至根节点的分裂过程，最终可能让 B$^+$树增加一层。

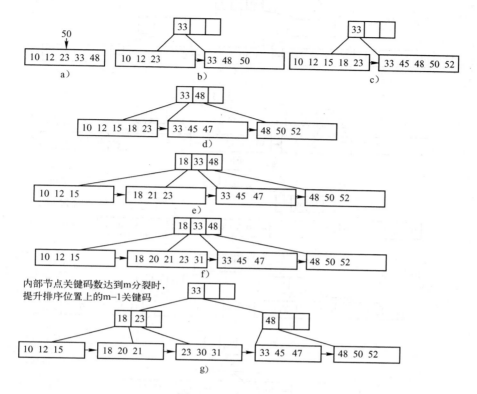

图 4-35 B⁺树的插入

a) 叶子未满时直接插入　b) 50 插入之后　c) 15，18，52，45 插入之后　d) 47 插入之后
e) 21 插入之后　f) 20，31 插入之后　g) 继续插入 30 引起分裂提升过程

（2）删除操作过程

在 B⁺树中删除一个记录要首先找到包含记录的叶子节点，如果该叶子内的记录数超过 m/2，只需简单地清除该记录，因为剩下的记录数至少仍是 m/2。

如果一个叶子节点内的记录删除后其余数小于 m/2 则称为下溢，于是需要采取如下处理：

1）如果它的兄弟节点记录数超过 m/2，可以从兄弟节点中移入，移入数量应让兄弟节点能平分记录数，以避免短时间内再次发生下溢。同时，因为移动后兄弟节点的第一个记录关键码值产生变化，所以需要相应地修改其父节点中的占位符关键码值，以保证占位符指向的节点其第一个关键码值一定是大于或等于该占位符。

2）如果没有左右兄弟节点能移入记录（均小于或等于 m/2），则将当前叶子节点的记录移出到兄弟节点，且其和一定小于等于 m，然后将本节点删除。把一个父节点下的两棵子树合并之后，因为要删除父节点中的一个占位符就可能会造成父节点下溢，产生节点合并，并继续引发直至根节点的合并过程，从而树减少一层。

3）一对叶子节点合并的时候应清除右边节点。

对一棵 B⁺树的删除操作过程如图 4-36 所示。

207

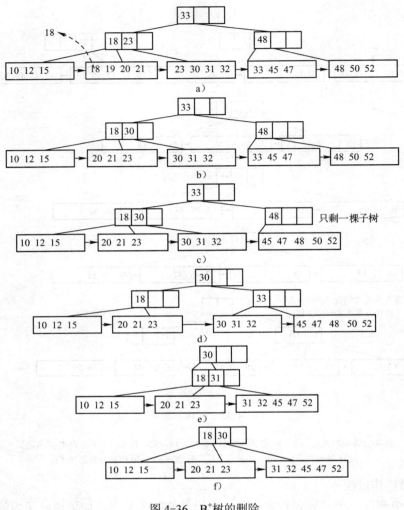

图 4-36　B+树的删除

a) 设下限为 3，删除关键码值 18 的记录不影响占位符 18
b) 再删除关键码值 19 的记录之后，从兄弟节点移入 23 并修改父节点占位符为 30
c) 删除关键码值 33 的记录合并兄弟叶子节点　　d) 传递叶子节点到右子树并调整占位符
e) 删除右子树的 48，50，30 之后叶子节点合并引起父节点合并　　f) 根节点合并

4.5　小结

在数据结构内容之内，属于数据结构操作的一类问题是检索与排序。在检索方面，顺序检索、对半检索都是基本内容，在这里重点讨论了它们的检索效率。

在描述数据结构的物理结构时有顺序、链表、散列和索引 4 种基本结构，其中散列存储结构就是通过哈希函数实现关键码值到存储地址的转换，即哈希造表或地址散列。这是一个重要的概念，它通过计算函数表达式求解元素地址，它所注意的是由于关键码集合空间大于内存可分配地址空间而造成的地址冲突问题。构造哈希函数的标准是它与关键码的相关性，以期达到地址均匀散列。解决地址冲突的办法是线性探测与链地址法。

在排序方面，对于基本概念主要考虑了稳定性和排序效率问题，此外还讨论了直接插入排序与快速排序方法，需要特别注意的是快速排序中枢轴元素的选取问题，如果每次选取到序列的中值则可以平分前后子序列，使效率最佳。

索引技术将记录的顺序和记录的实体分别存储，其顺序的依据就被称为关键字，这样就有可能在同一组数据集上同时存在多个索引文件，每个索引文件都通过一个不同的关键字段支持对数据记录的高效访问，即索引文件提供了用多个关键字访问数据记录的功能，也避免了数据集的重排操作。简而言之，索引技术的应用使记录的检索与其物理顺序无关。在这部分内容中，本书着重讨论了 2-3 树以及 B$^+$树的概念以及最基本的操作算法。

4.6　练习题

1. 设有一个背包可以放入的物品重量为 S，现有 n 件物品，重量分别为 W_1，W_2，…，W_n。问能否从这 n 件物品中选择若干件放入到背包中，使得放入物品的重量之和正好为 S。如果存在一种符合要求的选择，则称此背包问题有解（真：true），否则此问题无解（假：false）。请写出背包问题的非递归求解算法和程序。

2. 现有一栈的深度为 n，设进栈元素序列是 $\{a_1, a_2, …, a_n\}$，已知出栈的元素序列排列总数是

$$x(n) = \begin{cases} 1 & n = 0,1 \\ 2 & n = 2 \\ \sum_{i=0}^{n-1} x_i x_{n-i-1} & n > 2 \end{cases}$$

问，能否用数学归纳法证明？

3. 如下图，从（0,0）走到（n,n）路径组合是 $C_{2n}^n = \dfrac{(2n)!}{n!n!}$，要想排除对角线以上（不包含对角线上的点）的路径组合，就是减去 $C_{2n}^{n+1} = \dfrac{(2n)!}{(n+1)!(n-1)!}$，而 $C_{2n}^n - C_{2n}^{n+1} = \dfrac{(2n)!}{n!(n+1)!}$。试：

1）请读者证明上式。

2）证明对于任意给定的 n，它和练习题 2 的结果完全相同。

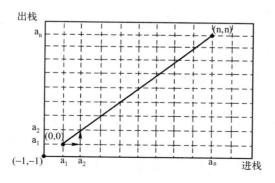

格路问题

4. 在包含 n 个关键码的线性表里进行顺序检索，若检索第 i 个关键码的概率 P_i 如下分布

$$P_1 = \frac{1}{2}, p_2 = \frac{1}{4}, \cdots, P_{n-1} = \frac{1}{2^{n-1}}, P_n = \frac{1}{2^n}$$

求检索成功的平均比较次数。

5. 参考课堂教学的跳跃表内容，用 C 语言编程实现，要求如下：

1）设计跳跃表的删除函数。

2）程序主循环包括：插入、删除、检索、列表功能。

3）构造一个跳跃表结构的学生属性表，节点是学号、姓名。

随机选取 20 名学生输入，测试程序功能。

6. 自组织线性表。自组织线性表有如下 3 种规则：

1）计数法。为表内每一元素保存一个访问次数计数值，并根据访问次数大小排列元素位置。每当查找到一个元素时其访问次数计数值加 1，如果该元素的访问计数值大于前面元素的访问次数，则其位置就会前移。

2）移至前端法。每当在表内查找到一个元素就把它放在表的最前端，其余元素后移。

3）转置法。在表内每查找到一个元素就与其前一个元素交换位置。

编写算法实现访问频率计数的自组织线性表启发式规则。假定线性表用数组实现，检索元素关键码作为输入，并根据访问频率相应地调整线性表，如果检索元素不在线性表内，就将该元素添加到表的末尾，频率计数为 1；如果检索成功，输出节点属性。假设节点结构包括学号、姓名。

7. 如下是一用于字符串输入的哈希函数，设字符串长度不小于 4，*M* 是表长：

```c
int ELFhash(char *key)
{
        unsigned long h=0,g;
        while(*key){
                h=(h<<4)+*key;
                g=h&0xF0000000L;
                if(g)h^=g>>24;
                h&=~g;
                key=key+1;
        }
        return (h % M);
}
```

1）分析该哈希函数的特点。

2）输入字符串如下，函数 ELFhash 的结果是什么？

    HELLO WORLD
    NOW HEAR THIS
    HEAR THIS NOW

8. 单链表长度为 N 个元素，请用 C 语言编程实现一个交换排序方法中的选择排序程序。

9. 某学校学生举行英语竞赛，共有 n 人参加，竞赛分 3 部分进行：

1）文法。

2）笔译。

3）口语。

3 部分成绩之和是总分。竞赛结果的名次按下述原则排列：

首先看总分的高低；

总分相同的按口语成绩的高低；

总分相同且口语成绩也相同者，按笔译成绩的高低区分。

请设计一个数据结构，其节点存放一个学生的竞赛结果，然后用 C 语言编程实现对全体参赛学生的排名。要求：

1）按名次将所有节点排序输出。

2）按姓名的字母顺序将所有节点输出，在节点中给出各人的名次。

10. 判断课堂教学中的各种排序方法，哪些是稳定的，那些是不稳定的，说明原因，并对不稳定的排序方法举例说明。

第 5 章 数据库设计与应用

关系数据库应用系统设计是软件技术基础的重要内容，随着计算机技术在经济领域的普及，各单位开始普遍使用计算机管理信息系统（MIS）。此类设计项目涉及专业数据库开发与应用问题，要求在应用软件技术基础学习方面必须有相应的内容。目前在本门课程里它只占少部分比重，但确实有必要考虑在今后的教学中单独设置数据库应用软件开发的课程，包括关系数据库系统、相应的开发工具、应用数据库系统开发方法、网络系统等的基础知识。目前大多数局域网或广域网应用中，都包含着计算机信息管理系统，它们就是在数据库平台上开发的应用系统。

学习本章的目的是掌握关系数据库设计的基本理论方法。不同于 dBASE、FoxPro 这一类的语言工具书，本章不讨论具体的数据库语言，因为读者很难从那些书中抽象出数据库设计的整体概念来，所以本章是从系统设计的角度去掌握关系数据库设计的原理与方法。当然，要想成为一个有经验的设计人员还必须学会系统需求分析、数据库开发工具等基本内容，这就有待于在实际的数据库应用系统设计工作中体会与学习了。

从系统设计的理论出发，给出建立数据库应用系统的基本概念与方法，是本门课程的基本要求，至于是哪一种数据库平台并不是问题的关键，这是一个触类旁通的问题。

5.1 基本概念

5.1.1 应用数据库结构

数据库是集成化的有穷数据集合，以最佳方式存储、组织数据并供多用户共享，它有一定的数据独立性、安全性与完整性。在图 5-1 所示的数据库体系结构中，内层的物理层是存储结构的组织方式，相当于在数据结构中提到的物理结构设计问题。一般对设计人员是透明的，称为管理人员视图。

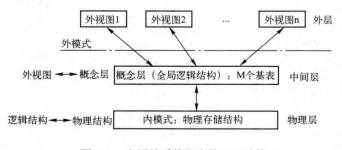

图 5-1 应用关系数据库的 3 层结构

数据库的中间层是从逻辑角度出发描述数据库关系的，是设计应用数据库时要给定的全局的整体逻辑关系，称为概念层。可以理解为数据结构中的逻辑结构问题，它介于应用层与物理层之间，起到数据组织、表达与存储转换的作用。

外层也称为用户视图。是用户所需要看到的数据关系视图，即最终的表格关系，是数据库对用户的表达界面。因为数据是多用户共享的，即多个用户视图存在，这就是从全局结构中的概念层向各个用户视图映射的关系问题。用户视图的数据关系通过外模式到概念层模式抽象形成概念视图，也称为基本表，它是数据库逻辑设计基本内容，是对用户所提出的全部用户视图、数据流关系作系统综合分析得到的。在此基础上通过用数据库管理系统提供的开发工具设计实际的应用数据库系统，做到了概念层到物理层映射而形成一个物理的数据库结构。

数据库的数据是从全局出发来组织的，它面向数据关系而不是面向某个用户，它要达成的是多用户数据共享。有关这些概念的理解要在数据库设计时仔细推敲。由于这三层两个映射关系的存在，故而有数据库独立性概念，包括：

1．物理独立性

因为物理层数据是概念层到内视图映射的结果，不同的物理结构可以通过这一映射关系的修改而达到概念层不变，即数据库逻辑结构不变。因而基于概念层的外视图不变，所以应用程序不变，称为应用对物理结构的独立性。

2．逻辑独立性

外视图是概念视图（基本表）由概念层到外模式的映射，当概念层发生变化时可以修改这一映射关系使外模式（外视图）不变。因而应用程序不变，称为应用对逻辑结构的独立性。

两个独立性使用户与数据库之间保持透明关系，保证了应用的稳定性。

5.1.2　基本概念

1．实体与实体集

在数据库设计中一个用户视图称为一个实体，如果用记录描述用户视图的话，就是一个实体记录，实体中所含信息是它的属性。如下一个学生实体记录：

学生视图<--->实体

学号	姓名	性别	年龄	专业	住址
属性1	属性2	属性3	属性4	属性5	属性6

因为学生是一类，所有学生实体记录的集合称为实体集，实体记录是一个具体的学生信息描述，即属性的一个取值，称为一个元组。一个实体记录是属性的特定取值，如下所示：

学生实体的一个记录

95011	周万历	男	20	自动化	北京

特定的实体记录有特定的属性值，属性的取值范围是它的属性域。如在学生实体集中，学生年龄在18～25范围内，这就是年龄的属性域。一个实体集中有多少个实体，每个属性就相应有多少个属性值。

2．键

能唯一标识一个记录的属性称为键，键有主键、候选键。一个关系的候选键是一组非空属性名集合，每个属性必须为该关系的属性，具有下面两个特性：

1）唯一性，任何时候不存在两个相同元组其属性值相同（即两个的候选键值不能相同）。

2）最小性，在唯一性前提下，没有属性可从指定属性名集中删除。

在一个关系中只能指定一个候选键为主键。包含在任何一个候选键中的属性叫主属性，不包含在任何键中的属性叫非主属性。主键与次键的区别在数据结构中已经介绍，是主关键字与次关键字的区别。

如果在一个关系 R 中属性 a 不是它的候选键，但却是另一个关系 S 的候选键，则称 a 是该关系 R 的外部键。关系数据库正是通过关系的外部键构成关系之间联系的。

3. 关系模型的完整性

1）实体完整性，设属性 A 为关系 R 的主键的一个成份，则属性 A 不能为空，即关系 R 中没有一个元组在属性 A 上的值为空。这很容易理解，如果主键某值为空则检索、查询无法进行。

2）参照完整性，若关系 R 含有关系 S 的主键 F（F 为 R 外部键），则 R 中每个元组在属性 F 上的值必须为空（全部元组的 F 取值为空），或者等于关系 S 中某个元组的主键值。这是要求录入或修改一关系的属性值时，必须要同时考虑与其联系的相关关系中的属性值同步修改。

4. 关系

关系是一张二维表，表的每一列是属性，对应一个域，表的每一行是各属性在其属性域上的取值，为元组。一个关系具有的属性个数是该关系的度，n 度关系 R 记为 $R(A_1, A_2, \cdots, A_n)$。

5.1.3　数据库管理系统

如图 5-2 所示的数据库管理系统是一组软件构成，它完成下列功能：

1. 数据库定义

包括数据库概念层模式定义、外模式（用户视图）定义、内模式定义。

2. 数据库管理

包括数据库运行、检索、修改、插入、删除等。

3. 数据库建立与维护

此软件由以下 3 部分构成：

1）数据模式描述语言（DDL）。

2）数据操作语言（DML），它是用户对数据库进行操作的工具。

3）实用程序库。

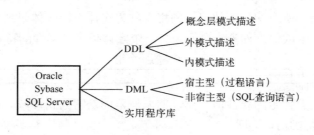

图 5-2　数据库管理系统结构

5.1.4　数据模型

反映信息世界的 3 种主要数据模型是层次模型（树结构）、网状模型（图结构）、关系模型（表结构）。在这里主要讨论关系模型。关系模型是关系数据库的基础，是一种表结构，如

表 5-1 至表 5-5 所示几种关系表格。

表 5-1 学生关系

学号	姓名	性别	年龄
951001	王军	男	20
951002	李芳	女	21

表 5-2 教师关系

职工号	姓名	性别	年龄	职称
95099	李成	男	38	副教授
95101	王忠	男	32	讲师

表 5-3 课程关系

课程号	课程名称	学时
C001	数学分析	60
C002	线性代数	40
C003	电子线路	60

表 5-4 成绩关系

学号	课程号	成绩
951001	C001	90
951001	C002	94
951002	C001	85
951002	C002	95

表 5-5 授课关系

课程号	职工号
C001	95099
C002	95101
C003	95099

注意成绩关系主键是学号与课程号属性组合，否则会有主键重复的元组错误，而它是 5 个关系框架构成的教学数据库：

学生关系 | 学号 姓名 性别 年龄 |

教师关系 | 职工号 姓名 性别 年龄 职称 |

课程关系 | 课程号 名称 学时 |

成绩关系 | 学号 课程号 成绩 |

授课关系 | 课程号 职工号 |

显然，一个关系的实体集构成了表格，表格的每一行是一个实体记录，称为元组；表格的每一列是属性的值域，它包含了属性的一切值；元组的数目是关系的基数，列的数目是关系的度，度为 n 的关系是 n 元关系。

所谓关系模型就是这样一组实体集以及它们之间的联系所表达的数据模型。联系是什么？由上述教学数据库，假设想知道教师的授课情况及学生成绩，可以这样利用上述基本关系及它们之间所存在的联系。

1）定义教务科视图 C，主键是教师、学号、课程号属性组合。

C: | 教师 学号 课程号 成绩 |

2）利用课程号相同这一属性联系，连接授课关系与课程关系得新视图 A 如表 5-6 所示。

$$A = 授课 \bowtie_{[1]=[1]} 课程（课程号，名称）$$

表 5-6 新视图 A

职工号	课程号	名称
95099	C001	数学分析
95099	C003	电子线路
95101	C002	线性代数

这里利用投影方法在关系连接时去掉了课程关系中的学时属性。

3）利用职工号相同这一属性联系，连接教师关系与视图 A 得新视图 B 如表 5-7 所示。

$$B' = A \underset{[1]=[1]}{\bowtie} 教师关系（职工号，教师）$$

$$B = \prod_{姓名，课程号，名称} （B'）$$

表 5-7　新视图 B

教师	课程名称	课程号
李成	数学分析	C001
李成	电子线路	C003
王忠	线性代数	C002

这里，在连接时（用投影）去掉了职工号、性别、年龄、职称等属性。

4）再由课程号属性，连接成绩关系与视图 B 最后得教务科视图 C 如表 5-8 所示。

$$C = 成绩 \underset{[2]=[3]}{\bowtie} B$$

表 5-8　教务科视图 C

教师	学生	课程号	成绩
李成	951001	C001	90
李成	951002	C001	85
王忠	951001	C002	94
王忠	951002	C002	92

因此，可以这样对联系作一个定义：联系是实体间有相同的属性，使两个关系可以连接起来，构成一个新的对象。如果用数据结构 S＝（D，R）概念来理解，实体就是非空数据集合 D 中的元素，而实体与实体之间表达的联系是描述在 D 上的有限个关系集合 R。在这个意义上，可以说关系数据库也是一种数据结构的表达。现在，归纳出关系模型的基本条件如下：

1）域中的全部条目是同类的，因为属性相同。

2）各元组是不相同的，即不允许重复的元组出现在关系表格中。

3）关系与各元组的次序无关。

4）关系与各属性的排列次序也无关。

5）域的名称是属性。

前面已经定义过，这样一组关系以及关系之间的联系构成了关系数据库模型，或称为应用关系数据库的概念层，而关系框架也称为基本表。如，前述的 5 个关系框架是教学数据库的基本表，构成了教学数据库的概念层结构，它是从全局逻辑结构来定义数据的，对不同的用户视图提供数据共享，如教务科视图就是从概念层利用关系之间的联系作映射得到的，即概念层向外模式映射问题，实现过程如图 5-3 所示。

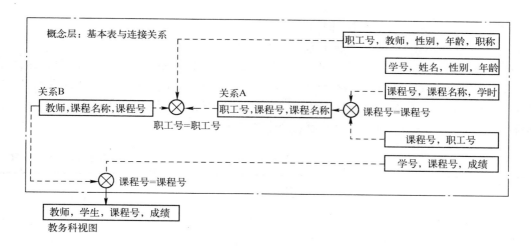

图 5-3 概念层与映射运算生成用户视图

下面看一下模式描述语言 DDL 的功能：

一个关系的属性名序列称为关系模式，设关系 R 有属性 A_1，A_2，$\cdots$，A_n，则关系模式为 R（A_1，A_2，$\cdots$，A_n），如前述的学生关系模式（框架）为：

学生关系：（学号，姓名，性别，年龄）

DDL 在描述这个关系模式时，给出了包括关系名、属性名、属性类型、宽度等内容，如 SQL 查询语言是：

CREATE TABLE 关系名（属性 1. 类型，[属性 2.类型]，$\cdots$）

它建立了关系表，括号中给出了关系模式的各属性名及类型。在 dBASE 中一个关系表格对应一个数据库文件：

CREATE 文件名

它代表了关系模式定义，各属性描述在文件的结构输入中进行。

这样一组关系模式集合称为关系数据库模式，如前述 5 个关系模式集合及其通过一些属性表达的不同关系间的联系，就是关系数据库模式，也称为概念层。另外要注意的是关系数据库的数据是动态变化的，准确的说相应关系的当前值是关系数据库，即元组实体取值的集合构成了当前数据库内容。

5.2 关系数据库的理论基础

5.2.1 关系代数

关系代数是以关系为操作对象的操作集，每种操作取一个或 n 个关系为操作数，结果产生一个新关系。关系代数分为两类，一类是集操作运算，也称为基本关系运算，另一类是特殊关系运算。

1. 基本关系运算

（1）合并

设有同类关系 R_1，R_2，定义它们的并是

$R_1 \cup R_2 = \{t/t \in R_1 \cup t \in R_2\}$ t 属于 R_1 或者 t 属于 R_2

这里，同类关系的定义是指 R_1，R_2 具有相同的度，且 R_1，R_2 的第 j 个属性有相同的数据类型（j=1，2，…，n）。表 5-9、表 5-10 给出了两个关系 R_1、R_2，它们对应的属性具有相同的数据类型，且度也相同，表 5-11 给出它们并运算的例子，这里 R_3 的元组包含了 R_1，R_2 的所有元组（当然重复的去掉），但并没有产生新的关系。

表 5-9 R_1

A	B	C
c	i	1
d	j	2
e	k	3
f	l	9
g	m	5
a	n	6

表 5-10 R_2

A	B	C
a	n	6
b	f	3
c	g	5
d	j	2

表 5-11 $R_3=R_1\cup R_2$

A	B	C
c	i	1
d	j	2
e	k	3
f	l	9
g	m	5
a	n	6
b	f	3
c	g	5

（2）交

设有同类关系 R_1，R_2，定义它们的交是

$$R_1 \cap R_2 = \{t/t \in R_1 \cap t \in R_2\}$$

交运算是求既在关系 R_1 中，又在关系 R_2 中的那些元组，即 t 属于 R_1 并且 t 属于 R_2。表 5-12 给出了 R_1 与 R_2 的交集。

（3）差

同类关系 R_1，R_2 的差是

$$R_1 - R_2 = \{t/t \in R_1 \cap t \notin R_2\}$$

运算的结果是从 R_1 中减去 R_2 中与 R_1 相同的那些元组，结果也是同类关系，即 t 属于 R_1 并且 t 不属于 R_2。前例中 R_1 与 R_2 的差集如表 5-13 所示。

表 5-12 $R_4=R_1\cap R_2$

A	B	C
a	n	6
d	j	2

表 5-13 $R_5=R_1-R_2$

A	B	C
c	i	1
e	k	3
f	l	9
g	m	5

（4）乘积

设 R 为 k_1 元关系，S 为 k_2 元关系，则 R 与 S 的笛卡尔积是 R×S，为（k_1+k_2）元的新关系，乘积的每一元组由两部分组成，前 k_1 个分量取自 R 的一个元组，后 k_2 个分量取自 S 的一个元组，设 R 有 m 个元组，S 有 n 个元组，则 R×S 由 m×n 个元组构成。具体如表 5-14、表 5-15 描述的关系 R、S 的乘积关系如表 5-16 所示，度为 3+2=5，基数为 4×2=8。定

义的数学表达式为

$$R \times S = \left\{ t / t = \left\langle t^{k1}, t^{k2} \right\rangle \cap t^{k1} \in R \cap t^{k2} \in S \right\}$$

表 5-14 R

A	B	C
a	n	6
b	f	3
c	g	5
d	j	2

表 5-15 S

D	E
x	0
y	9

表 5-16 R×S

A	B	C	D	E
a	n	6	x	0
a	n	6	y	9
b	f	3	x	0
b	f	3	y	9
c	g	5	x	0
c	g	5	y	9
d	j	2	x	0
d	j	2	y	9

2．特殊关系运算

所谓特殊关系运算是指可以构成用户视图的关系操作，即从概念层向外模式映射，生成局部逻辑关系的运算。

（1）投影

投影是对关系在垂直方向上的选择操作，从给定关系中抽取某些列（选择 n 个属性域）构成新的关系，并去掉重复元组。即在一个 k 元关系中取 n 个属性构成一个 n 元关系。

定义：设 R 为 k 元关系，其元组变量为 $t^k = (t_1, t_2, \cdots, t_k)$，那么关系 R 在其分量 $t_{j1}, t_{j2}, \cdots, t_{jn}(n \leqslant k)$ 上的投影是

$$\Pi_{j1,j2,\cdots, jn}(R) = \{t | t \in \langle t_{j1}, t_{j2}, \cdots, t_{jn} \rangle \cap \langle t_1, t_2, \cdots, t_k \rangle \in R\}$$

如前面 R×S 关系的 R_3（A，B，C，D，E）一个投影关系是下式

$$\Pi_{5,3,1}(R \times S) = R_4（E，C，A）$$

表 5-17 给出了操作结果。投影提供了交换列次序和只输出所感兴趣的那些属性域的手段。

（2）选择

选择是关系在水平方向上的操作，通过设立一个条件，选择关系中符合条件的那些元组生成一同类关系。设 F 是条件，它满足：

1）其运算对象是常量或元组的分量。

2）其运算符是 $<，\leqslant，>，\geqslant，!=，\cap，\cup$。

则关系 R 的一个选择是

$$\sigma_F(R) = \{t / t \in \langle t_1, t_2, \cdots, t_n \rangle \cap t \in R \cap t \in F\}$$

t 是 R 中的一个元组且符合 F 表达式。如对 R_4 的一个选择是

$$R_5 = \sigma_{[2]>3 \cap [3]!=c}(R_4)$$

表 5-18 给出了操作结果。选择提供了从关系 R 中输出感兴趣的那些元组的手段。

表 5-17	$R_4 = \Pi_{5,3,1}(R \times S)$		
E	C	A	
0	6	a	
9	6	a	
0	3	b	
9	3	b	
0	5	c	
9	5	c	
0	2	d	
9	2	d	

表 5-18	$R_5 = \sigma_{[2]>3 \cap [3]!=c}(R_4)$		
E	C	A	
0	6	a	
9	6	a	
0	3	b	
9	3	b	
0	5	c	
9	5	c	
0	2	d	
9	2	d	

（3）连接

连接是一类很重要的关系运算，它提供了从基本表利用属性联系对两个关系作条件连接，生成新关系，从而实现概念层到用户视图的映射操作。连接运算的实质是有条件的笛卡尔乘积。连接类似于 $R \times S$，但它只选择满足指定条件的元组，输出在新关系中。

定义：设有 k_1 元关系 R 和 k_2 元关系 S 以及运算符 θ，则 R、S 关于 R 第 i 列和 S 第 j 列的 θ 连接运算为

$$R \underset{i \; \theta \; j}{\infty} S = \left\{ t / t = \langle t^{k1}, t^{k2} \rangle \cap t^{k1} \in R \cap t^{k2} \in S \cap t_i^{k1} \theta \; t_j^{k2} \right\}$$

这里，$i \theta j$ 表示一个条件，即 R 的 i 列与 S 的 j 列进行 θ 比较运算，为真时把满足条件的元组输出到新关系。它实质是对 $R \times S$ 作水平方向上的选择，选择满足条件 θ 的 $(k_1 + k_2)$ 元关系中的元组。表 5-21 给出了对表 5-19、表 5-20 作 $R \infty S$ 后选择 $F = R_{[2]} > S_{[1]}$ 大于连接得到的新关系；等值连接是对 $R \times S$ 作条件为 R 属性 i 等于 S 属性 j 的水平选择，如表 5-22 所示。

表 5-19	R	
A	B	C
a	4	b
b	5	c
c	3	a
c	4	d

表 5-20	S	
B	D	E
3	9	a
4	8	b
4	7	c

表 5-21　$R \infty S$ 后选择 $F = R_{[2]} > S_{[1]}$ 大于连接

A	B	C	B	D	E
a	4	b	3	9	a
b	5	c	3	9	a
b	5	c	4	8	b
b	5	c	4	7	c
c	4	d	3	9	a

表 5-22　$R \infty S \{F：R_{[2]} = S_{[1]}\}$ 等值连接

A	B	C	B	D	E
a	4	b	4	8	b
a	4	b	4	7	c
c	3	a	3	9	a
c	4	d	4	8	b
c	4	d	4	7	c

连接运算中最重要的是自然连接，当 R、S 两关系中有相同的属性名时，用相同的属性名作等值连接，所得结果再去掉重复属性，称为自然连接运算。自然连接成立的必要条件是两个关系有一对相同的属性，包括属性名与类型。如表 5-22 所示的 $R \infty S \{F：R_{[2]} = S_{[1]}\}$ 连接，

去掉重复属性后即有自然连接记为 R ▷◁ S。表 5-23 给出了操作结果。

表 5-23　R∞S{F：R[2]=S[1]}自然连接

A	B	C	D	E
a	4	b	8	b
a	4	b	7	c
c	4	d	8	b
c	4	d	7	c
c	3	a	9	a

　　关系代数运算除去关系演算外还有谓词演算，读者可以参见其他教材。现在，利用关系运算重新回顾前面教学数据库由概念层向外模式生成用户视图的过程。注意，不能说连接操作是生成外视图的唯一办法，在具有子模式描述功能的 SQL 语言中，可以直接通过条件选择输出外视图。

例 5-1　教学数据库的教务科视图生成。

1）概念层逻辑结构，如图 5-4 所示。

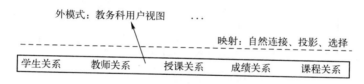

图 5-4　一个教学数据库的逻辑结构

2）教务科视图如下：

教师	学号	课程	成绩

3）首先由课程与授课关系利用课程号相同这一属性，作自然连接得到视图 A。

A=授课关系 ▷◁ {∏课程号，课程名称（课程关系）}

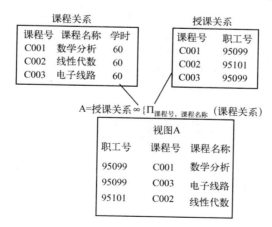

A=授课关系 ∞ {∏课程号, 课程名称（课程关系）

4）利用职工号相同这一属性，自然连接教师关系与视图 A 得到视图 B。

B=∏姓名, 课程号, 课程名称（教师关系 ▷◁ A）

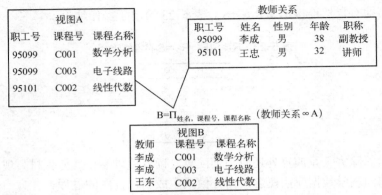

这里，在连接后投影去掉了职工号、性别、年龄、职称等属性。

5）再由课程号属性，自然连接成绩关系与视图 B 最后得教务科视图 C。

$$C=\prod_{姓名，学号，课程名称，成绩}（成绩关系 \bowtie B）$$

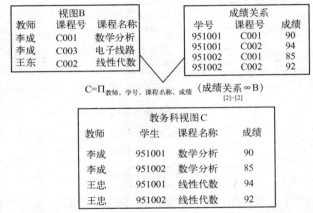

联系是通过主键和外部键建立的，因此主键选择非常重要。如果考虑教师 L 教授两门课，学生 X 也选修这两门课，显然主键应是（学号，教师，课程名称）。这是一个简单的例子，教师可能还有重名等，读者可以通过它理解概念层是如何通过关系代数向外模式作映射形成用户视图的。同样，还可以在这里用关系代数对用户视图作信息检索

$$教师"李成"教学情况 = \sigma_{[1]="李成"}（教务科视图）$$

整个过程可以归纳如图 5-5 所示。

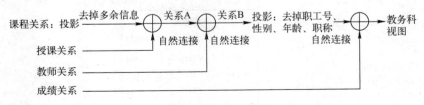

图 5-5　教务科视图的运算过程

3．dBASE、FoxPro 的多工作区结构及连接

一个应用关系数据库是由多个关系构成的，把它建立在 DBMS 数据库服务器上的方法根据所使用的数据库管理软件而不同。对应在个人数据库系统 dBASE 中是，多工作区结构问题，

一个关系文件（称为一个基本表）对应着一个工作区的打开及其上的操作，它们通过工作区间的连接达成用户视图的生成。

（1）dBASE 的多工作区结构

图 5-6 所示是 dBASE 多工作区结构，dBASE 最多可以建立 10 个工作区，即同时可以有 10 个基本表被打开。这种多重操作具有：

唯一性。同一时刻每一工作区只能打开一个文件，文件不能同时在一个以上的工作区打开，但索引文件与数据文件在同一工作区内。

独立性。各区的文件操作互不影响。

关联性。不同工作区的文件可以由多区操作命令互访。

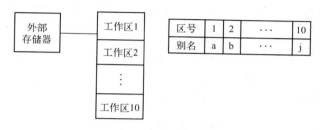

图 5-6　dBASE 多工作区

（2）dBASE 中的概念模式描述

dBASE、FoxPro 中有描述概念模式语句，但它们没有子模式（外视图）描述语句，所以用关系连接来生成外视图。而所谓概念层是在 dBASE 中建立的一组关系文件，它由全局逻辑结构设计得到，用概念模式语句定义，即：

$$\text{CREATE} \quad \text{基表名}$$

可以建立（描述）概念层文件。如前教学数据库的概念层描述有：

（3）关系连接

连接是 DBMS 要支持的基本操作，dBASE 用此生成各用户视图。设已经建立上述教学数据库文件，用 FoxPro（dBASE 类同）命令连接输出教务科用户视图过程如下：

1）打开数据库文件。

```
USE 教师.DBF        /*打开在工作区 1，别名 a：{职号，姓名，性别，年龄，职称}*/
SELE2              /*指定工作区 2，别名 b*/
USE 课程.DBF        /*打开课程关系在工作区 2：{课程号，课程名称，学时}*/
SELE3              /*指定工作区 3，别名 c*/
USE 授课.DBF        /*打开授课关系在工作区 3：{课程号，职工号}*/
SELE4              /*指定工作区 4，别名 d*/
USE 成绩.DBF        /*打开成绩关系在工作区 4：{学号，课程号，成绩}*/
```

2）连接操作。

```
SELE 1
JOIN    WITH c TO  授课 1 FIELD  教师，c-->课程号  FOR  职工号=c-->职工号
SELE1
USE  授课 1.DBF          /*打开新关系：授课 1.DBF{教师，课程号}，同时关闭了教师关系*/
JOIN WITH b TO  授课 2 FIELD  教师,课程号,b->课程名称  FOR  课程号=b->课程号
SELE1
USE  授课 2.DBF          /*与课程关系连接生成新关系：授课 2.DBF{教师，课程号，课程名称}*/
JOIN WITH d TO  教务  FIELD  教师,d->学号,课程名称,d->成绩  FOR  课号=d->课号
USE  教务.DBF            /*教务.DBF：{教师，学号，课程名称，成绩}*/
LIST FOR  教师＝"李成"/*字符类型需加引号，水平选择教师属性值为"李成"元组*/
```

教师	学号	名称	成绩
李成	95101	数学分析	95
李成	95102	线性代数	90

FoxPro（dBASE 类似）的连接命令格式如下：

```
JOIN    WITH <别名> TO <新文件名> [FILED <字段名表>] FOR <条件>
```

① 在当前工作区打开要连接文件，在别名工作区打开被连接文件。

② 命令执行后生成新文件名指定的关系文件。

③ 新文件的属性序列由字段名表所指定，如新文件含有被连接文件（别名工作区内）中的属性，需用别名-->属性名的格式给出。

如果 FIELD 被省略的话，则生成两关系自然连接的全部属性（重名属性去掉）于新文件中。作为个人数据库的初步，请读者自己再练习掌握 FoxPro 的内容，通过教学数据库的反复讨论，希望读者知道什么是概念层与外模式，掌握如何建立概念层以及向外模式的映射。

同样的教务科视图生成，在 SQL 语句中则更为简单：

```
CREATE VIEW  教务科成绩视图
AS
select 学生表.学号，学生表.姓名，课程表.课程名称，成绩表.成绩，教师表.姓名
from      成绩表，学生表，课程表，教师表，授课表
where     成绩表.学号=学生表.学号    and
          成绩表.课程号=课程表.课程号    and
          成绩表.课程号=授课表.课程号    and
          授课表.工作证号=教师表.工作证号
```

SQL 查询中 Select 语句语法格式如下：

```
select [distinct] select_list
          [into table_name]
          [from table_name|view_name]
      [where search_conditions]
      [group by aggregate_free_expression[,aggregate_free_expression]…]
      [having search_conditions]
```

[order by column_name|expression]
[compute row_aggregate(column_name) [,row_aggregate(column_name)]…
[by column_name [,column_name]…]]

这里各选项解释为：

distinct：去掉重复记录；

select_list：要查询的数据项；

into table_name：这句话可以没有，是用来根据查询出的结果来创建新表用的，table_name 是指新创建的表名；

from table_name|view_name：指从哪些表里或者根据哪些视图（View）选取所要查询的记录；

where：用来指定查询条件（search_conditions 指查询条件）；

group by：用来进行分组汇总；

having：与 where 的作用基本一样，一般 having 都与 group by 结合使用；

order by：指定按哪些数据项排序；

computer：使用 computer 可以在条件中使用集合函数。

5.2.2　数据库定义语言

数据库定义语言（DDL）是 SQL 语言的一个子集，它描述了在数据库中创建和定义对象时所用到的语法和约定。数据库对象就是数据库系统用来存储数据的逻辑实体。

最常见的数据库对象是表。表由不同的列或域组成，可以十分方便地描述数据。还有其他一些对象：

索引　　——用于提高访问数据的速度；

键　　　——用于描述多个表中列之间的关系，分为主键和外部键；

视图　　——用于提供组合在一起的一个或多个表的逻辑视图；

规则　　——用于对增加到特定列中的表数据实行完整性约束；

默认值　——向表中增加记录时，如果没有指定所需要的值，那么用默认值向该列增加一个默认值；

存储过程——在服务器上高速运行而在数据库中保存操作过程顺序；

触发器　——当执行表操作如 insert、update 或 delete 时，用来提供高级逻辑条件，用户可以自定义一些操作，来保持系统的一致性和参照完整性；

临时表　——用于存储将由后续查询或其他方法处理的临时查询结果。

1．在数据库中创建对象

使用 SQL 创建一个对象要用到 Create 命令。SQL 对要创建的对象的类型还有特殊的语法约定。不同是数据库系统可能会有一些小差别。

（1）创建表

Create Table 语句的基本语法如下：

```
Create Table Table_Name
(       Column_Name DataType {Identity | NULL | NOT NULL }
```

```
        [,……]
    )
```

举例：创建学生和所选课的成绩表。

```
create table studentscore
(       student_id char(8) not NULL,
        class_id char(10) not NULL,
        score decimal(16,2) NULL,
        constraint PK_studentscore PRIMARY KEY    CLUSTERED ( student_id,class_id )
)
```

说明：primary key 为主键。最后一句就是定义表 studentscore 的主键，该表主键为共用体主键。主键的使用可以唯一地标识一个列。

（2）创建索引

索引可以改进系统的性能，缩短用户访问的时间。数据库系统利用索引来快速收集信息以响应用户的请求。索引包含了表底层数据的摘要信息，通常比表本身要小，从而使服务器遍历索引，查找数据比扫描整个表要快一些。标准 SQL 命令中 Create Index 可以为表创建一个索引。基本语法如下：

```
Create [Unique] Index Index_Name
    On Table_Name (Column_Name [,……])
```

举例：创建表 student 中的一个索引，为了能够更快速地安装学生名字查询。

```
create index index_student_name
    on student(studentname)
```

2．删除对象

标准 SQL 中提供了一条 Drop 语句，用来从数据库中删除不想要的数据库对象。Drop 语句的规则很简单，Drop 后跟对象类型（表、视图、索引等），然后跟对象名。语法如下表示：

```
Drop Object_Type Object_Name
```

例如，要删除表 studentscore，可以执行：

```
drop table studentscore
```

3．触发器

在大型数据库系统中，一般都会有触发器功能，触发器与具体表绑定在一起，对于每一张表可以在 insert、delete、update 时，用户自定义一系列操作，来保持系统的一致性和参照完整性。触发器的主要用途在于能够对数据库多个有关表的内容进行级联修改。例如：要从学生表里删除一个已经毕业的学生的记录，同时要删除该学生的成绩记录，就可以使用触发器。基本语法如下：

```
Create Trigger [owner.]trigger_name
    On [owner.]table_name
```

```
            {For insert, update, delete}
        AS
                SQL_statements
    END
```

对于刚才所举的例子，具体实现语句如下：

```
    Create Trigger students_delete on students for delete
        As
                Delete studentscore from studentscore, deleted
            Where studentscore.studentid=deleted.studentid
        End
```

5.2.3 数据操作语言

在使用关系数据库时，几乎都会用到数据操作语言（DML），如要使用保存在表中或即将存储到表中的数据时，都需要使用 DML。DML 包含了最常用的核心 SQL 语句。这些语句被分为 4 类，如下所示：

Select ——从一个表或多个表中检索数据；

Insert ——向一个表中添加数据；

Update ——修改表中已有的数据值；

Delete ——从表中删除数据。

熟练使用 SQL 语句可以大大加快对数据库操作（包括修改和查询）的速度，可以充分利用数据库对数据的管理机制，因此 SQL 语句是每个数据库开发人员必须掌握的基本知识，下面简单介绍数据操作语言的基本语法。

1. 用 select 从表中检索数据

select 基本语法：

```
    select [distinct] select_list
        [into table_name]
        [from table_name|view_name]
    [where search_conditions]
    [group by aggregate_free_expression[,aggregate_free_expression]…]
    [having search_conditions]
    [order by column_name|expression]
    [compute row_aggregate(column_name) [,row_aggregate(column_name)]…
    [by column_name [,column_name]…]]
```

例 5-2 查询。设教学数据库基本关系如下：

学生 students(studentid, studentname, sex, age)

教师 teachers(teacherid, teachername, sex, age, title)

课程 courses(courseid, coursename, classhour)

授课 teacher_course(teacherid, courseid)

成绩 student_score(studentid, courseid, score)

1）查询教师分别讲授什么课程，要求查询结果有教师姓名、课程名称：

```
select teachers.teachername, courses.coursename
    from teacher_course, teachers, courses
    where teacher_course.teacherid=teachers.teacherid and
        teacher_course.courseid=courses.courseid
```

2）查询学生及其所选课程成绩，要求查询结果有学生姓名、课程名称、成绩、授课教师姓名：

```
select students.studentname, courses.coursename, student_score.score, teachers.teachername
    from student_score, students, courses, teachers, teacher_course
    where student_score.studentid=students.studentid and
        student_score.courseid=courses.courseid and
        student_score.courseid=teacher_course.courseid and
        teacher_course.teacherid=teachers.teacherid
```

2．用 insert 向表中增加新数据

insert 基本语法：

```
insert [into] Table_name(column_name1 [,column_name2,…])
values(Value1 [,Value2,…])
```

列的个数必须与 values 子句中值的个数相一致，并且 value 的类型也要与相应的列的类型一致。

如果将 values 子句也用 select 语句代替，则要求 select 的结果中有相同数目列，并且类型匹配。

还可用 select into 语句增加记录，这是从一个表到另一个表复制数据的最高效的方法，操作不被记录到事务处理日志中。

select into 语法：

```
select [column_list]
Into Target_Table_Name
From Table_Name
[Where conditions]
```

3．用 update 修改表中数据

update 基本语法：

```
update Table_Name
Set Column_Name=Expression
    [,…]
[where conditions]
```

4．用 delete 删除表中数据

delete 基本语法：

```
delete [from] {Table_Name|View_Name}
[where conditions]
```

5.2.4 范式理论

关系数据库设计是以规范形式为基础的。出发点是如何从全局组织数据结构，应该设计一个何种结构的概念层，即它包含了什么种类的基表，联系与键是如何选取的。基本表的多少影响了数据的冗余度、检索效率等，过多的关系模式在减少数据冗余的同时，因为数据的分散也会造成查询与连接关系的复杂化，直接影响了执行速度。如在前面的教学数据库中，对授课关系增加一个教师名属性变为：{课程号，职工号，教师}，就可以减少一个横向连接，虽然它使"教师"属性的数据冗余度增加（在教师关系中该属性已经存在），但减少了操作复杂度。因此，一个关系要达到什么样的标准是适合关系数据库概念层设计要求的，这是数据库设计所涉及的范式理论要讨论的内容。所谓范式就是构造的关系模式中键与属性的选择问题。

1. 概念

一个规范化的关系是指在关系表格中每个值是原子的，如表 5-24 就不是规范化的，因为属性中仍可再细分，而表 5-25 所示的形式是其规范化的，每一域中只有一个值。

表 5-24　非规范化形式

学号	姓名	选课情况	
		课程名称	成绩
95101	张三	系统结构 计算机	80 90
95102	李四	数据结构 C 语言	70 85

表 5-25　规范化形式

学号	姓名	课程名称	成绩
95101	张三	系统结构	80
95101	张三	计算机	90
95102	李四	数据结构	70
95102	李四	C 语言	85

现在的问题是，怎样使一种规范化形式具有最小的数据冗余度，以及比较好的数据查询速度，这是规范化要解决的问题。范式理论指出，一个关系如果满足指定的约定集，它就有特定的规范化形式。如果一个关系，当且仅当它满足只包含原子值的约定集时，说它是第一规范化形式，简称 1NF。因此，每个规范化的关系都是 1NF 的。目前已定义的多种规范化形式如图 5-7 所示，可以这样认为，n 层规范化形式中，内层的范式总比外层范式更符合要求。

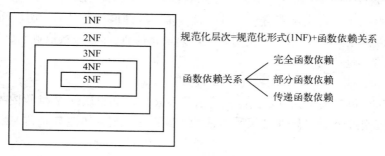

图 5-7　关系的规范化层次

虽然如此，应用中一般只用到第三层范式，即 3NF 就可以了。层次越高的后果是关系分得越细，不利于数据操作。讨论关系范式的基础是函数依赖问题。

2．函数依赖

在给定关系 R 中，对于属性或属性组 X 中的每一个值，R 中的属性或属性组 Y 都只有一个值与之对应，称为 Y 函数依赖于 X。

定义：给定一个关系 R，当且仅当 R 的属性 X 的每一个值都精确对应于 R 的属性 Y 值时，Y 函数依赖于 X，记为

$$R.X \text{-->} R.Y \quad 或 \quad X \text{-->} Y$$

Y 函数依赖于 X，也可以说由 X 取定 Y。如下一学生关系 SS：

学号	姓名	年龄	系别
S#	SN	SA	SD

显然，SS 的属性 SN、SA、SD 都函数依赖于 S#，即给定一个学号，都有唯一的 SN、SA、SD 与之对应，所以

$$SS.S\# \text{-->} SS（SN，SA，SD）$$

注意前面提到函数依赖的概念中涉及了属性组，即函数依赖在组合属性下也成立。如下关系 SG 所示：

学号	课程号	成绩
S#	C#	G

显然，只有同时给定了 S#、C# 才能唯一地确定 G，即成绩属性是函数依赖于组合属性（S#，C#）的，对此，引申它的定义是完全函数依赖，下面对其定义。

定义：在给定关系 R 中，如果属性 Y 函数依赖于属性 X，且又不函数依赖于 X 的任何一个子集，则称 Y 是完全函数依赖于 X，记为

$$X \xrightarrow{f} Y$$

上面的 SG 关系，属性 G 是函数依赖于组合属性（S#，C#）的，且（S#，C#）的任一子集 S# 或 C# 都不能函数决定 G，所以属性 G 是完全函数依赖于组合属性（S#，C#）的。在完全函数依赖定义下，又可以引申另一个概念。

定义：在给定关系 R 中，如果属性 Y 不但函数依赖于属性 X，而且也函数依赖于属性 X 的某一子集，则称属性 Y 是部分函数依赖于属性 X，记为

$$X \xrightarrow{p} Y$$

例如，在 SS 关系中，（S#，SN）可以组合决定系别属性 SD，但 SD 也可以只用（S#，SN）的子集 S# 来唯一确定，即有一学号必有一系别属性值与之对应，所以属性 SD 是部分函数依赖于组合属性（S#，SN），换句话说，如果属性 Y 部分函数依赖于属性 X 的话，则属性 X 必为组合属性，有

$$(S\#,SN) \xrightarrow{p} SD$$

另外，有传递依赖关系如下定义：在给定关系 R 中，如果属性 Y 函数依赖于属性 X，但属性 X 不函数依赖于 Y，且属性 Z 又函数依赖于属性 Y，则称属性 Z 是传递函数依赖于属性 X，记为

$$若 X \xrightarrow{f} Y，且 Y \xrightarrow{f} Z，但 Y \xnrightarrow{f} X，则 X \xrightarrow{传递} Z$$

定义中加上属性 X 不函数依赖于 Y 的条件是因为如果 X、Y 互为函数依赖的话，实为等价关系，则属性 Z 直接函数依赖于属性 X 了。

现在，可以给主键一个明确的定义：设 K 为关系 R（K，A_1，A_2，…，A_n）中的属性或

230

属性组合，若

$$K \xrightarrow{\ f\ } A_j \qquad j=1,2,3,\cdots,n$$

则称 K 为关系 R 的主键（候选键）。在系统分析时，首先选定基本表、确定主键，主键确定之后关系中其他属性也就可以确定了。

3．关系规范化

（1）第一范式

当且仅当关系 R 的所有基本域只包含原子值时，称 R 为第一范式，记为 1NF。任何规范化的关系都是 1NF，但它并不适合数据库使用，如表 5-26 所示的关系 FIRST 有如下特点：

1）一个系有 N 个学生，但只有一个系址。

2）学生 S# 只属于一个系，但有多门选课。

3）选一门课只有一个成绩。

表 5-26　FIRST

学号	课程号	成绩	系别	系址
S#	C#	G	SD	SL
S1	C1	83	CS	A
S1	C2	90	CS	A
S2	C1	85	CS	A
S3	C2	70	MA	B

因此它的主键是 S#，C# 的组合，其属性与主键的依赖关系是

$$FIRST(S\#,,C\#) \xrightarrow{\ f\ } G$$

$$FIRST(S\#,,C\#) \xrightarrow{\ P\ } SD,SL \quad 因为学号唯一确定系别与系址；$$

$$FIRST(S\#,,C\#) \xrightarrow{\ 传递\ } SL \quad 因为系别与系址相互关联，实际上 S\# \xrightarrow{\ 传递\ } SL。$$

此关系的主键与属性间存在如下问题：

1）SL 与 SD 不相互独立。

2）SD、SL 不完全函数依赖于主键。

关系 FIRST 有下述问题存在：

1）插入困难。设插入一暂未选课的学生 S#＝S5，SD＝SI，SL＝C，则上表无法插入，因 C# 主键不能为空。即读者没有选课读者就不存在，显然不合理。

2）删除异常。学生 S3 只选课 C2，假设他不想继续选该课，又无法删除 C2（因为同样会造成主键为空），若一行全部删除则学生 S3 信息全无。

3）更新复杂。同一学生的系别 SD，系址 SL 在元组中多次出现，这种信息冗余带来数据更新复杂，设 S1 从 CS 系转到 P 系，则元组要同时改动系别与系址，否则会造成数据不一致。

为此，引入了第二范式。

（2）第二范式

解决关系 FIRST 操作困难的办法是拆开这一关系，使分解后的关系减少信息冗余度，改

善函数依赖关系。据此，有如图 5-8 所示的分解步骤。使分解以后的新关系中首先消除了主键与非主属性间的部分函数依赖，所以：

1）即使学生 S5 没有选课，但插入到关系 SECOND 中亦无困难。

2）删除 S3 所选的课程 C2 也不会影响到关系 SECOND 中的信息。

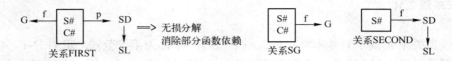

图 5-8　针对非主属性与主属性之间部分函数依赖的无损模式分解

定义：当且仅当关系 R 是 1NF，且每一非主属性完全函数依赖于主键时，关系 R 是第二范式的。上例中，关系 SG，SECOND 都是 2NF 的，可以认为，当一个关系是 1NF 而不是 2NF 时，它的主键必定是组合属性，因此总可以用投影的办法分解出两个 2NF 的关系来。投影关系是可逆的，即可以重新连接成原关系，以保证信息是无损的，称此为无损模式分解。无损模式分解准则有三个：

1）分解具有无损性。

2）分解要保持函数依赖性。

3）分解既具有无损性又要保持函数依赖性。

一般说三个准则下的分解模式有不同的特点，所达到的范式也不同，但都要求是无损分解。

（3）第三范式

2NF 关系在存储上仍有问题。关系 SG 是满意的，但在 SECOND 中有 SD-->SL，即非主属性之间还不是相互独立，由此带来的问题是：

1）插入。在学号 S# 未定之前想插入某系址是不可能的，会使系的实体与学生实体 S# 之间不正常。

2）删除。如果要删除 S# 的信息，系别 SD 与系址 SL 的关系也同时失去。

3）更新。非主属性之间的传递依赖使信息冗余度增加。

解决的办法是进一步分解关系 SECOND，形成两个新的关系模式如表 5-27 和表 5-28 所示，原则是消除非主属性之间的不独立因素。

表 5-27　SSD

$S^{\#}$	SD
S1	CS
S2	CS
S3	MA
S4	CI

表 5-28　SSL

SD	SL
CS	A
MA	B
CI	C

$$SSD=\prod_{[1][2]}（SECOND），SSL=\prod_{[2][3]}（SECOND）$$

显然

$$SECOND=SSD\underset{[2]=[1]}{\infty}SSL$$

即自然连接后可恢复成原关系，故是无损模式分解。并且在 SSD、SSL 两个分解后生成的新关系里，上述的存储困难已经消除。

定义：当且仅当关系 R 是 2NF，且每一非主属性都不传递依赖于主键时，该关系是 3NF。因此 SSD、SSL 是 3NF，而 SECOND 是 2NF 的。所以在一个关系是 2NF 时，总可以通过分解投影，消除它非主属性间的传递依赖关系而达到 3NF。3NF 以上的范式不再讨论，一般认为在作数据库概念层设计时达到 3NF 就可以了。

4．关系范式小结

在这一节中讨论了函数依赖与关系范式问题，它们是关系数据库设计的理论基础。对关系规范化的过程可以理解为如图 5-9 所示形式。

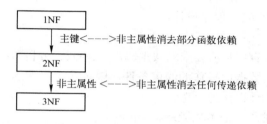

图 5-9　范式与函数依赖的关系

换句话说，在构造一个关系框架时希望非主属性之间是相互独立的，而它们与键之间是完全函数依赖的。关系规范化理论上有 6 种形式，但实际上用到 3NF 就可以了。范式高使数据冗余度降低，同时也因关系过于零碎而造成数据库结构复杂化，使查询时间增加。实际应用中时间与空间的矛盾左右着关系的范式程度，可以用低范式来换取运行速度的增加。

5.3　数据库设计的基本步骤

5.3.1　数据库设计的基本要求

数据库与文件系统的区别是文件系统是根据应用需要建立的，而数据库是面向多用户设计的。数据共享是设计的主要目的，而安全性与数据的可恢复性又是数据库运行的基本条件。设计数据库的基本要求如下：

1）尽可能小的数据冗余度。

2）查询响应时间短。

3）数据完整性。

4）数据一致性，多用户时的并发控制能力。

5）可恢复性。

6）安全性。

7）功能扩充能力。

5.3.2　数据库设计的基本步骤

数据库设计是它的逻辑设计与物理设计的综合。逻辑设计是确定数据库的全局逻辑关系，即概念层模式，在关系数据库中就是确定数据库的基本表及其联系模式；物理设计是存储结构设计，一般的 DBMS 并不提供此类功能语句，所以，今后所指的数据库设计问题就是其逻辑设计问题，主要分解为下述步骤：

1）用户需求分析。
2）用户视图汇总。
3）视图综合，分析基本表与生成表，概念模式初构。
4）关系规范化，概念模式重构。
5）模式描述与数据库应用程序设计。

1. 用户需求分析

用户需求分析就是调查用户所要求的数据输出/入格式，分析数据的来源与流向，逐一建立它们的用户视图，标出数据库操作的约束条件，限定各个层次的操作权限。以图书馆管理系统为例，介绍它的设计过程作为参考。

一个图书馆包括下述几个基本功能：

1）藏书。
2）流通。
3）办证。

对于采编来说，他要求登记进入馆藏的每一本书的有关信息。用一个关系框架来表示它们的用户视图：

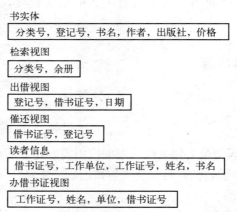

书实体

| 分类号，登记号，书名，作者，出版社，价格 |

检索视图

| 分类号，余册 |

出借视图

| 登记号，借书证号，日期 |

催还视图

| 借书证号，登记号 |

读者信息

| 借书证号，工作单位，工作证号，姓名，书名 |

办借书证视图

| 工作证号，姓名，单位，借书证号 |

流通部人员的职责是出借、催还图书，相对每一类工作有如上述几个视图，进而把办理借书证视图也考虑进来，就得到了图书馆管理系统的用户需求汇总，当然这是一个简单的示范，并没有考虑查询权限等内容。

2. 概念模式初构

从汇集的用户视图可以看出，有些视图并不需要单独存在，可以从基本视图中导出，工作的第二步就是确定基本表关系。很多教材给出了一种称之为 E-R 的视图设计方法，提出了选择实体与属性的原则，请读者自己参考有关教材中 E-R 图设计的内容。在本例中，实体只有书和借书证，而流通是一种联系存在，在两种实体间建立了联系。因为实体是客观存在的，所以它们的属性应是相互独立的，流通也是客观存在的。可以这样理解 E-R 图，首先把客观存在的实体分析出来，这样它们必定是基本关系模式，其余为基本表可以导出的用户视图（生成表）。本例中初步综合用户视图为以下几个基本表：

书实体

分类号，登记号，书名，作者，出版社，单价

流通1

分类号，余册

流通 2

| 登记号，借书证号，日期 | （注：登记号是书的登记号）
|---|

借书证

借书证号，工作单位，工作证号，姓名

实际上剩余册数可以看成是书的一个属性与书实体合并，进一步考虑是要知道某类书的总册数以便了解出借了多少，于是有：

书实体

分类号，书名，作者，出版社，单价，总册，余册

流通

登记号，借书证号，日期

借书证

借书证号，工作单位，工作证号，姓名

显然刚刚没有注意到，在书实体中如果保留了登记号这一属性的话，每本书都有一个登记号，则同类书的元组存储次数必然与该同类书的总册数同样多，因为仅登记号不同，这是必须要删除的数据冗余。现在得到了图书馆管理系统数据库的概念模式，检验这个模式是否反映客观现实世界的方法是用这组基本表的投影、连接，能否得到所有的用户视图。

3. 关系规范化与概念模式重构

前面三个关系都是 1NF 的，现在分析它们的函数依赖特性。因为：

书（分类号）$\xrightarrow{f}$ 书名，作者，出版社，单价，总册，余册
流通（登记号）$\xrightarrow{f}$ 借书证号，日期
证件（借书证号）$\xrightarrow{f}$ 工作单位，工作证号，姓名

所以它们都是 3NF 的。前面已经指出 3NF 并不一定就是最合适的关系模式，如流通就有问题。设一读者借的书丢失，赔偿时要检索出该书信息，求得赔偿额＝单价×倍率，然后修改总册数，删除该书的借阅信息等操作。这样，当从流通关系的登记号向书关系作查询操作时，却发现它们之间没有共同的属性可以连接两个关系实体，即缺少外部键进行查询操作。这样的关系模式虽然达到了 3NF，但关系之间的联系不符合要求。对关系数据库下定义时指出，应用关系数据库是由一组关系模式与它们之间属性所表达出的相关联系构成的。本例中书与流通两实体之间正是缺少了这种联系，而且书与读者实体之间也没有这种联系存在，从而不能相互沟通。现在给流通增加一个属性即分类号，它是外部键，分类号可以唯一决定一本书名，而一本书名下有多册书（一个分类号可能对应有多个登记号）；登记号可以唯一决定一本书（多个登记号可能对应同一个分类号），所以：

$$\text{流通（登记号）} \xrightarrow{\ f\ } \text{分类号}$$

也没有破坏流通的 3NF 范式。分类号在流通中不是主键，允许重复取值。最后，图书馆管理系统的概念模式重构为：

书实体

| 分类号，书名，作者，出版社，单价，总册，余册 |

流通

| 登记号，借书证号，日期，分类号 |

借书证

| 借书证号，工作单位，工作证号，姓名 |

作为一个教学例子，关于数据库设计方面的内容就讨论到此。在实际大型应用数据库设计项目中，要求开发人员必须掌握 SQL 查询语言，具备诸如 SQL Server、Sybase、Orcale 等数据库软件的基础知识，有 VC6.0、PowerBuilder、Delphi 等工具软件编程的经验，能够分析、了解与归纳用户的工作流程、数据关系，把握整体设计的能力。这些都需要经过实际项目工作才能达到。本中提到的有关 E—R 图设计内容，读者可以参考其他教材。

5.4　关系数据库应用的基本概念

关系数据库应用系统的设计与开发一般要经过下面几个阶段：系统调研，需求分析，系统设计（其中包括系统总体结构设计、数据库设计、系统代码设计、系统功能设计），基本关系表的拆分与存储，系统实现，系统现场调试。

5.4.1　系统调研

系统调查和可行性研究是系统开发工作中最重要的几个环节之一。实事求是的全面调查是分析与设计系统的基础，也就是说这一步工作的质量对于整个开发工作的成败都是决定性的。通常采取自顶向下、全面展开，从组织机构入手的方法进行调研。当然也可以采取自下而上的方法，或者两种方法相结合，这要视具体情况而定。不论是采取哪种调研方法，都要准确从总体和细节上把握系统的实际需求。下面以自顶向下的方法为例，介绍一下在系统调研的过程中分别从总体和局部细节都需要把握哪些方面的信息。

1．总体要求

原则：不要求了解得很细致，但要对全局有个整体、宏观的了解。目的是要明确应用程序开发的目标，并要基于总体了解，确定如何开展深入调研工作。

1）从企业整体角度描述有哪些主要业务、执行哪些主要功能。

2）企业目前管理现状、经营管理目标、经营发展规划。

3）下属各部门的组织机构、各部门的职责和权限以及各部门之间的联系、有关规章制度。

4）如何管理下属各部门、都需要了解下属部门哪些信息。

5）有哪些相关协作单位、有哪些业务联系。

6）希望本系统实现哪些功能。

7）企业的计算机应有现状和进一步需求、工作人员的计算机水平。

8）需要处理哪些私人业务。

2．具体业务调研

原则：在已概括了解企业状况的基础之上，以公司领导为站位点，以求获得的信息新、快、全、有效，以便有力决策。

（1）明确各部门的业务、功能、权限

（2）人员编制、人员职责

（3）详细描述相应的业务流程和工作形式

1）业务名称、业务内容描述、实现该业务的时限、处理频度。

2）相关单位（部门）及联系。

3）描述业务的处理过程，具体如下：

① 处理过程名称。

② 所需要输入的单据、报表、记录、文件等。输入的形式、处理人员。

③ 处理过程的数学或文字描述。对于复杂问题，要问清楚处理问题的模型以及期望优化的目标（以便在开发中选择合适的模型）。

④ 处理过程结束要输出的结果、输出的形式。

⑤ 与该处理过程相关的各种账册名称。

⑥ 实现该过程的时限、处理频度。

⑦ 有哪些数据需要备份、存档保留、保存时间。

（4）信息调研（单据、报表、台帐）

1）处理过程所涉及的各种单据、报表、台帐名称。

2）相应单据、报表、台帐等的处理频度，如年、月、周等。

3）单据、报表的联数。

4）一般情况下本报表、单据、台帐等一式几份；特殊情况下最多一式几份。

5）本报表、单据、台帐等的使用目的。

6）本报表、单据、台帐等的保存时间或更新周期。

7）本报表、单据、台帐等的来源（本部门或其他单位、业务部门）。

8）本报表、单据、台帐等去处，主要指本报表、单据、台帐等发往的单位或本单位业务部门。

9）本报表、单据、台帐等的打印标准尺寸。

10）对数据要进行哪些处理。

（5）数据项说明

1）提供所需处理的实体名称、内容（取值范围）、编码依据什么标准。

2）字长描述。

3）数据来源。

4）使用频度。

在详细调查了解每个工作岗位业务的同时，还要收集与该业务有关的所有报表、文件、技术文档等信息载体，并将其整理归档。在调查了解业务的同时，还要询问用户对于这些信息载体的满意程度，不满意在什么地方、为什么以及如何修改。对于修改，还要到相关业务单位确认是否认可这一修改。调研同时对调查结果及时进行分析整理，理清各部门内部以及部门之间的业务联系，查对报表、单据、台帐是否收集齐全。

5.4.2　需求分析

需求分析主要是要理清系统调研过程中各种信息之间的关系，如物流、信息流、资金流的流向，流程中都由哪些人来处理，是如何处理的。理清业务关系可以采用很多种分析方法，也可以采取自己独特的分析方法，但是要注意以下几个方面：

1．规范性

规范性是指不论是采用通用标准，还是自定义标准，都要得到参与人员的一致认可。方便开发人员之间、开发人员与用户之间等的交流。其实在系统开发的整个过程中，规范性都是非常重要的。

2．层次性

大多数数据库系统都是比较复杂的，因此在分析的时候，要注意层次的划分，逐层细化地分析。这样既可以从总体上把握、检验分析的正确性，也可以在细节上保持与总体的一致性。

3．相关性

不论用的是 IDEF1X 方法，还是用业务流程图方法等，都要注意检查图表、表格、数据之间的相关性和一致性。在进行需求分析的同时，还要进行可行性分析。确定哪些是可以实现的，哪些是暂时不能实现的。

5.4.3　数据库设计

系统设计包括系统总体结构设计、数据库设计、系统代码设计、系统功能设计。下面主要介绍数据库设计和系统代码设计。

数据库设计对数据库工程来说具有决定性作用。对于一个成功的应用程序来说，数据库的设计尤其重要。在开始开发数据库之前，首先必须向最终用户了解系统需求，然后用这些需求来分析数据库应该包含什么数据，以及数据的组织方式。确定选取、规范数据就是定义数据库系统需要的实体（或逻辑对象）。关系数据库中的数据都是经过规范化的数据的集合。规范化就是要通过逻辑化和详细的表格形式来定义数据库表。

假定现在要开发一套学校内的选课管理系统。

1．找出实体表

第一步是找出系统中的所有实体（一个实体是与系统相关联的某个物体），以及对于该实体需要了解哪些方面的信息，将这些信息定义给该实体的列。比如选课系统中，可确定以下几个实体：

学生：学号，姓名，性别，年龄，专业，班级；

课程：课程号，课程名称，授课教师，学分，学时，开课时间，课堂容量，上课地点；

教师：教师编号，姓名，性别，年龄，专业，职称。

2．确定关系

确定实体后，必须决定实体之间的联系，并且还要根据系统的需要，依据联系定义关系表。

一个学生可以选多门课程，一门课程可以容纳多个学生来上课。因此学生与课程的关系是多对多的关系（n：m）。要想知道每个学生选了哪些课程，每门课程都有哪些学生上，就要建立学生选课这一联系表：

学生选课：学号，课程号，成绩

一个教师可以教授多门课程，一门课程可能由多个教师来讲。因此教师与课程的关系也是多对多的关系（x：y）。要想知道每个老师都讲授哪些课程，每个课程都由哪些教师讲授，也要建立一个联系表：

教师授课：教师编号，课程号

3. 规范化数据库

规范化工作由逻辑重组表中的数据和提高访问效率组成。通过规范化，可以定义能唯一标识表中记录的主键，并删除重复的数据。Codd 定义了三种数据库规范化的范式（范式是指分析员规范化一个数据库的阶段或步骤）。Codd 的"步骤"或范式在逻辑上称为第一范式（1NF）、第二范式（2NF）、第三范式（3NF）。

定义第一范式（1NF）：当定义了能唯一标识数据库表中任意一条记录时，第一范式出现，该列为主键。在 1NF 中，还可以确定表的从属关系，从属关系代表着表之间的依赖关系，也就是说，如果不参照其他表中的行，就无法得出这个表中的行的具体信息，与其他表相关联的列是外部键。

定义第二范式（2NF）：2NF 用以删除表中任何重复的从属关系，并将它们分离在自己的从属表中；2NF 删除重复出现的作为表的一个子集的信息，根据重复出现的列，创建一个新的从属表；2NF 还删除多对多的关系。如果试图实现一个多对多的关系，就须在一个或两个表内使用重复信息。这时，2NF 要求建立一个相关联的表，存储两个实体所有可能的组合。这张表用一对多的关系与另外的表相关联。

定义第三范式（3NF）：经过 2NF 关系的定义，表中仍然会有很多重复信息，在定义第三范式时，要删除冗余项。如在定义学时选课表时，如果是这样定义的：

学生选课：学号，姓名，课程号，课程名称，成绩

当然在查询时必须要看到这些信息才比较清楚，但是数据记录在数据库里时，其中的姓名、课程名称就是重复信息。如果不删除这些信息，给数据库维护增加了很大的工作量，也增加了维护的难度。

4. 定义表中的列属性

规范化数据库实体后，要具体定义表中个各列的属性。需要定义的内容有：

1）存储在数据库中的列的名称。列名在同一表中如果是唯一的，可以用英文定义，也可以用中文定义，这要具体看所用到的数据库是否支持。

2）数据类型。以 Sybase 数据库为例，数据类型有字符型（char，varchar），日期时间型（datetime，smalldatetime），浮点数与实数型（float，real，double precision），整型（int，smallint），精确数值类型（decimal，numeric）等。

3）其他属性。如该列是否可空，是否是主键，是否是外部键、默认值等。

5.4.4 代码设计

编码的目的就是以数字或字符来代表各种客观实体。设计代码一般具有以下特点：

1．唯一化

为了避免二义性，唯一地标识每一个事物。例如：为了唯一地标识每一个教职员工，需要编制职工代码。

2．规范化

为了不使编码杂乱无章，使用起来方便，编码必须规范化。例如：学号"984689"表示该学生是 98 年入学的。

3．标准化

系统所用代码应尽量标准化。例如：在会计领域中，一级会计科目由国家财政部进行标准分类，二级科目由各部委或行业协会统一进行标准分类，而企业则只能对其会计业务中的明细帐目，即三、四级科目进行分类，而且这个分类还必须参照一、二级科目的规律进行。

5.4.5　基本关系表的拆分与存储过程问题

1．基表与基本数据

一个应用系统中含有大量固定的、被多处引用的数据被称为基础数据，如表 5-29 所示关系表中，卷烟的品牌、生产厂家、规格等都是静态数据，在一个统计报表系统中会被多个报表引用，为此，程序设计时需要做一个数据维护表，只在有新增的品牌时进行数据更新，而一般报表录入卷烟品牌时直接从品牌基础数据中选取，类似的还有销售系统的客户信息维护等。

表 5-29　关系表

全国部分一、二类卷烟商业产销存量表							
制表时间：2000 年 10 月							
序号	卷烟品牌	生产厂家	规格	一类烟	二类烟	单位	库存
1	牡丹	北京	84 硬盒			箱	1000
2	中南海	北京	84 硬盒			箱	2000
3	中华	上海	84 全包	1		箱	3000
4	牡丹	上海	84 全包	1		箱	1000
5	利群	杭州	84 硬盒	1		箱	1000

基表拆分是解决一张大表内数据冗余的手段。设有一张基本表如表 5-30 所示。

表 5-30　基表

中国卷烟批发合同							
日期：2000 年 10 月　　　　　合同编号：200028864							
供方：××××　　　　　　　需方：××××							
供方代码：200012087　　　　需方代码：2000113293							
序号	卷烟品牌	产地	规格	等级	单价	单位	数量
1	牡丹	北京	84 硬盒			箱	1000
2	中南海	北京	84 硬盒			箱	2000
3	中华	上海	84 全包	1		箱	3000
4	牡丹	上海	84 全包	1		箱	1000
5	利群	杭州	84 硬盒	1		箱	1000
运输方式：火车　　　结算方式：自代汇票　　　到货地点：福州市中山路 12 号							

它的特点是：

1）一个合同可以订多个品牌的香烟。

2）表中的日期、合同编号、供方、供方代码、需方、需方代码等与品牌、产地、规格、等级、数量、单价都是表中的属性。

3）如果直接定义这张基表，如表 5-31 所示，显然有大量的静态数据被重复录入，形成冗余。

表 5-31　合同关系

合同编号	日期	供方代码	需方代码	序号	品牌	产地	规格	等级	单价	单位	数量	运输方式	到货地点

为此，可以拆分合同表为主表与子表的形式。其中，表头信息视为静态数据，设成主表；其余属性看成动态录入数据，作为子表的形式存放（注意，这里的静态与动态概念与前述的基本数据不同）。

为了进一步解释基表拆分，假设如下面的一张入库验收单，它作为原始单据需要在数据库上建立基表。其关系描述是：

1）一个合同订购的货物可以分批次进库，但一个批次进库的货物只属于一个合同。批次以每一年度的进库流水号排列。

2）一个合同订购的货物全部入库后对方才开据发票，所以一个合同只有一张发票，一个批次进库的货物也只属于一张发票。

3）不同的品名与规格其商品代码不同。即商品代码确定一个品名下的一种规格。

某卷烟销售公司商品入库验收单

批次No：2018　　　　　　　　　　　　　　　　　　入库日期：1999年5月15日

来货单位：南烟集团　产地：南宁　合同号：990564				来货发票号 No：201877				
商品代码	品名	规格	单位	应收数量	实收数量	进价	金额	
GX-02-3-1	84 条嘴杜鹃	1x50	件	1650	1650	427.35	705127.50	
GX-02-3-2	84 条嘴杜鹃	1x80	件	1500	1500	600.00	900000.00	
GX-04-3-1	84 条嘴刘三姐	1x50	件	1250	1250	520.5	650625.00	
GX-04-4-1	84 盖嘴刘三姐	1x50	件	1250	1250	520.5	650625.00	
备注						合计	2906377.50	

主管：　　　　审核：　　　　　　制单：　　　　　　　　收货：

记录是动态增加的，基本信息可以看成是静态数据。现在要求：

1）请根据上述关系说明设计主键，列出关系表的属性集，说明范式。

2）为解决一张关系表下数据冗余问题，请读者将该关系拆分，分别给出相应的主键与属性集，说明范式。

因为一天可能进多批货物，而批次流水号每年可能重复，需要设计一个单号作主键，由批号与年份构成：单号=年份+批号，考虑到同一单号下有不同品种，主键应该是（单号，代码），或者直接引用入库日期为主键（批号，入库日期）。

（1）基表描述

某卷烟销售公司商品入库验收单

单号	商品代码	品名	规格	单位	应收数量	实收数量	进价	金额	入库日期	合同号	来货发票号	来货单位	产地	复核标志	审核	收货	主管

范式说明：没有部分函数依赖，但合同号与来货发票号可以相互决定，与主键有传递依赖，是第二范式。

（2）拆分

入库单主表

单号	入库日期	合同号	来货发票号	来货单位	产地	复核标志	审核	收货	主管

主键：单号。

范式：没有部分函数依赖，但合同号与发票号可以相互决定，它们与主键有传递依赖，所以是第二范式。

入库单子表

单号	代码	规格	应收数量	实收数量	进价	金额

主键：（单号，代码）。

范式：没有部分函数依赖与传递依赖，所以是第三范式。

商品维护表

品名	规格	代码

主键：（品名，规格）。

范式：没有部分函数依赖与传递依赖，所以是第三范式。

通过基表拆分，同一张入库单号中的记录数据录入的时候，可以节省不少的传输时间。

2．存储过程

无论是基于浏览器形式的 B/S 结构，还是基于局域网的 C/S 结构，存储过程都是数据库服务器端的一段程序，目的是减少数据在网络的传输。

如果服务器定义了存储过程，应当根据需要决定是否要用存储过程。存储过程通常是一些经常要执行的任务，这些任务往往是针对大量的记录而进行的。在服务器上执行存储过程，可以改善应用程序的性能。这是因为：

1）服务器往往具有强大的计算能力和较快的速度。

2）避免把大量的数据下载到客户端，减少网络上的传输量。

例如，假设一个应用程序需要计算一个数据，这个数据需要涉及许多记录。如果不使用存储过程的话，把这些数据下载到客户端，会导致网络上的流量剧增。

一般说服务器计算性能要远高于客户端。使用存储过程，将计算历程提交给服务器，运行存储过程计算数据，然后将结果返回给客户端。

于是，相应的存储过程有两种类型。一种类似于 select 查询，用于检索数据，检索到的数据能够以数据集的形式返回给客户；另一种类似于 insert 或 delete 查询，它不返回数据，只是执行一个动作。有的服务器允许同一个存储过程既可以返回数据又可以执行动作。

要执行服务器上的存储过程，往往要传递一些参数。这些参数分为 4 种类型：

1）输入参数，由客户程序向存储过程传递值。值实际上是传递给存储过程中的 SQL 语句。如果一个存储过程有输入参数，一定要在执行该存储过程之前对输入参数赋值。

2）输出参数，由存储过程向客户程序返回结果。客户程序只能在执行了存储过程以后，才能访问输出参数的值。

3）输入/输出参数，既可以由客户程序向存储过程传递值，也可以由存储过程向客户程序返回结果。它是同一个参数兼具两种角色。作为输入参数，必须在执行存储过程之前对它赋值；作为输出参数，只能在执行了存储过程后访问它的值。

4）状态参数，由存储过程向客户程序返回错误信息。状态参数不需要事先赋值，只有在执行了存储过程之后才能访问它的值。

注意，不是所有的服务器都支持上述 4 种类型的参数。

在 SQL Server 中，存储过程和其他编程语言的过程很类似，它可以接收多个参数、并以输出参数的形式返回一个或多个参数，还可以包含执行数据库操作的 SQL 语句。下面以实例的方式详细介绍存储过程的使用方法：

（1）生成存储过程

```
CREATE    PROCEDURE dbo.sp_time_dimension_calculate
```

上例中，CREATE   PROCEDURE 是 SQL 的关键字，用来生成存储过程，dbo.sp_time_dimension_calculate 是用户定义存储过程的名称。

（2）存储过程的输入参数

```
CREATE    PROCEDURE dbo.sp_time_dimension_calculate
@start_date datetime
@end_date datetime
AS
```

上例中，第二、三两行，@start_date datetime 和 @end_date datetime 即为定义存储过程的输入参数，定义为两个 datetime 型的变量，分别是 start_date 和 end_date。

（3）存储过程中的变量定义

```
declare @theday datetime
declare @date_id int
```

上例中，存储过程中的变量定义和输入参数的定义很像，其中 declare 是关键字，theday 是定义的变量名，datetime 是变量类型。存储过程中定义的变量在使用时，必须在变量前加@以示区分。

（4）存储过程中的 SQL 语句

```
select @theday=isnull(max(the_date),'1900-1-1') from d_date
```

上例中：是一条独立的 select 语句，其功能是给变量 theday 赋值，选择 d_date 表中 the_date 最大的日期，如果没有记录，则用"1900-1-1"代替。在存储过程中，使用 SQL 语句和其他地方类似。

（5）存储过程中的条件语句

```
if DATEDIFF(day,@theday,@start_date)>0
    begin
     select @theday=@start_date
    end
else
    begin
    select @theday=dateadd(day,1,@theday)
    end
```

上例中是一个 if 语句的使用方法，和其他语言很类似，同是用 if…else…end，注意语句要用 begin 和 end 括起来。其中 DATEDIFF 是 SQL Server 提供的函数，用来比较日期的大小。

（6）存储过程中的循环

```
while (DATEDIFF(day,@theday,@end_date)>0)
    begin
        select @date_id=@date_id+1
                ……
        select @theday=dateadd(day,1,@theday)
    end
```

上例中，while 是用来处理循环的函数，使用方法和其他的语言类似，注意其中的语句要用 begin 和 end 括起来。

（7）其他要注意的地方

例子：SET NOCOUNT ON
        SET NOCOUNT OFF

这两句的目的是在查询分析器中运行存储过程的时候，是否返回记录信息。

（8）在查询分析器中调用存储过程

```
exec sp_time_dimension_calculate '1998-1-1', '2008-1-1'
```

上例即为调用存储过程的方法。

5.5 数据仓库简介

5.5.1 计算机管理信息系统局限性

传统的计算机管理信息系统（Management Information System，MIS）是采用单一数据库为中心的数据组织模式。也就是说，在同一个数据库系统中，既要完成日常业务处理，又要完成统计分析处理工作。而数据库系统是以快速的事务响应和频繁的数据修改为特征，适合帮助业务人员快速地处理具体业务，而在为决策人员提供分析数据方面则能力不足，不适应较大规模的数据分析与处理任务。换句话说，这种以单一数据库为中心的数据环境，很难在事物处理和数据分析两者都达到令人满意的效果。

以构筑一个商业物流信息平台为例。现代商业销售集团运营模式的基本要素是敏捷的市场反应能力、最小的库存成本、简单的流通环节。敏捷的反应能力表现在对每一个顾客的要求能迅速配送，它实现于销售商的每一个销售前台与商品供应商之间的信息共享与同步操作基础之上；最小的库存成本表现为某类商品库存量精确匹配于该商品的前置期需求量，它建立在销售商或供应商对该类商品一段时间内的销售趋势预测基础之上；简单的流通环节是商品供应商与销售商每一个分店有直接的配送渠道，它依赖于销售商各分店的商品需求能直接纳入供应商的配送作业系统中。

因此，构筑现代商业销售集团运营模式的关键就是建立一个知识化的商业物流信息平台，平台两个基本功能是：

1）销售商的连锁集团提供商品、供应商、客户、库存与配送的信息集成与管理功能，即用传统的 MIS 负责日常业务数据管理功能。

2）在信息集成基础上，构筑数据仓库，为集团提供诸如商品销售量分类关联统计、售价与销售量关联分析、销售量和利润关联分析、销售量趋势分析、销售量随时间的分布规律、库存前置期长度与需求速率统计分析、分析对象的三维展示（实事、维、粒度）等数据分析与决策支持功能。

依据数据仓库技术实现的知识化数字物流信息平台，在传统 MIS 基础上，借助于数据仓库的强大功能提供了灵活的决策分析功能。图 5-10 显示了它们之间的层次关系。

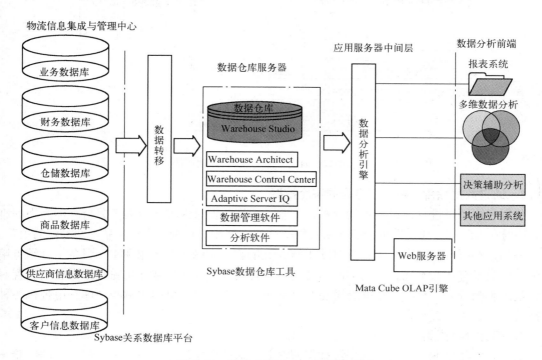

图 5-10　数据仓库与 MIS 的层次关系

5.5.2 数据仓库表现形式

数据仓库（Data Warehouse，DW）是一项基于数据管理和利用的综合性技术与解决方案，在平台中实现数据采集、数据挖掘、在线分析等功能，和传统事务性物流信息管理型数据库相比，具有深度挖掘数据的功能，包括：

1. 多维显示分析处理

数据仓库可以提供数据多维显示，使企业决策者可以更直观地掌握企业数据。例如，某个百货零售商有一些因素会影响他的销售业务，如商品、时间、商店或流通渠道，更具体一点，如品牌、月份、地区等。对某一给定的商品，也许他想知道该商品在哪个商店和哪段时间的销售情况。对某一商店，也许他想知道哪个商品在哪段时间的销售情况；在某一时间,也许他想知道哪个商店哪种产品的销售情况。在这里，商品、商店、时间就构成了实事、维、粒度一个三维系统。图 5-11 显示了一个进销存数据三维展现形式。

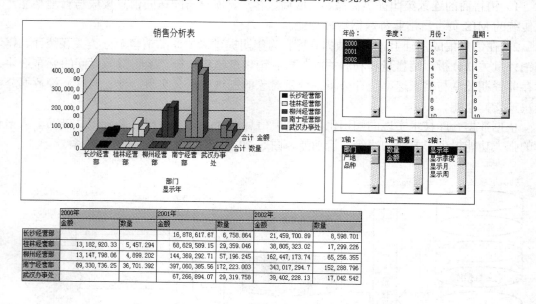

图 5-11 一个按地域、时间、品种展现的三维销售数据分析

2. 通过数据综合分析进行数据的深度挖掘

数据仓库可以进行大量数据的分析，克服了因为数据量太大导致人工分析无能为力的难题。数据仓库还可以通过数据的综合来实现一些特殊问题的查询，找出商品之间隐藏的关系。

例如，在所有分销点买洗衣机超过 10000 元的客户有哪些？周末和工作日各个分销点销售牛奶的数量有什么不同？不同类产品之间是否有销售关联（如婴儿奶粉和尿布货架位置对销售量的影响等）？今年一季度公司在北京销售各种规格电视机的比例与现库存电视机各种规格的比例关系是否吻合？

3. 趋势分析预测

数据仓库将企业所有历史数据进行保留，并将这些数据进行分门别类，就像人的经验一样，当需要对长期趋势进行分析预测时，这些数据就能起到关键的作用，并且比人的经验更准确、更有条理，是企业决策者进行决策时必备的资料。

4．决策支持辅助信息中心

决策支持辅助系统向决策者提供所需的决策信息，包括需求计划预测数据、销售与营销区域的分布数据、物流网络配置数据、仓库存货配置数据、配送资源计划（DRP）等功能。

5.5.3 数据仓库建表模型

1．数据仓库的体系结构

数据仓库不同于传统数据库。传统数据库是一种通用的平台，用来管理企业的数据，而数据仓库是在数据库概念下进行的再构造过程。因此数据仓库不是现成的软件或者硬件产品，而是一种解决方案，是对原始的业务数据进行各种处理并转换成有用信息的处理过程。数据仓库的实现过程包括三大步骤：数据采集、数据存储和管理、数据展现。

具体可分为：

1）从业务处理数据源中提取出决策所需的数据。

2）对数据源进行清理和集成。

3）按计划或规划进行数据仓库的加载和更新。

4）根据决策分析的需要，以多种形式进行数据和信息的组织。

5）数据分析处理及数据挖掘。

6）灵活多样的结果表现形式。

图 5-12 显示了数据仓库的体系结构。

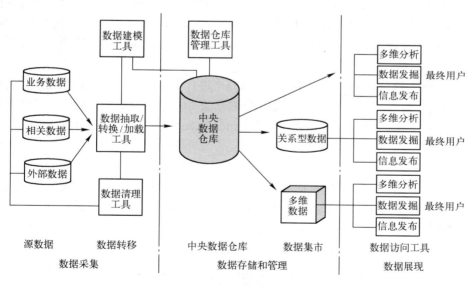

图 5-12　数据仓库的体系结构

2．数据仓库建模

数据仓库中，数据是面向主题来组织的，设计目标是使用户能够直接访问数据，因而大大提高了查询分析的效率。

在数据库的设计中，强调的是实体和关系的概念；与此相对应，在数据仓库中，强调的是事实、维和粒度的概念。

事实（Facts）是分析的目标数据，如销售量、销售额等。这些数据是实际分析的基础数据，它们日积月累，数量庞大。

维（Dimensions）是事实信息的属性，也是考察事实的角度，如销售发生的时间、客户、部门，销售的是何种产品、何种规格等。它们一般变化不大，数量也相对较小。

粒度（Units）是维划分的单位，也就是明细的程度。就好比是数轴的单位。如时间维可按日计，也可按周、按月、按年计；再如产品维，可明细到规格型号，也可按品种、类别等较粗的单位来统计。这些信息一般没有变化。

可以用超立方结构来表示事实、维和粒度的关系。图 5-13 中，每个坐标轴是一维，坐标轴的单位就是粒度，而事实则是数据空间的每一个点。例如图 5-13 空间中的任一点就表示"某一时间某种产品对某个客户的销售量"。这样就构成一种多维数据模型。根据这种多维数据模型的概念，在数据仓库系统中，统计分析就可以统一归结为：从不同的角度（维）、不同的层次（粒度）来观察分析数据（事实）。

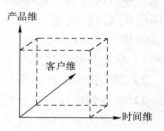

图 5-13 多维数据模型

在实际应用中，数据仓库的存储管理系统主要有关系数据库管理系统（RDBMS）和多维数据库管理系统（MDBMS）两种。关系数据库管理系统沿用了现有的技术，以关系型结构进行多维数据的表示和存储，完全满足数据仓库的需要。但是由于其只是一种虚拟的多维结构，在处理速度上比较慢，性能较差。而多维数据库管理系统易于表达"维"的概念，数据本身就以多维的超立方结构来存储，在运行速度方面有很大的优势，但是缺乏统一的标准，可移植性差。由于关系数据库管理系统在技术上相当成熟，灵活性及可维护性等都优于多维数据库管理系统，所以目前关系数据库管理系统应用的比较广泛。

在关系数据库管理系统中，是以关系型结构来进行多维数据的表示和存储的。与传统数据库系统中实体-关系（E-R）模型相对应，在显示数据仓库中的事实、维和粒度的关系时，是利用星形模型（Star Schema）和雪花模型（Snowflake Schema）来表示的。

（1）星形模型

星形模型如图 5-14 所示。中间是事实表（Fact Table），它是按维进行查询的中心；四周是与之相关的维的信息，每个维表有自己的属性，维表和事实表通过维关键字相关联。事实一般为数字型，如数量、金额等，可以求和、求平均、求最大及最小，并且可以按照各种统计运算进行汇总计算。

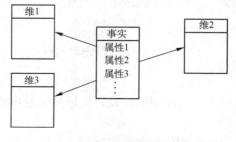

图 5-14 星形模型

（2）雪花模型

雪花模型是星形模型的扩展，它比星形模型增加了层次结构，体现了维的不同粒度的划分，如图 5-15 所示。使用雪花模型进一步扩大了查询的范围。

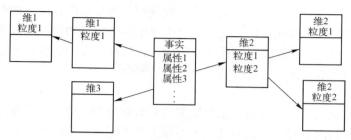

图 5-15　雪花模型

星形模型（雪花模型）的优点主要有两方面。第一个优点是可提高查询的性能。由于主要数据都存放在庞大的事实表中，所以只要扫描事实表就可以进行查询，减少了多表联接操作；同时由于维表一般都很小，所以与事实表作联接时速度较快。第二个优点是便于用户安排不同的查询。由于星形模型比较直观，通过分析星形模型，用户可以很容易地组合出各种查询。例如通过部门和产品两个维，可以分析不同部门在相同产品上的销售情况，便于各部门发现各自的优势，取长补短；又如通过时间、产品和客户三个维，可以分析客户在不同时间的不同需求，相应地在不同的时间、对不同的客户提供不同的服务。

3．维度建模的基本概念

与实体－关系建模不同，维度建模是以另一个视角来观察企业的数据。维度建模的主要构件是事实表和维度表，事实表中保存企业的数据，而维度表则是观察企业数据的角度，是事实表的入口点。

（1）事实表

事实表是维度建模中的基本表，其中存放的是大量业务性能的度量值。术语"事实"代表一个业务度量值。例如：在产品的销售情况中，销售产品的数量、单价和运费等为业务的度量值。这些度量值分布在各维度值（如时间、客户、产品等）的交点处。

（2）维度表

维度表和事实表是不可分割的，其中存放的是企业的文字描述。维度属性是查询约束条件、成组与报表标签生成的基本来源。维度表时常描述业务中的层次关系。层次关系的生成必然产生冗余，不过由于维度表与事实表相比非常小，而且基于容易使用和查询性能方面的考虑，这种冗余是很有用处的。在实际的应用中，几乎总是用维度表的存储空间来换取简明性和易访问性。

4．维度建模步骤

在对数据仓库进行维度建模的时候，通常会按照如下的步骤来进行维度模型的设计。

（1）确定数据仓库的主题

确定数据仓库的主题是进行数据仓库建模的第一步。确定主题时要注意的问题是一定要根据源系统中的数据来确定，同时参考一下用户的需求。这一点与传统的 MIS 不同，因为数据仓库建立起来的时候，用户的需求并不是很明确，所以数据仓库要应付各种无法预知的需求。换句话说，数据已经摆在面前，要设计出它的存储方式，能很好地应付以后对这些数据的各种需求。

（2）确定业务处理的粒度

当选取了合适的数据仓库主题之后，就需要规定业务处理的粒度。面对海量的数据，如果粒度太粗，虽然速度可以保证，但是可能缺失重要的依据；如果粒度太细，虽然信息不会缺失，但是整个系统的效率很难得到保证。因此，在粒度选取的时候，要兼顾系统效率和信息完整这两方面的要求，而且还要考虑有合适的扩展性。

（3）选取维度

在粒度选取完成之后，面临从什么角度来建立数据模型，也就是维度选取的问题。维度的选择依目标的不同而不同，在选取维度的时候主要考虑数据仓库的主题、用户需求以及用户可能的需求变更。

（4）选择事实

最后，根据用户的实际需求，数据仓库主题、粒度以及维度，选择合适的事实支持维度模型。

5．数据仓库的访问工具

数据仓库中的数据必须通过与用户的交互，才能转化为面向最终用户、面向业务主题的可用的信息，这也是建立数据仓库的最终目的。在传统数据库系统中，数据的展现是通过定制的业务报表来实现的。而数据仓库的前端展现并不仅仅限于报表，它为各类用户提供了多种多样的应用系统，包括面向高层决策者的主管信息系统（EIS）、面向决策分析者的联机分析处理系统（OLAP）、为各层决策者服务的即时查询系统（Ad Hoc Query）以及为报表服务的灵活报表系统（Reporting）等，此外还包括用于发现隐含规律的数据发掘系统（Data Mining）。特别是联机分析处理，是最典型的数据仓库应用。

联机分析处理（On-Line Analytical Processing，OLAP）的概念最早是由关系数据库之父E F Codd 于 1993 年提出的。当时，Codd 认为联机事务处理（On-Line Transaction Processing）已不能满足最终用户对数据库查询分析的需要，用户的决策分析需要对关系数据库进行大量计算才能得到，而查询的结果并不能满足决策者提出的需求。因此 Codd 提出了多维数据库和多维分析的概念，即 OLAP。OLAP 从数据仓库中的集成数据出发，构建面向分析的多维数据模型，再使用多维分析方法从多个不同的视角对多维数据进行分析、比较。这一技术的发展使决策分析中数据结构和分析方法相分离，这样才有可能研制出通用而灵活的分析工具，并使分析工具产品化。

OLAP 的主要思想是，通过对企业业务状况及相关数据进行多角度、多层次的分析，使企业决策者及时掌握企业的运行情况和发展趋势，并为制定计划和长远规划提供理论指导。

OLAP 具有以下几个特点：第一是快速性，由于数据采用多维数据结构存储，在查询时不需进行大量计算，可直接访问，因此具有更高的查询效率；第二是灵活性，由于已经归纳出所有的事实、维和粒度，就可以利用分析工具，根据需要从任意角度、任意层次对数据进行查询和分析，并且可以满足不断增长的业务数据量和不断变化的用户需求的需要，从而打破了固定报表的限制；第三是多维性，传统数据库往往只能生成二维的报表和图形，三维甚至更高维的图形则无法展现了，但多维分析技术冲破了物理的三维空间，通过切片（切块）、钻取、旋转等手段，可以展示出多维视图的结构，使用户直观地了解、分析数据。

切片（切块）、钻取和旋转是 OLAP 特有的多维分析方法。

（1）切片和切块

在多维数据结构中，按二维进行切片，按三维进行切块，可得到所需要的数据。如在"时间、产品、客户"三维立方体中进行切片和切块，可得到指定时间、指定产品的销售情况，如图 5-16 所示。

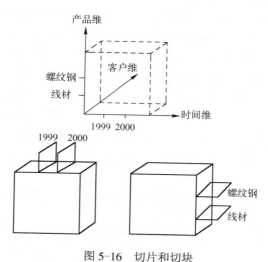

图 5-16　切片和切块

（2）钻取

钻取分为向下钻取（**Drill Down**）和向上钻取（**Drill Up**）两种操作，钻取的深度与维所划分的层次相对应。例如图 5-17 所示的例子中，对全年的销售量按时间维向下钻取，就可以得到各季度的销售量。

2000年各部门销售情况

单位：吨

部门	销售量
部门1	1000
部门2	2000
部门3	2500

按时间维向下钻取 →

单位：吨

部门	1季度	2季度	3季度	4季度
部门1	200	300	200	300
部门2	500	400	500	600
部门3	500	600	700	700

图 5-17　钻取

（3）旋转

通过旋转可以方便、灵活地从不同视角的来查看数据。例如图 5-18 所示例子。

2000年各部门销售情况

单位：吨

部门	1季度	2季度	3季度	4季度
部门1	200	300	200	300
部门2	500	400	500	600
部门3	500	600	700	700

旋转 →

单位：吨

部门	部门1	部门2	部门3
1季度	200	500	500
2季度	300	400	600
3季度	200	500	700
4季度	300	600	700

图 5-18　旋转

OLAP 按照存储方式，可分为基于关系数据库的 ROLAP 和基于多维数据库的 MOLAP。

ROLAP 以关系数据库为核心，沿用现有的关系数据库技术，按照上一节中描述的"星形模型"或"雪花模型"来表示多维数据结构。ROLAP 技术成熟、易于维护、灵活性强、安全性好，对数据量没有限制，而且对 Web 的支持较好；但是由于只是一种虚拟的多维结构，在处理速度上比较慢、性能较差。

MOLAP 是专为 OLAP 设计，以多维数据库为核心，使用多维数据库管理系统（RDBMS）管理所需的数据，以多维的方式存储数据，并以多维的方式来显示数据，因此性能好、处理速度快，并且能完成复杂的跨维操作；但是数据量受到操作系统平台的文件大小的限制，而且维护量大、安全性差、技术不够成熟、缺乏数据模型和数据访问的标准。

由于 ROLAP 与 MOLAP 各有所长，最近又出现了混合型的 OLAP（HOLAP）。HOLAP 介于 ROLAP 与 MOLAP 之间，采取了折中的办法，将细节数据、历史数据等不常访问的数据存放在关系数据库中，而将汇总数据、当前数据等经常访问的数据存放在多维数据库中，这样可以兼有 ROLAP 与 MOLAP 的优点。但是 HOLAP 也缺乏统一的标准和实现形式。

综上所述，数据仓库与联机分析可以看作是数据仓库系统的后台和前端两个部分，它们在系统中各自起着关键的作用。

数据仓库解决了数据不统一的问题。数据仓库自底层数据库收集大量原始数据的同时，对数据进行集成、转换和综合，形成面向全局的数据视图，作为整个系统的数据基础。

联机分析处理从数据仓库中的集成数据出发，构建面向分析的多维数据模型，并使用多维分析方法从多个角度、多个侧面及多个层次对多维数据进行分析、比较，实现了分析方法和数据结构的分离。

因此，数据仓库与联机分析处理从不同的角度为决策支持服务。数据仓库侧重于存储和管理面向决策主题的数据，为联机分析提供了充分可靠的数据基础；联机分析则使决策人员能够通过多个层次、多个角度访问企业的数据，从而了解企业的运营状况。联机分析的多维性特点与数据仓库的多维数据组织正好形成相互结合、相互补充的关系。

5.5.4 数据仓库系统总体框架

数据仓库的总体框架的好坏直接决定了数据仓库生命周期的长短，以及数据仓库的扩展能力如何。因为建立数据仓库是一个长期的过程，在建好之后必然要有维护和扩展的工作随后进行，所以搭建一个稳定的框架有着很现实的意义。

1. 设计思想及需求分析

在进行数据仓库的设计之前，先明确一下设计的思路是一件非常有意义的事情。以系统化的思维来考虑数据仓库的构建，通常是基于这样一种考虑：系统的输入是数据，系统的输出是企业的定制需求、OLAP 分析和挖掘分析。如图 5-19 所示。

图 5-19 中的输入是数据，包括企业以前用过的系统中的遗留数据，这些数据对企业还可能有用；也包括企业现在正在使用的系统中的已有数据和正在增加的数据；还包括一些外部数据。即输入是所有能对或可能对企业有用的数据。

图 5-19　系统化的数据仓库模型

图 5-19 中的输出是企业的定制需求、OLAP 分析和挖掘分析，其目的是提高企业的竞争优势，也就是提高企业的利润。提高企业竞争优势是一个目标，如何来实现正是数据仓库要做的事情。对于如何提高企业的竞争优势，有些企业用户心中有比较明确的方法，这些方法有可能容易实现（如，要每天明确地告知企业分布在各地的所有仓库中各有多少种产品，每种产品的数量是多少），也可能不太容易实现（如，告知下个月每一种产品的市场价值会涨还是会跌）；有些企业用户也有可能没有明确的方法（不太清楚，需要别人的指导意见才能提高企业竞争优势）。

正是因为企业用户对怎样提高企业竞争优势没有一致、确定的方法，进一步说就是用户对数据仓库到底是一个什么样的东西，能实现什么功能没有明确的概念，所以设计数据仓库的指导思想一定不能建立在用户的详细需求上，而应该建立在数据上，并在数据的基础上参考用户的需求，也就是说设计出来的数据仓库不但要满足用户现在已有的需求，还要满足用户以后可能提出的需求，以及以后出现的所有不可预见的需求。这一点正是设计数据仓库与设计传统的 MIS 有着较大区别的地方。

通常开发数据仓库系统是以一种数据驱动的开发生命周期进行。也就是说在开始时可以不考虑用户的需求，而在数据仓库建好一部分后，开始由用户需求开发数据展示程序，然后循环到设计，更改设计，满足需求，由此得到一个不断循环的开发生命周期。

尽管数据仓库的设计是建立在已有的数据基础之上，但是在设计数据仓库前关注一下企业用户的需求也有着很重要的意义。一方面，数据仓库是一个非常大的数据存储结构和数据展示方法，了解用户的需求可以把握住系统开发的侧重点；另一方面，了解用户的需求也是对用户的尊重，容易赢得用户的支持。

在设计前对用户的需求应该侧重于指导性的需求而不是详细的需求。即需要了解的是功能性的需求，如数据保存多久、详细到什么程度等，至于用户的详细需求，如库存报表的显示格式等，应该在作数据展示时进行详细的调研。在本书所实施的项目中，用户的需求大致可以分成三种类型，企业主管的需求、信息主管的需求和数据分析员的需求。下面将分别讨论这三种需求。

（1）企业主管的需求

企业主管的需求主要集中在对资金分析的需求。企业主管对监控企业资金总体分布情况提出了较高的要求，希望能通过一个"资金分布总控表"来对企业的资金分布进行查询，要求数据及时（可以看到当天的资金分布情况）、准确（数据要反映企业资金分布的真实情况）和动态（资金分布总控表要每天更新）。

（2）信息主管的需求

信息主管要求能对企业的所有信息以非常灵活的方式进行展示，并且要能在最详细的级别到最终汇总级别之间的所有级别灵活的查询。对时间的要求是尽量及时，最终商量的结果是延迟一天，即数据仓库每晚进行迁移，迁移和计算出前一天的数据。

（3）数据分析员的需求

数据分析员的任务是寻找企业数据中隐藏的关系，即模式，来为企业提高竞争力。在数据仓库项目启动之前，该企业并没有数据分析员这个职务，只有数据统计人员。统计人员的任务是为领导做报表，即完成企业数据的集成，这部分工作在数据仓库应用以后可以由数据仓库直接完成。

针对用户不同类型的需求，数据仓库框架中必须设计出不同组件来满足它们。对企业主管的需求，必须要有一个模块能够在后台计算出需要的全部数据，这个功能在集成转换层来完成。计算出需要的数据后，在数据展示的模块中使用定制的报表可以满足企业主管的需求；信息主管灵活查询的需求正是 OLAP 立方体能实现的功能；数据分析员的需求是数据挖掘要完成的功能。

2. 数据仓库框架

由用户不同需求设计出的数据仓库的总体框架如图 5-20 所示。其中，左面的部分是企业原有数据，即为数据仓库的输入，包括遗留数据、业务数据和外部数据。遗留数据是指企业原来曾使用过的数据，现在不用的。但是系统中遗留的数据可能对企业以后的决策有一定的参考价值，这部分数据要保存到数据仓库中。业务数据是企业正在使用的数据，可以是一个或多个信息系统。如果是一个系统则可以直接迁移，多个系统要先集成再迁移。

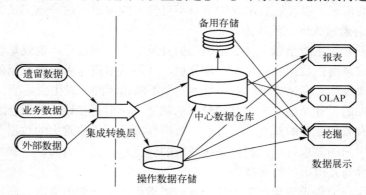

图 5-20 数据仓库总体框架

一般来说，数据仓库是在现计算机管理系统上的升级，基本上只有一个管理信息系统，所以这部分是直接进行迁移。外部数据是指一些公用数据、员工在网络上收集到的数据或者购买来的数据，这些数据对企业的决策也有一定的参考价值，这部分数据也要保存到数据仓库中。在商业销售项目中，外部数据主要是市场上的一些单价信息，由市场人员收集，以文本的方式导入数据仓库。框架中其他的部分，如集成转换层、操作数据存储、中心数据仓库、备用存储和数据展示模块等将在下面进行详细的介绍。

3. 集成转换层

集成转换层（Integrated and Transformation，I&T）的主要功能是对来自应用的非集成的数据进行组合或集成，最终转换成企业级的数据。这部分的功能主要分成两个部分，分别是变化数据捕获和数据的抽取－转换－加载。

（1）变化数据捕获

变化数据捕获（Change Data Capture，CDC）的功能是捕获两次迁移之间源系统数据的变化信息。对此部分，用户使用的系统有如下一些特点：企业的单据信息每天会增加，有可能会修改前一天或前几天的单据信息，也有可能删除前一天或前几天的单据信息。由于迁移频率已经定为每天一次，也就是说用户除了添加新数据外，还可能会修改或删除已经迁移过的数据。这要求每天迁移数据前，要捕获当天用户对数据的所有操作，然后对应改变数据仓库中的数据。

（2）抽取－转换－加载

数据的抽取－转换－加载（Extraction-Transformation-Load，ETL）的功能是在变化数据捕获的基础上，将变化的数据抽取出来，转换成便于分析的企业级数据，并加载到数据仓库之中。

集成转换层将由一组非常不稳定的程序组成。主要有以下几点原因：

1）应用经常变化。每当应用改变时，集成转换层中的某个或多个程序也必须作相应的改变。

2）数据仓库是逐步建成的。数据仓库的功能子系统会逐步地增加，每增加一个子系统都需要编写相应的集成转换程序。

3）数据仓库是经过反复的迭代过程才建成的。许多情况下，信息主管和数据分析人员在考察数据仓库提供的信息之后，会要求改造和重新组织数据仓库的环境。

4. 操作数据存储

操作数据存储（Operational Data Store，ODS）出现的原因主要是出于性能上的考虑。通常的数据仓库系统建立迁移策略时，要考虑数据的稳定时间，即单据信息录入后在多久以后不再需要修改或者删除。一般来说，银行、电信等系统的单据信息具有一次稳定性，即单据生成后不会修改。

出于两个原因，数据仓库要求其中数据必须稳定：

一方面数据仓库是为了分析方便而生成的数据源中数据的副本，所以迁移后的数据被修改的话就会导致数据仓库和数据源中的数据不一致，解决办法就是根据源数据的变化修改数据仓库中的数据。

另一方面，从性能的角度考虑，当数据量非常大时，数据的存储方式和优化方式对性能的影响非常大。对数据的操作主要有两种，即保存和提取。数据量大时，要设计出同时满足保存和提取性能的数据存储方式不太现实，所以数据仓库的存储方式是设计成提取方便的方式，这也正是数据仓库出现的原因。

由于数据仓库的存储方式设计成提取方便，这样频繁地更改数据会对数据仓库的性能产生很差的影响。同时，因为修改了已迁移的数据，所以要求必须修改数据仓库中的数据而保持数据的一致性。为了解决这个矛盾，操作数据存储出现了。

在实际商业业务流程中，用户业务模式比较复杂，需要修改前期的数据，最长可能要修改三个月内的单据信息。这也是设计 MIS 时没有预料以后会建立数据仓库产生的结果，否则原系统中设计成以"冲红"的方式修改前期数据，则只需捕获新添加的信息即可，迁移到数据仓库中只需存储在数据仓库的表存储空间的末尾，这样操作数据存储即可省略。

操作数据存储中保存三个月的数据，超过三个月的数据归档入数据仓库，不再修改。由于操作频繁，操作数据存储的物理设计结果是一种混合性的结构，即在数据的保存和提取之间取一个折中。

操作数据存储和数据仓库有着相同点也有着很大的不同。它们的相同点是同是面向主题和集成的。不同点是操作数据存储的数据是可变的，而数据仓库中的数据是不变的；操作数据存储中只保存当前数据，数据仓库中要保存当前的数据和历史的数据；操作数据存储只保存明细数据，数据仓库中既保存明细数据也保存汇总数据。

5. 中心数据仓库

中心数据仓库是整个系统中最主要的构件，是决策支持系统 DSS 处理的基础。其输入来自集成转换层和操作数据存储，同时为企业定制需求、OLAP 分析和数据挖掘分析提供数据。

中心数据仓库和操作数据存储可以一起提供企业管理的决策支持，提供企业的战略性规划处理支持。DSS 分析人员可以使用中心数据仓库提供的数据，支持客户分段与评价、产品分析以及预测长期客户能够带来的潜在效益。

由于其扩展性，中心数据仓库在规模上将显著地大于其他构件。在数据仓库中，历史数据的收集和存储具有其他信息处理环境中所没有的独特属性。中心数据仓库的实际规模取决于其中应当包含多少历史数据，以及应保存到哪种详细程度的数据。

数据仓库由满足企业的多个数据集市组合而成。其结构如图 5-21 所示。

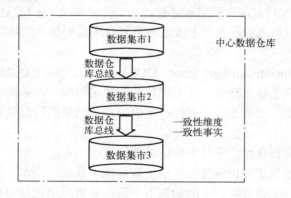

图 5-21　中心数据仓库结构图

图 5-21 中，数据仓库由具有一致性维度和一致性事实的多个数据集市组合而成，并且在多个数据集市中遵从数据仓库的总线结构。

6. 备用存储

备用存储的出现是由于数据仓库中闲置数据的不断增多。从数据仓库设计的开始就考虑备用存储并不过早，因为数据仓库中的数据的增长速度会很快。

数据仓库中闲置数据不断增多主要有以下原因：

1）过高的估计了对历史数据的需求。第一次设计数据仓库时，对数据的要求通常是保留 5 年的历史数据。在设计者提供了 5 年的历史数据后，用户了解到大多数分析处理实际上只需要用到一到两年的历史数据。

2）现有数据中包括了分析处理中从不需要的数据。数据仓库的设计目的是进行某种范围的 DSS 分析处理，其中某种类型的数据可能从未访问过。

3）创建的汇总数据只用过一次。把汇总数据放到数据仓库中是非常通用的做法。不幸的是，通常很少规划究竟应怎样管理这些汇总表。结果是，数据仓库管理员不知道哪些汇总表需要删除，因此，为了安全起见，只好继续保留。

这种闲置数据的出现是一种很正常的现象。只有当数据量不断增长，某些数据开始闲置时，这种现象才会发生。在数据仓库增长过快时，大量的数据会导致闲置数据随之飞快地增长。

将闲置数据从数据仓库中移出可以带来很多好处，主要有：

1）移走闲置的数据能够极大地改善系统的性能。

2）把闲置数据移送到廉价的存储介质上，可以极大地降低数据仓库的费用。

3）可以仔细地设计数据，以容纳非常好的数据粒度。

4）数据仓库可以有效、无限制的扩展。

备用存储的介质是一些低速的、廉价的存储介质，如磁带、光盘等存储构件。

7. 数据展示模块

数据展示模块在图 5-20 的右侧。数据保存到数据仓库中的目的是为了满足用户的各种可预见和不可预见的需求。在数据保存到数据仓库之后，数据展示的工作开始。

数据仓库中的数据一般有三种使用方法，分别是做定制需求分析、OLAP 分析和数据挖掘分析。其中，使用定制需求的用户不需要了解数据仓库的元数据，由应用程序开发人员或报表制作人员根据数据仓库的元数据和用户的需求来定制报表。而 OLAP 分析和数据挖掘分析通常需要最终用户了解数据仓库的元数据，可以通过工具直接访问数据仓库中的数据，来满足一些不可预见的需求。

（1）定制需求分析

定制需求是根据已知的用户需求，对数据进行集成、计算处理等数据处理操作，满足用户对企业信息的固定需求。定制需求主要的形式是报表，是指广义上的报表，包括表格、直方图、饼图等。

数据仓库中的报表和传统的数据库中的报表相比，有如下几个优点：

1）数据仓库增加了数据的历史深度。即可以在一个报表中包含几年的综合数据。如，对客户信息的报表，可以包含几年内客户与企业的所有往来信息。

2）数据仓库增加了时间的维度。在数据仓库中，基本上每个表都有时间的维度，这样各种信息的变化趋势就很容易得到。

3）数据仓库提供了易于访问的数据。数据仓库把企业的所有信息集成到了一起，使用户能方便地访问，制作报表也很容易。

作定制需求是目前国内企业应用数据仓库的主要形式。

（2）OLAP 分析

OLAP 就存储方式来说主要分为两种类型：多维联机分析处理（Multidimensional OnLine Analytical Processing，MOLAP）和关系联机分析处理（Relational OnLine Analytical Processing，ROLAP）。两种 OLAP 的逻辑模型是一样的，区别在于物理存储方式的不同。OLAP 提供了分析建模机制，包括推导比率、变差等以及跨越多维计算度量的计算引擎。它能在每一粒度级别和所有维的交叉产生汇总、聚集和分层。OLAP 也支持预报、趋势分析和统计分析的函数模型，是一种强有力的数据分析工具。

MOLAP 的物理存储方式是以多维结构存储，称为多维数据库。这种存储方式具有非常高的灵活性和性能。MOLAP 是基于数组的多维存储引擎，支持数据的多维视图，它将多维视图直接映射到数据立方体数据结构。使用数据立方体的好处是能够对预计算的汇总数据快速索引。

ROLAP 的物理存储方式是将多维结构映射成数据库中的关系表，并用关系型数据库来存储，也称为星型结构。ROLAP 比 MOLAP 具有更大的可扩展性。

OLAP 分析是国内以及国外应用数据仓库技术的主要形式。

（3）数据挖掘分析

数据挖掘（Data Mining）是从大量数据中提取或"挖掘"知识。另一个常用的术语是数据库中的知识发现（Knowledge Discovery in Databases，KDD）。数据挖掘给数据仓库带来了非常引人入胜的特色，同时也承载了人们太多的期待。有时用户会认为，没有数据挖掘的数据仓库不是数据仓库。但事实上，但凡与人工智能有关的学科，在目前企业中的应用都不是很理想。尽管如此，数据挖掘有着很好的前景，对数据挖掘的研究和应用应该继续。

5.5.5　平台构件产品的选择

目前，数据仓库产品的厂商很多，主要有 NCR、Oracle、IBM、Microsoft、Sybase、SAS 等国外厂商。其中大部分厂商都提供了完整的数据仓库解决方案。但是由于数据仓库系统是一个非常复杂的系统，一个厂商不可能对数据仓库的每个构件都能做到技术领先，所以通常在设计数据仓库系统时都会针对不同的构件选择不同的产品。数据仓库产品按照功能主要分为如下几个部分：数据仓库引擎产品、数据仓库建模工具、ETL 工具、OLAP 产品、数据挖掘工具以及数据展示工具。其中每类产品对应数据仓库系统的一个构件，组合起来就是一个整体的解决方案。

1．数据仓库存储引擎

数据仓库的存储引擎分为两种，一种是关系型数据仓库，也称为关系型数据库；另一种是多维数据库，即 OLAP 数据库。

（1）关系数据仓库引擎

关系型数据库用来保存 ROLAP 的数据，即 "维度建模"方法构建出来的模型及迁移进去的数据。关系型数据仓库最为出色的有 NCR 公司的 Teradata，Oracle 公司的 Oracle，IBM 公司的 DB2 以及 Microsoft 公司的 SQL Server 等。

（2）多维数据库引擎

多维数据库用来保存 MOLAP 的数据，即数据立方体的数据。提供多维数据库的厂商及产品主要有 Hyperion 公司的 Essbase、Oracle 公司的 Express Objects 和 Microsoft 公司的 Analysis Services 等。另外，一些后面提到的展示工具可以将数据下载到本地保存，虽然没有建立多维服务器，但是同样以立方体的形式保存数据。

2．数据建模工具

在数据仓库的开发项目中，数据仓库建模工具是用来设计技术元数据的，是项目中不可或缺的一部分。好的建模工具可以解决项目中的很多问题。如异构数据库的管理，建模工具可以采用统一的视图，屏蔽掉不同数据库引擎之间的复杂性；模型的可重用性、可管理性以及开发效率等。

目前比较好的数据仓库建模工具有 CA 公司的 ERwin 和 Sybase 公司的 PowerDesigner。

3．数据 ETL 工具

早期的数据迁移大多是开发人员手工编写。目前，各大公司都推出了自己的数据迁移工具，比较出色的主要有 Informix 公司的 DataStage、Informatica 公司的 PowerMart 和 Microsoft 公司的 Data Transformation Services（DTS）。

4．数据展示工具

数据展示工具即数据仓库前端使用者的接口工具。这些工具为企业提供了一个集查询、分析和报表为一体的信息共享平台。在这些展示工具中，比较出色的有 Brio Enterprise 的 Brio，Business Object 公司的 BO 以及 Cognos 公司的 Cognos。它们都是非常出色的商业智能工具。

以 Brio Enterprise 的产品进行数据的展示为例。Brio Enterprise 提供了一个完备的、集成的决策支持平台，支持信息的发布、分析和各种决策支持。它提高了企业信息的价值，改善了企业的性能，为企业提供了竞争的优势，其丰富的功能包括企业报表、分析报表、强大的服务器、特殊的查询、OLAP 和分析应用工具等。

5.5.6　变化数据捕获

在作数据迁移之前，有一个非常重要的概念叫做增量抽取，也称为变化数据捕获（Change Data Capture），它是数据仓库平台的一个非常重要的元素。事实上，变化数据捕获是集成转换层中数据抽取模块的一部分，这里把它单提出了是因为它的重要性。变化数据捕获优化了从源系统中提取数据的过程。因为从数据源提取所有的数据将是一件非常麻烦和庞大的工作，通过变化数据捕获，从数据源中重新提取的就不再是全部的数据，而仅仅是两次提取之间更改的和新插入的数据。变化数据捕获的质量直接决定着迁移数据的质量，以及进入数据仓库中的数据的质量。所以设计出好的变化数据捕获方法对数据仓库的实施有很重要的意义。

变化数据捕获的方法有很多，每一种都有自己的特色，在作数据仓库的设计时要根据具体的情况来选择适合的捕获方法。下面将详细介绍这些方法以及它们的适用范围，同时选择出本项目中最适合的捕获方法。变化数据捕获的一般方法主要有源数据提取、应用协助获取、DBMS 日志获取、触发获取、基于时间戳的获取、文件比较获取、基于复制技术的获取和 DBMS 提供的变化数据捕获等。

1．源数据提取

源数据提取是在某一时刻提取源数据的静态快照。它的优点是提取容易实现，速度快。缺点是适用面小，适用于静态的不需要连贯的历史数据的临时数据模型，如获取文件、表或图形，以及用于覆盖数据仓库中的一些与相同的源相关的数据，如更新一年的数据，而对上一年进行归档。

严格地说，源数据提取不是变化数据捕获的方法，而是由 DBMS 提供的快照功能来实现对数据的整体提取。这种整体提取的方法不适合于一般中小型实施项目。

2．应用协助获取

应用协助（Application-assisted）获取是一种由应用编程人员控制的变化数据捕获方法，它需要编写可以从任何操作型数据源获取数据的程序。它的优点是非常有效，所有的过程都在应用编程人员的掌握之中。它的缺点是实现难度大，而且因为所有的过程都由应用编程人员控制，包括测试和维护，出错的几率非常大，除非经过严格的测试，并能保证完成所有预想的工作，同时没有负面影响，否则不建议使用这种方法。微软的数据提取技术（如 OLE DB 和 ADO）允许使用任何编程语言编写应用来访问各种类型的数据源。

严格地说，应用协助获取也不是变化数据捕获的方法，它是由编程人员通过编程的方式实现对数据的整体获取。这种需要大量编程的整体提取方法是一种不可取的数据获取方法，也不适合一般商业实施项目。

3. DBMS 日志获取

DBMS 日志获取是一种通过 DBMS 提供的日志系统来获得变化的数据的方法。它的优点是对数据库或访问数据库的操作系统的影响最小。缺点是要求 DBMS 支持，并且对日志记录的格式非常了解。

4. 触发获取

触发获取是一种通过 DBMS 提供的触发器功能，由开发者控制的变化数据捕获方法。它的优点是灵活，能启用任何类型的获取。缺点是整个开发、测试和维护过程是由开发人员负责的，而且容易被访问和修改，同时也更易受其他触发机制的影响。

触发获取是一种很通用的方法，在没有别的方法可以选择时，它通常是一种很好的变化数据捕获方法。大型关系数据库项目实施中，采用的正是这种变化数据捕获方法。

5. 基于时间戳的获取

基于时间戳的获取是通过检查时间戳，确定该记录在上次获取之后是否改变过。如果记录有改变或者是新增记录，则该记录将被获取到一个文件或表中。它的优点是方便，容易实现。缺点是如果操作型系统没有相应的时间戳，需要改变已有的操作型系统的结构，以保证获取过程涉及的每张表都有时间戳字段。

基于时间戳的获取方法也是一种非常通用的变化数据捕获方法，但是在一些实际应用系统中，源系统的时间戳因为业务的原因而不能使用。

6. 文件比较获取

文件比较获取是通过保存数据源某个时间的快照，然后过一段时间，将当前的文件和前一个快照文件比较，这时所有这段时间以来所做的更新能被发现并捕获，将这个更新存入单独文件中以便后续的处理，并导入数据仓库。它的优点是容易理解和实现，缺点是效率比较低。

这种变化数据捕获方法主要应用于非数据库的数据源，如文本中的数据获取。很多项目中虽也有文本的数据需要导入数据仓库，但是文本中数据的变化由业务人员进行控制，即每天添加新的文本文件到固定位置，等待数据仓库中集成-转换层来读取。

7. 基于复制技术的获取

几乎所有大型的 DBMS 都提供有复制技术。SQL Server 2000 的复制是在数据库之间对数据和数据库对象进行复制和分发，并进行同步以确保其一致性的一组技术。其工作原理是源数据库发布数据，目的数据库接收数据，由 DBMS 来实现数据的一致。

事实上，这种方法并不适合变化数据捕获，因为数据仓库中数据的类型与组织方式不可能设计成与源系统相同，比如，代理关键字的出现、杂项维度的出现等。一般说这种方法不太合适。

的思路特点。

    3）阐述程序设计方案。

    4）运行程序。

A.2　二次路径规划

1. 内容

如图 A-4 所示，Dijkstra 算法是由荷兰计算机科学家 Edsger W Dijkstra 发现的。算法解决的是有向图中最短路径问题。Dijkstra 算法的输入包含了一个有权重的有向图 G，以及 G 中的一个来源顶点 S。 我们以 V 表示 G 中所有顶点的集合。 每一个图中的边，都是两个顶点所形成的有序元素对。(u,v)表示从顶点 u 到 v 有路径相连。 我们以 E 表示所有边的集合，而边的权重则由权重函数 w: E → [0, ∞]定义。 因此，w(u,v)就是从顶点 u 到顶点 v 的非负花费值(cost)。边的花费可以想像成两个顶点之间的距离。任两点间路径的花费值，就是该路径上所有边的花费值总和。已知 V 中有顶点 s 及 t，Dijkstra 算法可以找到 s 到 t 的最低花费路径。 这个算法也可以在一个图中，找到从一个顶点 s 到任何其他顶点的最短路径。

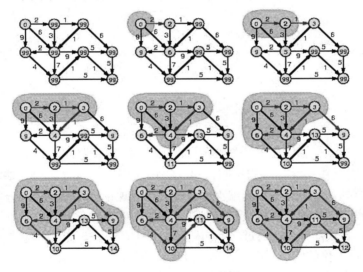

图 A-4　Dijkstra 算法

XX 物流公司按 Dijkstra 算法计算了总部到所有的网点之间的最短路径，并打算按照计算结果组织运营，然而国家突然调整路桥费，使得该公司必须调整运营计划。请设计线性阶算法，并编程实现已知 Dijkstra 算法求得的最短路径基础上，各边的权值都少算 k（可能小于零）的情况下，二次求解单一源点到连通图其他节点最短路径的算法。设该公司总部在北京，其业务辐射区域主要包括呼和浩特、北京、天津、济南、石家庄、太原、郑州、西安、银川、兰州和西宁（如图 A-5 所示）。

2. 专题要求

请设计相应的数据结构（图），用 VC 6.0 实现上述地图的拓扑结构描述（如图 A-6 所示），包括图形化输入节点与边（弧）、节点的名称、边（弧）的权值以及从磁盘存取该有向图的功能。完成三部分工作：专题报告、可运行程序以及答辩 ppt。

图 A-5　XX 物流公司业务网点分布

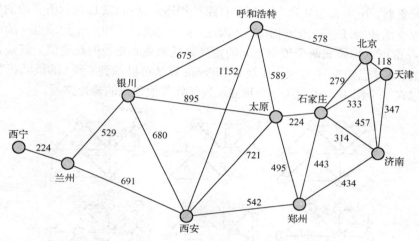

图 A-6　XX 物流公司业务网点拓扑结构图

1）专题报告包含基本原理、程序设计、收获与源程序清单 4 个部分。基本原理中除阐述必要的原理性内容外，重点在于说明编程中涉及的特色理论；程序设计部分按照需求分析、概要设计、详细设计等软件开发标准过程展开，重点说明在软件开发的各阶段遇到的主要问题以及解决思路；收获部分说明通过实际问题编程对于基本理论的深入思考。

2）要求采用可视化的图形界面输入顶点及连接路径。即进行以图形化方式设置路径，选择源点，最短路径求解，路径二次规划等操作。

3）要求设计有向图的存储结构以及最短路径的存储结构，包括：支持节点的命名，能够存储边（弧）及其权重，假设总节点个数不少于 10 个，与每个节点出度小于等于 10，入度也小于等于 10（可能为零）。

4）此存储结构应该支持节点插入、删除、名称设置，边（弧）的插入、删除、权值的指定以及根据给定名称检索节点以及根据权重的范围检索边（弧）的集合。

5）可视化（图形）界面上显示此有向图的生长（含删除节点）过程。

6）将结果路径突出显示（如图 A-7 所示），二次规划结果要和原最优解同时显示（如图 A-8 所示）。

7）有能力的读者可以考虑大陆 32 个省会城市之间的最短路径规划问题（公路里程表如图 A-9 所示，单位为公里），关键是如何有效降低问题求解的空间复杂度，或者增加 Freud 算

8．DBMS 提供的变化数据捕获

DBMS 提供的变化数据捕获是一种很新的方法，出于数据仓库技术的发展，有些 DBMS 开始着手变化数据捕获，即 DBMS 会自己把变化的数据捕获出来，放到与之对应的关系表中，用户只需访问这些表即可得到数据的变化信息。这种变化数据捕获的方法将成为变化数据捕获的主流，将来不提供这种方法的 DBMS 将在数据仓库领域被淘汰。

目前，大多数数据库管理系统还不支持这种变化数据捕获的方法，包括 SQL Server 2000。因而一般小型商业项目中无法采用这种方法，但是采用触发的方式基本实现的就是这种方法的功能。

例 5-3 触发获取方法的设计。

一般商业项目实施中，可以采用变化数据捕获方法是基于触发获取方法和时间戳获取方法的结合。

数据仓库相对于 MIS 中的数据有两个特点，一个是时间戳不能用，另一个是数据的修改频繁，而且对数据仓库要求及时（每天更新），这就必然导致迁移过的数据被更新和修改。

（1）设计思路

考虑到基于 MIS 的特点，变化数据捕获具体的实现思路是：对源系统中每个需要用到的表设计一个副本表来保存变化信息，在原表中添加三个触发器，在添加、修改和删除操作时将所有的信息写入副本表，然后在数据抽取时直接提取副本表中的记录。

上述方法过于复杂，具体实现时采用的是一个简略后的方法，即在源系统中每个需要用到的表中添加一个字段，来标识该条记录是否被迁移过，或迁移后又被修改过。这个标志位与源系统的应用程序无关，可以在用到的每个表上建立触发器来实现对这个标志位的维护。另外有两个要注意的地方，一个是表中关键字的修改，另一个是记录的删除，这两种情况用标志位无法捕获，需要另外设计一个表来保存修改前后的关键字信息以及删除掉的记录信息。

（2）建立标识位

首先在每个使用的表中建立标识位，标识位的添加使用可用类似下面的语句来实现：

```
alter table customer
    add dw_state char(1) default 'N' not NULL
go
```

其中 dw_state 有 4 种状态，分别是 'N' 表示数据是新添加的数据，还没有被迁移过；'Y' 表示数据已经被成功地迁移了；'U' 表示数据被迁移过后又被修改了；'P' 表示数据迁移过又被修改主键了。因为删除后，记录就不存在了，所以没有设计标识删除的状态，而采用下面建立状态表的方法来实现删除信息的捕获。

（3）更改删除记录表

添加好标识位后建立变化信息表，可以只记录对记录中主键修改的情况和对记录删除的情况。

但是这时对建立的更新删除记录表要求比较高，这个表必须能记录所有可能出现的记录关键字修改事件和记录删除时间，如，一个建好的表结构如图 5-22 所示。

图 5-22 所示的表中，关键字是整型的自增标识列，即程序不需对它进行任何操作，它自己会根据记录的添加来增加，起到区分记录的作用。

261

更新删除记录表	
标识关键字	int
表名	varchar(50)
修改时间	datetime
关键字1	varchar(50)
关键字2	int
关键字3	varchar(50)
关键字4	datetime
原关键字1	varchar(50)
原关键字2	int
原关键字3	varchar(50)
原关键字4	datetime
状态	char(1)

图 5-22 更新删除记录表

第二个字段是"表名",即记录这次修改的表的名称。第三个字段是"修改时间",记录何时对数据进行的修改。

第四到十一个字段是在考虑了所有的表的基础上总结出来的关键字组。它分成了两组,各有四个字段,一组用来保存修改前的关键字组,另一组用来保存修改后的关键字组。其中每一组都必须覆盖所有表的关键字类型的组合,举例来说,对产品单价表,关键字有三个,分别为"日期"(Datetime)、"市场"(Varchar)和"产品"(Varchar),在记录表中用"关键字 4"、"关键字 1"和"关键 3"的组合就可以保存产品单价表的主键信息。这些关键字组中字段的个数和数据类型可以根据源系统中表的关键字的组合来进行扩展。

最后一个字段是"状态",用来标识更新删除记录表中记录的状态,它共有三种取值类型,分别是 'D' 用来表明这条记录是用来记录删除信息的;'P' 用来表明这条记录是更新主键的信息;'Y' 用来表明这条记录的变化信息已经被数据仓库处理过了。

(4)添加触发程序

触发程序共有三种,分别对应于记录增加、修改和删除。由于在添加标识位时建立了默认值,所以用来标识增加状态的触发器就可以省略了。

用于标识修改状态的触发程序要求分成两个模块,一个对应于没有修改关键字的情况,另一个对应于修改了关键字的情况。

以客户为例,当修改主键时触发器的代码类似于下面的语句:

```
insert into dw_deleted(t_name,d_date,id_1,old_id_1,state)
    select 'customer',
        getdate(),
        inserted.customerID,
        deleted.customerID,
        'P'
    from    deleted,inserted
    where   deleted.dw_state<>'N'

update customer set dw_state='P'
```

```
        from inserted
    where    customer.customerID=inserted.customerID
              and inserted.dw_state<>'N'
```

第一句中 insert 语句的功能是将修改主键的信息保存入更新删除记录表（dw_deleted），其中 'customer' 表示当前修改的是客户表，getdate()得到的是当前的系统时间，也就是修改时间，dw_state<>'N' 的目的是只记录未迁移过的记录修改信息。

第二句中 update 的功能是将客户表中的 dw_state 置为更新主键的状态，以备随后作迁移时使用。

以客户表为例，修改的是非主键时，触发器的代码类似于下面的语句：

```
update customer set dw_state='U'
    from inserted
    where customer.customerid = inserted.customerid and
          inserted.dw_state='Y'
```

语句中直接将客户表中的 dw_state 置为修改状态。

用于标识删除状态的触发程序相对来说比较简单，只需将删除记录的关键字写入更新删除状态表即可。

同样以客户为例，记录删除的触发器代码类似于下面的语句：

```
insert into dw_deleted(t_name,d_date,id_1,state)
    select       'customer',
                 getdate(),
                 customerid,
                 'D'
    from deleted
    where deleted.dw_state<>'N'
```

语句中，'customer' 表示当前删除的是客户表，getdate()得到的是当前的系统时间，也就是删除时间，customerid 是客户表的主键，'D' 标识本条记录是删除信息，dw_state<>'N' 的目的是只记录未迁移过的记录删除信息。

5.5.7　抽取-转换-加载

在设计好数据仓库的模型、建立好数据仓库的实例后，接下来最具挑战的任务就是如何将数据迁移至数据仓库中。数据仓库必须要容纳多个异构的数据源的数据，因此数据必须经过抽取、转换和加载等多个步骤之后才能进入数据仓库。

数据迁移部分的主要工作包括，变化数据捕获、维度表和事实表的迁移，派生表的计算。其中变化数据捕获模块在前面已经进行了详细的探讨。抽取-转化-加载模块是通过 DTS（SQL Server 2000 提供的数据转化服务——Data Transformation Services）的调度包来实现的。数据迁移的结构如图 5-23 所示。图中，中间的数据转化服务是由一系列的 DTS 调度包组成。

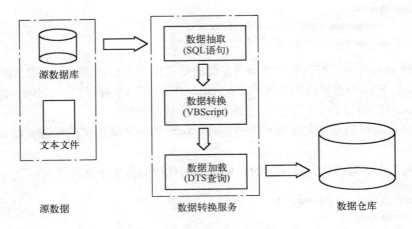

图 5-23 数据迁移的结构图

DTS 调度包,也称为包,是将数据转换操作所涉及的各项处理整合至一个单元,以便使数据转换更加自动化的一项技术。

例 5-4 全局调度包的结构设计。

全局调度包的作用是控制其他迁移调度包的执行顺序,某项目中的全局调度包如图 5-24 所示。

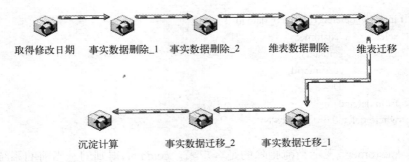

图 5-24 一个数据迁移的全局调度包例子

在图 5-24 中,每一个小的图形都是一个独立的调度包,其中每个调度包完成上节中所列出的维度表或事实表的迁移;图中的连接线表示在上一步成功时进行下一个包的运行。在整个系统包的运行顺序上有几个要注意的地方:

第一个要注意的是对维度表来说,它的迁移分为两部分,第一部分是对于维度表的主键的修改以及对维度表记录的删除,第二部分是对维度表非主键的更改。其中,第一部分应该在第二部分之前进行。

第二个要注意的是对事实表来说,也分成两部分,第一部分是对于事实表的主键的修改以及对事实表记录的删除,第二部分是对事实表非主键的更改。同样,第一部分应该在第二部分之前进行。

第三个要注意的是由于主键和外部键的约束关系,对事实表的删除应该在对维度表的删除之前进行,而对事实表的添加和更新应该在对维度表的添加和更新之后进行。

例5-5 一般调度包设计。

图 5-25 所示是某项目从事实表的添加和非主键更新包中截取出的关于订货计划事实的迁移部分。

图 5-25 一般调度包的结构

下面探讨一下图 5-25 所示计划事实表调度包的结构及设计步骤。

1）建立连接，包括所有数据来源的连接和数据仓库的连接，这些连接建立好之后，在整个包中的其他部分都可以直接选择当前连接。本例中的连接如图 5-25 中左侧的两个服务器图标所示，其中上面一个 QiaoFeng 是源数据库的连接，下面一个 QFDW 是数据仓库的连接。

2）建立 DTS 任务，DTS 任务是进行数据抽取、转换和加载的核心步骤，这一步中完成了表中数据的迁移。DTS 任务有很多种，如果要实现代理键的替换，在迁移中要单独对每一条记录进行处理，所以在 DTS 任务中选择的都是"数据驱动的查询任务"（Data Driven Query Task）。数据驱动的查询任务能够先对转换后的源数据进行判断，然后再决定要去新建、修改或删除数据目的中的数据记录，它还可以执行存储过程。这个任务的优点是灵活，可以逐个记录的处理，缺点是速度慢。在图 5-25 中，带有放大镜的图标即为计划事实表的数据驱动的查询任务。

3）要做的更新源系统的变化数据的状态，即与变化数据捕获部分进行同步，这一步中使用的 DTS 执行 SQL 任务。在图 5-25 中右侧带有箭头的图标即为更新状态的执行 SQL 任务。

限于篇幅，关于迁移调度包的详细设计不再讨论，读者需要进一步深入的了解，可以参考其他教材。

5.6 小结

当面对大规模应用时，外存中的数据仅以文件的形式存储就会使应用程序开发人员面临巨大的压力，这时往往需要数据库系统的支持。一个完整的数据库包括两个部分：数据库管理软件和数据库本身。其中数据库管理软件是数据存储的方便工具集合，它们为最终用户和应用软件开发人员提供各种接口以及服务，用以定义、控制以及管理数据库中存储的数据以及配置数据库管理系统自身的运行。数据库管理系统的接口与服务随厂商的不同而有所区别，但是如果基于 ODBC（Open Database Connectivity）编制数据库应用程序，则对于数据库的操作可以不依赖任何 DBMS，不直接与 DBMS 打交道，所有的数据库操作由对应的 DBMS 的 ODBC 驱动程序完成；数据库本身往往在外存上表现为一系列自定义格式的文件，这些文件会根据数据库厂商的不同，也就是数据库管理系统的不同采用不同的文件格式。为了能够使用不同数据库产品，国际上（ANSI/ISO）对于数据库提供的程序接口，也就是 SQL（结构化查询语言）作出了约定，也就是 SQL 标准，现在最新的标准是 SQL:2008。这样，只要是采用 SQL 标准编写的数据库定义以及操作代码，在各种数据库管理系统中都可以被识别并执行。下面就对本章的内容作一个概要的回顾。

数据库是集成化的有穷数据集合，以最佳方式存储、组织数据并供多用户共享。数据库应该满足独立性、安全性与完整性要求。要把握数据库的多种模式与多种视图提出的角度与意义。本章中提到的数据库通常意义上指关系型数据库，要明确关系型数据库中实体、属性、键与关系的概念；关系型数据库的理论基础是关系理论，其中比较重要的是关系代数理论，要会根据关系代数的表达写出相应的 SQL 语句，与此同时能够根据 SQL 操作语言写出对应的关系代数表达并对其合理性做出分析。数据库语言分成数据库定义语言和数据操作语言两类。当数据库建成（建立相应的表和关系）之后，如何进行评价，需要范式理论来解答，范式是前人构建合理的数据库结构的经验总结，包括 1NF、2NF、3NF、BCNF、4NF 以及 5NF。本书中只是重点介绍了前三种，因为遵循更高级的范式可能会引起数据操作的复杂性太高，但是前三种范式是在软件开发过程中应当严格遵守的；当了解了什么是数据库，什么是好的关系型数据库设计之后，本书介绍了关系型数据库设计的基本要求和基本步骤；然后本书着重强调了数据库应用系统的一般开发过程，将以上的理论内容付诸实际应用。传统的数据库应用往往是以单一数据库为中心的组织模式，往往不能适应在日常工作的同时进行数据的统计分析处理功能的要求，因此就需要数据仓库的帮助。本章最后简要介绍了数据仓库的基本概念以及数据仓库的实际应用过程。

5.7 练习题

1. 名词解释：数据完整性　内模式　3NF　无损模式分解　维
2. 单用户系统和多用户系统的安全性问题有什么区别？
3. 清华大学想要创建一个学生信息数据库，请描述设计过程，并进行数据库设计。举出内部、外部视图的例子。
4. 针对练习题 2 中的数据库，DBA 应该采取哪些安全措施？
5. 解释并举例说明 DDL 和 DML 的区别。
6. 因为关系可以定义成集合，由此关系中没有重复的记录。那么为什么不能使用一个关系的整个属性集合来作为关系的主键？
7. 根据练习题 2 建立的数据库，列出自研 4 班所有学生所在的实验室和实验室地址的关系代数表达，以及相应的 SQL 语句。
8. 如何用连接运算模拟一个选择运算？
9. 考查练习题 2 建立的数据库，其最高范式是什么？如果低于 3NF，请将其转化为 3NF。
10. 假定 A、B、C、D 是某一关系的所有属性，说明对于任意关系 r(R)，推理规则"若 AB□C，C□A，则 C□B"是错误的。

附　　录

附录 A　专题作业

A.1　简单无源器件电路仿真程序设计

1．内容

仿真一个包含激励源在内的无源器件组合电路。给定激励源和各元器件参数，求解电路中给定支路的电压或电流变化曲线，并在观察窗口中显示。

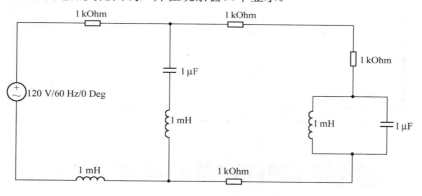

图 A-1　基本模拟电路

请通过电路实例来表达图数据结构的应用，其中，电路节点是图的顶点，器件是图的支路，实例电路中必须包含有电阻、电容和电感等基本元器件。

2．专题要求

完成三部分工作：专题报告、可运行程序以及答辩 ppt。

（1）专题报告

包含基本原理、程序设计、收获与源程序清单 4 个部分。基本原理部分除阐述必要的原理性内容外，重点在于说明在编程中涉及的特色理论；程序设计部分按照需求分析、概要设计、详细设计等软件开发标准过程展开，重点说明在软件开发的各阶段遇到的主要问题以及解决思路；收获部分说明通过实际问题编程，对于基本理论的深入思考。

（2）电路规模

要求节点数不少于 10 个，支路类型必须包含电阻、电容和电感各种元器件，以及至少一个激励源。

（3）激励源

至少包含有正弦电压（电流）形式。

（4）程序设计

请用 VC6.0 进行程序设计。电路的输入采用图形界面，即提供图形窗口输入电路的元器件及其连接形式，并提供向磁盘存储和从磁盘读取已有电路的能力。软件界面如图 A-2 所示，从组件库中拖动元器件到编辑窗口并且设定相关参数。

（5）用图形方式输出仿真数据，利用控件选择一个显示电压/电流的支路，并在弹出窗口中画出其电压/电流曲线，如图 A-3 所示。

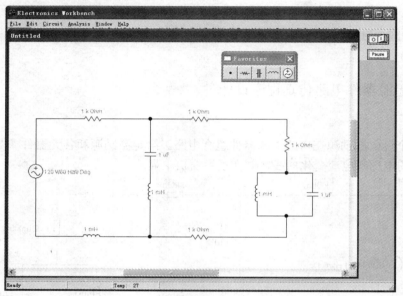

图 A-2　电路仿真软件界面

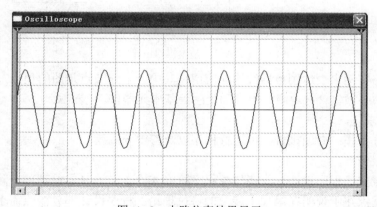

图 A-3　电路仿真结果显示

（6）界面设计

请参考附件给定软件 Electronics Workbench。

（7）答辩要求

1）参考本书内容，阐述数据结构——图的基本原理，说明程序中主要涉及的图形数据结构基本原理有哪些，并分析设计算法的效率（时间与空间）。

2）阐述图数据结构在本专题中的设计要素，图元与实物元器件如何对应，以及专题求解

268

的思路特点。

　　3）阐述程序设计方案。

　　4）运行程序。

A.2　二次路径规划

1. 内容

　　如图 A-4 所示，Dijkstra 算法是由荷兰计算机科学家 Edsger W Dijkstra 发现的。算法解决的是有向图中最短路径问题。Dijkstra 算法的输入包含了一个有权重的有向图 G，以及 G 中的一个来源顶点 S。　我们以 V 表示 G 中所有顶点的集合。　每一个图中的边，都是两个顶点所形成的有序元素对。(u,v)表示从顶点 u 到 v 有路径相连。　我们以 E 表示所有边的集合，而边的权重则由权重函数 w: E → [0, ∞]定义。　因此，w(u,v)就是从顶点 u 到顶点 v 的非负花费值(cost)。边的花费可以想像成两个顶点之间的距离。任两点间路径的花费值，就是该路径上所有边的花费值总和。已知 V 中有顶点 s 及 t，Dijkstra 算法可以找到 s 到 t 的最低花费路径。　这个算法也可以在一个图中，找到从一个顶点 s 到任何其他顶点的最短路径。

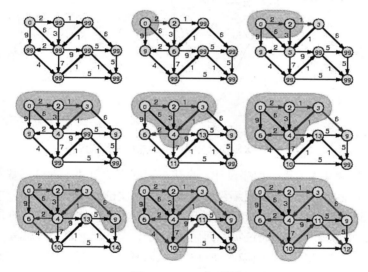

图 A-4　Dijkstra 算法

　　XX 物流公司按 Dijkstra 算法计算了总部到所有的网点之间的最短路径，并打算按照计算结果组织运营，然而国家突然调整路桥费，使得该公司必须调整运营计划。请设计线性阶算法，并编程实现已知 Dijkstra 算法求得的最短路径基础上，各边的权值都少算 k（可能小于零）的情况下，二次求解单一源点到连通图其他节点最短路径的算法。设该公司总部在北京，其业务辐射区域主要包括呼和浩特、北京、天津、济南、石家庄、太原、郑州、西安、银川、兰州和西宁（如图 A-5 所示）。

2. 专题要求

　　请设计相应的数据结构（图），用 VC 6.0 实现上述地图的拓扑结构描述（如图 A-6 所示），包括图形化输入节点与边（弧）、节点的名称、边（弧）的权值以及从磁盘存取该有向图的功能。完成三部分工作：专题报告、可运行程序以及答辩 ppt。

图 A-5　XX 物流公司业务网点分布

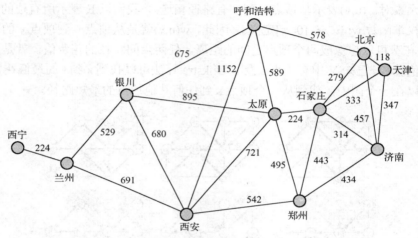

图 A-6　XX 物流公司业务网点拓扑结构图

1）专题报告包含基本原理、程序设计、收获与源程序清单 4 个部分。基本原理中除阐述必要的原理性内容外，重点在于说明编程中涉及的特色理论；程序设计部分按照需求分析、概要设计、详细设计等软件开发标准过程展开，重点说明在软件开发的各阶段遇到的主要问题以及解决思路；收获部分说明通过实际问题编程对于基本理论的深入思考。

2）要求采用可视化的图形界面输入顶点及连接路径。即进行以图形化方式设置路径，选择源点，最短路径求解，路径二次规划等操作。

3）要求设计有向图的存储结构以及最短路径的存储结构，包括：支持节点的命名，能够存储边（弧）及其权重，假设总节点个数不少于 10 个，与每个节点出度小于等于 10，入度也小于等于 10（可能为零）。

4）此存储结构应该支持节点插入、删除、名称设置，边（弧）的插入、删除、权值的指定以及根据给定名称检索节点以及根据权重的范围检索边（弧）的集合。

5）可视化（图形）界面上显示此有向图的生长（含删除节点）过程。

6）将结果路径突出显示（如图 A-7 所示），二次规划结果要和原最优解同时显示（如图 A-8 所示）。

7）有能力的读者可以考虑大陆 32 个省会城市之间的最短路径规划问题（公路里程表如图 A-9 所示，单位为公里），关键是如何有效降低问题求解的空间复杂度，或者增加 Freud 算法与基于 Freud 算法的的二次路径规划功能。

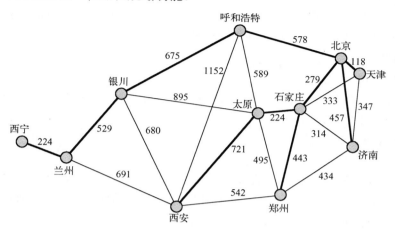

图 A-7　XX 物流公司业务网点最短路径规划结果显示

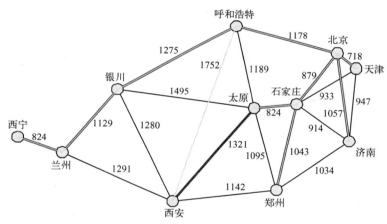

图 A-8　XX 物流公司业务网点最短路径二次规划结果显示（所有边权值增加 600）

北京	北京																														
天津	118	天津																													
沈阳	717	704	沈阳																												
长春	1032	1019	315	长春																											
哈尔滨	1392	1379	675	360	哈尔滨																										
吉林	1142	1129	425	110	250	吉林																									
济南	457	347	1051	1366	1726	1476	济南																								
合肥	1106	996	1700	2015	2375	2125	649	合肥																							
南京	1141	1031	1735	2050	2410	2160	684	162	南京																						
上海	1490	1380	2084	2399	2759	2509	1033	511	349	上海																					
杭州	1493	1383	2087	2402	2762	2512	1036	514	352	213	杭州																				
南昌	1609	1499	2203	2518	2878	2628	1152	503	665	837	624	南昌																			
福州	2257	2147	2851	3166	3256	3276	1800	1172	1116	1107	894	725	福州																		
石家庄	279	333	996	1311	1671	1421	314	954	989	1338	1341	1406	2131	石家庄																	
郑州	722	734	1438	1753	2113	1863	434	649	746	1095	1098	963	1688	443	郑州																
武汉	1253	1193	1897	2212	2572	2322	893	512	674	919	875	432	1157	974	531	武汉															
长沙	1645	1585	2289	2604	2964	2714	1285	904	1066	1223	1010	405	1130	1366	923	392	长沙														
广州	2478	2374	3078	3393	3753	3503	2027	1378	1540	1653	1440	875	985	2199	1756	1225	833	广州													
南宁	2657	2597	3301	3616	3976	3726	2297	1861	2023	2195	1982	1358	1714	2378	1935	1404	1012	729	南宁												
桂林	2190	2130	2834	3149	3509	3259	1830	1394	1556	1728	1515	891	1565	1911	1468	937	545	672	467	桂林											
西安	1224	1276	1941	2256	2616	2366	987	1149	1498	1501	1298	2023	945	542	866	1200	2033	2073	2147	西安											
延安	1782	1837	2499	1814	3122	2924	1667	1678	1840	2189	2192	1989	2714	1504	1233	1557	1891	2724	2439	2563	691	延安									
西宁	2006	2061	2723	3038	3346	3148	1891	1902	2064	2413	2416	2213	2938	1728	1457	1781	2115	2948	2663	2787	915	224	西宁								
乌鲁木齐	3820	3875	4537	4852	5160	4962	3705	3716	3878	4227	4230	4027	4752	3542	3271	3595	3929	4762	4601	2729	2038	1824		乌鲁木齐							
拉萨	3896	3951	4613	4928	5236	5038	3781	3792	3954	4303	4306	4074	4799	3618	3347	3642	3902	403	3302	3730	2805	2114	1890	2650	拉萨						
成都	2161	2213	2875	3193	3553	3303	1913	2004	2166	2411	2367	1924	2649	1882	1593	1303	1083	1803	1913	2004	945	542	866	1200	2033	2150	成都				
重庆	2136	2188	2853	3168	3528	3278	1888	1743	1905	2150	2106	1760	2485	1857	1454	1231	1355	1870	1161	1285	912	1278	1502	3316	2547	340	重庆				
贵阳	2618	2630	3334	3649	4009	3759	2270	1806	1968	2121	1908	1303	2028	2013	1896	774	1423	1789	2013	3827	691	511						贵阳			
昆明	3228	3280	3945	4260	4620	4370	2907	2471	2633	2786	2573	1968	2691	2949	2546	2014	1622	1706	977	1444	2004	2178	2402	4216	2325	1094	1092	752	昆明		
太原	503	557	1220	1535	1895	1645	418	1144	1213	1562	1565	1458	2183	224	495	1026	1418	2251	2430	1963	721	1280	1504	3318	3808	1658	1632	2144	2725	太原	
呼和浩特	578	696	1295	1610	1918	1700	1035	1684	1719	2068	2071	2047	2772	813	1084	1615	2007	2840	3019	2552	1152	660	529	753	2567	2643	1613	1592	2103	2684	895	呼和浩特
银川	1253	1371	1970	2285	2593	2375	1433	1667	1829	2178	2181	1978	2703	1119	1206	1546	1880	2713	2521	2887	680	529	753	2567	2643	2089	2064	2575	3156	589	675	银川

图 A-9　公路里程表

8）答辩要求如下：

① 参考本书内容，阐述最短路径规划原理（Dijkstra 算法、基于 Dijkstra 算法的二次路径规划、Freud 算法、基于 Freud 算法的二次路径规划算法、……），并分析设计算法的时间复杂性与空间复杂性。

② 阐述程序设计方案。

③ 运行程序，展示一个具体的例子，其中，输入输出要求采用图形界面表达，其拓扑结构复杂性不能低于图 A-6 所述问题。

3．程序设计时建议注意事项

1）初始化设置。

2）边/弧的权值范围，当边/弧的权值为零时，其连接的两个节点（在弧指向的方向上）相当于一个节点，但是二次规划的时候会有变化；当边/弧的权值为无穷大时，其连接的两个节点（在弧指向的方向上）相当于断路。

A.3 四叉树程序设计

1．四叉树

如图 A-10 所示，树根对应整个图像，叶子对应单个像素，所有其他节点往下都有 4 个子节点，此树称之为四叉树。

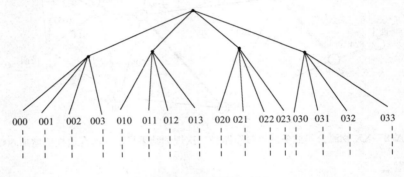

图 A-10　四叉树的一部分

四叉树的级可以编成号码，对整幅图像以 0 开始。单个像素的级为 n，一个特定的方阵可以标记其符号为 0、1、2 或 3 中的一个，与其前一级方阵的标记相连，这样单个像素将有 n 个字符长的标记。如果把一个成员个数为 2^n 的方阵分成 4 个方阵，每一个方阵又一分为四，那么我们可以把这样的安排表示为树，它的节点对应于方阵。图 A-11 表示了一幅 8×8 图像的四叉树编码（其中，第一个数字确定第一级节点，第二个数字确定第二级节点，依此类推），利用这种编码可以方便地确定某一字块图像在整幅图中的位置。

2．专题要求

完成三部分工作：专题报告、可运行程序以及答辩 ppt。

1）专题报告包含基本原理、程序设计、收获与源程序清单 4 个部分。基本原理中除阐述必要的原理性内容外，重点在于说明在编程中涉及的特色理论；程序设计部分按照需求分析、概要设计、详细设计等软件开发标准过程展开，重点说明在软件开发的各阶段遇到的主要问题以及解决思路；收获部分说明通过实际问题编程对于基本理论的深入思考。

000	001	010	011	100	101	110	111
002	003	012	013	102	103	112	113
020	021	030	031	120	121	130	131
022	023	032	033	122	123	132	133
200	201	210	211	300	301	310	311
202	203	212	213	302	303	312	313
220	221	230	231	320	321	330	331
222	223	232	233	322	323	332	333

图 A-11　按四叉树对一个 8×8 图像的编码

2）图 A-12 和图 A-13 两幅图像分别是清华 500m 尺度整体和主楼 50m 尺度卫星照片，请以 500 米图像为树根，将其作 8×8 图像分割，进行四叉树编码若干级，并设计一个界面，根据鼠标所在位置进行多级尺度显示。

图 A-12　500m 尺度的清华整体卫星照片

3）参考四叉树资料，自行选定数据结构。

4）请用 VC++ 6.0 进行图形化程序设计。

5）答辩要求如下：

① 参考本书内容，形象地解释多叉树原理，分析多叉树与二叉树的不同（包括树的构造、检索、线索化、遍历、平衡等二叉树中已讲述内容），以及四叉树在本专题的应用过程。

273

图 A-13　50m 尺度的主楼卫星照片

② 四叉树数据结构设计方法。
③ 四叉树应用于本专题的图像分割与存储技术。
④ 运行程序。

A.4　B⁺树程序设计

1. 内容

一个 m 阶的 B⁺树具有以下特性：

1）根是一个叶子节点或者至少有两个子女。

2）除了根节点和叶子节点以外，每个节点有 m/2 到 m 个子女，存储 m-1 个关键码。

3）所有叶子节点在树的同一层，因此树总是高度平衡的。

4）记录只存储在叶子节点，内部节点关键码值只是用于引导检索路径的占位符。

5）叶子节点用指针联接成一个链表。

6）类比于二叉排序树的检索特性。

B⁺树的叶子节点与内部节点不同的是，叶子节点存储实际记录，当作为索引树应用时，就是记录的关键码值与指向记录位置的指针,叶子节点存储的信息可能多于或少于 m 个记录，如图 A-14 所示。

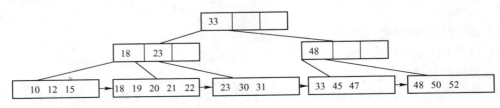

图 A-14　4 阶 B⁺树

2．专题要求

设计一棵 4 阶 B⁺树，用图形界面展现 B⁺树动态生长过程，完成三部分工作：专题报告、可运行程序以及答辩 ppt。

1）专题报告包含基本原理、程序设计、收获与源程序清单 4 个部分。基本原理中除阐述必要的原理性内容外，重点在于说明在编程中涉及的特色理论；程序设计部分按照需求分析、概要设计、详细设计等软件开发标准过程展开，重点说明在软件开发的各阶段遇到的主要问题以及解决思路；收获部分说明通过实际问题编程对于基本理论的深入思考。

2）叶子的每个记录应该包括 4 个字节（long）关键码值和 60 个字节的数据字段（存储文件名等，可以自定），设每个叶子可以存储 5 条记录，而内部节点应该是关键码值/指针对。此外，每个节点还应该有指向同层下一个节点的指针、本节点存储的关键码值等。

3）此 4 阶 B⁺树应该支持插入、删除，以及根据给定关键码值进行精确检索与关键码范围检索。

4）要求采用可视化的图形界面展现此 4 阶 B⁺树的动态生长（含删除节点）过程。即以图形化方式设置节点、叶子和树路径等操作。

5）有能力的读者增加 4 阶 B⁺树的存/取（从硬盘文件）功能。

3．答辩要求

1）参考本书相应内容，阐述 B 树原理（包括 B 树、B⁻树、B⁺树和 B*树），并对其进行简要分析。

2）运行程序，展示一个具体的例子，用可视化的图形界面表达这棵树。

4．程序设计时建议注意事项

1）节点结构定义，即内部节点与外部节点同构问题。

2）初始化设置。

3）插入删除时，左、右指针的处理。

4）B⁺树输入（文件名与关键码）/输出（显示）格式。

附录 B　实验设计

B.1　双链表

1．试验要求

用 C 语言（VC 平台）实现如下一个纪录学生信息的双链表，如图 B-1 所示，给出程序流程图和清单。

2．功能函数

1）学生数据记录输入。

2）节点插入操作。

3）节点删除操作。

4）表内全部数据记录的列表输出。

节点结构

学号 char	姓名 char	住址 char	性别 bool	出生年月 int	前驱节点指针	后继节点指针

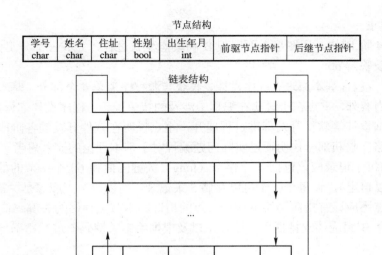

图 B-1　节点结构和链表结构

① 双链表存盘。
② 从硬盘恢复链表。
③ 检索：
　按学号检索一个学生纪录。
　按姓名检索一个学生纪录（允许重名）。
　按住址检索学生纪录（住某一宿舍的学生名单）。
④ 随机选取本年级的部分学生数据，输入到信息表，根据检索功能打印当前信息。

3．实验目的

通过实验掌握链式存储结构的基本程序设计方法及概念。

B.2　对称单链表

1．试验要求

采用对称单链表结构（如图 B-2 所示）替换 B.1 节的双链表，实现学生数据信息检索程序，给出流程及 C 语言程序清单。

节点结构

学号 char	姓名 char	住址 char	性别 bool	出生年月 int	后继节点指针

图 B-2　节点结构

2．功能函数

1）学生数据记录输入。
2）节点插入操作。
3）节点删除操作。

4）表内全部数据记录的列表输出。

① 双链表存盘。

② 从硬盘恢复链表。

③ 检索：

  按学号检索一个学生纪录。

  按姓名检索一个学生纪录（允许重名）。

  按住址检索学生纪录（住某一宿舍的学生名单）。

④ 随机选取本年级的部分学生数据，输入到信息表，根据检索功能打印当前信息。

3. 回答并说明问题

是否可以设计为循环结构？

4. 实验目的

通过实验考察读者对指针的理解。

B.3　十字链表

1. 实验要求

用十字链表存储稀疏矩阵。节点结构如图 B-3 所示。图 B-4 所示是十字链表逻辑结构。图中的辅助表头节点链（图中虚线所表达的关系）连接各行、列的头指针。通过该循环链，由表头 H_0 开始，沿表头节点链检索到矩阵任一行、列非零元素节点。若没有辅助头节点指针链，则各行、列是互相独立的循环链，矩阵行与列之间线性有序关系无法表达。请用 C 语言编写十字链表程序，辅助表头节点循环链用向量描述。

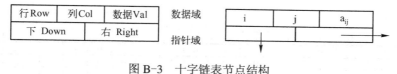

图 B-3　十字链表节点结构

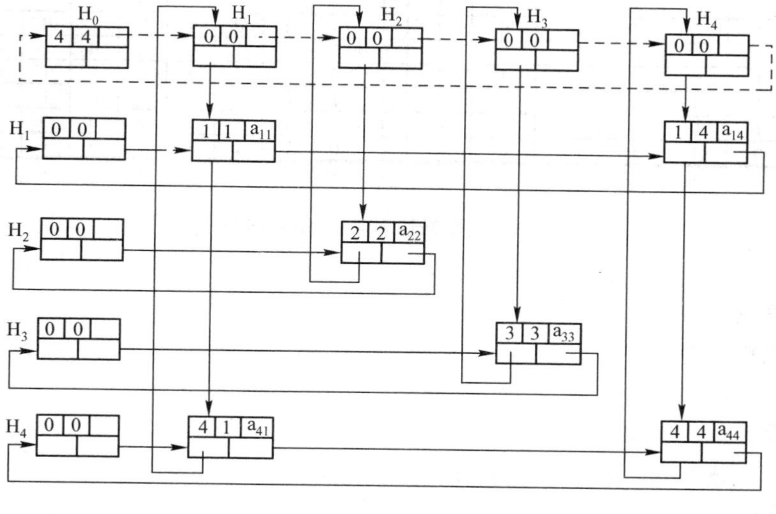

图 B-4　十字链表逻辑结构

2．功能函数

1）数据输入（简单的 int 数据类型），设矩阵为 n×m，非零元素个数是 t。

2）节点插入操作。

3）节点删除操作。

4）遍历十字链表（输出矩阵到屏幕）。

5）存盘。

6）从硬盘恢复链表。

7）输入关键字（行列下标或者是矩阵元素的数值）检索一个指定的矩阵元素。如果输入关键字是行列下标，则输出是矩阵元素的数值，以及在 n×m 矩阵中检索该节点所走过的元素下标序列；如果输入关键字是矩阵元素的数值，则输出是该节点所在的行列下标，以及在 n×m 矩阵中检索该节点所走过的元素下标序列。

3．实验目的

通过实验考察读者对复杂指针链表的处理能力。

B.4　迷宫问题

1．实验内容

n×m 迷宫是一个矩形区域，（1，1）为入口，（n，m）为出口，0 表示该方格可通过，1 表示该方格有阻碍不能通过，每次只能从一个无障碍方格向其周围 8 个方向的邻接任一无障碍方格移动一步，问：当迷宫有解时如何寻找一条由入口到出口的路径并返回这个序列，或者不能连通时给出无解标志。迷宫如图 B-5 所示。

1	1	1	1	1	1	1	1	1	1	1	1	1	1	1	1	1
1	0	0	0	1	0	0	0	1	0	0	0	1	0	0	1	1
1	0	1	0	0	0	1	0	1	0	0	0	1	1	1	1	1
1	0	1	1	0	1	1	0	1	1	0	1	1	1	0	1	1
1	0	1	0	0	0	0	1	1	0	1	1	0	1	0	1	1
1	0	0	0	1	0	0	1	1	1	0	1	0	0	0	1	1
1	1	0	0	1	0	0	1	0	1	0	1	0	1	0	1	1
1	1	0	1	1	1	1	0	0	1	0	0	1	1	1	0	1
1	1	1	1	0	1	1	1	1	0	0	1	0	1	0	1	1
1	1	0	0	1	0	1	1	1	0	1	0	0	0	1	1	1
1	0	1	0	1	0	1	0	0	0	1	1	0	0	1	0	1
1	1	1	1	1	1	1	1	1	1	1	1	1	1	1	1	1

图 B-5　一个带边界哨的 10×15 迷宫

2．实验要求

1）提出思想。

2）给出算法。

3）程序设计。

4）给定一个迷宫表，列出运行结果。

3．实验目的

通过实验掌握队列数据结构在算法中的深入应用方法，这是宽度优先的搜索过程中使用队列结构的典型应用。

B.5 跳跃表

1. 实验内容

n 级跳跃表是其节点按关键字排序的链表，节点由 n 个指针域及一个数据域构成。如图 B-6 所示是一个三级跳跃表结构，其节点定义为：

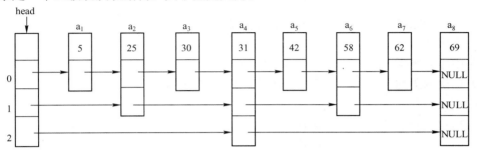

图 B-6 三级 8 节点的跳跃表

```
struct node{
    int key;
    struct node *forward[3];
}
```

2. 实验目的

跳跃表的目的是在链式存储结构中实现 O(log n)的检索效率，使读者清楚不仅仅是顺序存储结构表的对半检索才能具有 O(log n)的检索效率。通过节点结构设计，可以将一个有序链表的检索效率提高到和对半检索方法相当的 O(log n) 的水平，它的反面是程序设计复杂。

3. 实验要求

1）用 C 语言设计跳跃表程序，功能包括：

① 节点插入。

② 指定节点检索。

③ 指定节点删除。

④ 遍历。

⑤ 表的存储与恢复功能（选做）。

2）给出在表内按关键字检索一个节点的过程（打印出检索路径上的节点序列）。

3）说明指针分配方法，分析检索效率。

B.6 二叉排序树

1. 实验内容

用 C 语言设计一个年级的学生成绩分布的二叉排序树的生成程序，包括：

（1）结点结构

由数据域与两指针域组成的链式存储结构，数据域由关键码、成绩（整型）、学号和姓名数组（设具有同组分数的学生人数小于 20）构成。

（2）二叉树生成与检索

以成绩段为关键码，进行二叉排序树的生成与检索。假设成绩分段如下：

<50,	50~59,	60~65,	66~69,	70~75,	76~79,	80~85,	86~89,	90~95,	96~100>
E,	D,	C,	C+,	B-,	B,	B+,	A,	AA,	AA+

（3）功能

1）节点插入（包括按成绩插入学生数据）。

2）节点删除（包括指定学号删除学生数据）。

3）中序线索化。

4）中序遍历。

5）层次遍历列表（成绩，组内所有学生的学号、姓名）。

6）检索：

① 指定一个学号检索他的成绩。

② 指定一个姓名检索他的成绩。

③ 指定一个分数检索同一成绩有多少学生。

④ 指定一个分数范围（按成绩段整合）列出该分数段内的学生个数，以及所有学号、姓名。

7）学生总数统计。

8）年级成绩均值、最大值、最小值、方差。

9）二叉树存盘。

10）恢复保存在硬盘的二叉树。

（4）根据结果分析程序动作

2．程序运行要求

1）输入足够的样本数据。

2）节点插入演示。

3）节点删除演示。

4）指定一个学号删除一个学生数据演示。

5）学生总数统计演示。

6）年级成绩均值、最大值、最小值、方差统计演示。

7）层次遍历列表演示。

8）检索：

指定一个学号检索他的成绩演示。

指定一个姓名检索他的成绩演示。

指定一个分数检索同一成绩有多少学生演示。

指定一个分数范围（按成绩段整合）列出该分数段内的学生个数，以及所有学号、姓名演示。

3．实验目的

掌握二叉树程序设计的基本方法。

B.7　哈希表

1．实验内容

用 C 语言实现如下内容的一个哈希表插入、检索、删除程序，并给出流程及程序清单：

选择本班 20～30 个学生姓名，以汉语拼音形式构造一个哈希表，完成相应的建表与查表程序。设关键码是学生的姓氏，节点属性包括学号、姓名、年龄、性别等。设计的哈希函数用除留取余法，处理冲突的函数选项分别是：随机探测法；平方探测法；线性双散列探测法；链地址法（所有关键字为同义词的节点，在链表内按字母顺序递增有序）。

2．实验要求

（1）程序入口有菜单给出选择项。

1）输入节点。

2）选择哈希表处理地址冲突的函数项。

3）插入操作。

4）姓名检索操作。

5）指定节点删除操作，同名字者列表选择删除对象。

6）按关键码字母排序列表，输出哈希表所有节点（线性排序方法）。

（2）运行程序，给出插入、检索、删除功能的测试结果

（3）根据运行结果分析表长 M、冲突处理函数等因素对哈希表的影响

3．实验目的

通过实验掌握哈希检索表的基本概念、程序设计方法以及函数选择和处理冲突的办法和效率问题。

B.8　图

1．实验内容

用 C 语言编程一个有向图如图 B-7 所示。

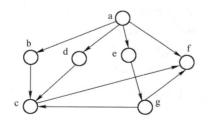

图 B-7　有向图 G

请按深度优先和广度优先两种方式，设计 C 语言的遍历函数，程序输出遍历图所得的顶点序列。功能要求如下：

1）输入并生成该图。

2）深度优先遍历。

3）广度优先遍历。

2．实验目的

掌握图数据结构的基本程序设计方法。

B.9 2-3 树

1．实验内容

用 C 语言编程，实现如图 B-8 所示一棵 2-3 树的插入、检索过程。

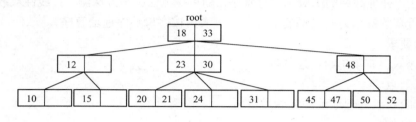

图 B-8 一棵 2-3 树的例子

功能要求如下：

1）输入并生成一棵 2-3 树。

2）输入关键码，检索一个节点是否存在。

2．实验目的

掌握 2-3 树数据结构的基本程序设计方法。

B.10 Windows 环境下的进程与线程

1．实验目的

本实验属于选做范围。通过本次实验，要求读者了解进程和线程的基本概念，实现父进程和其子进程的通信，掌握管道运用方法。

2．实验内容

两个程序，一个作为父进程（Parent），一个作为子进程（Child）。父进程启动后就产生一个管道，同时启动子进程，并从管道一端发送消息，同时 Child 启动后会创建一个工作线程，专门用来从那个管道另一端读入数据。通过父进程的功能按钮来改变图形形状参数，并传给 Child，子进程便绘出相应的图形（矩形、椭圆、三角形）。当程序 Child 单独运行时，通过启动三个线程同时绘制三个图形（矩形、椭圆、三角形），并能实现线程挂起，重新启动。

3．实验要求

本实验建议在 VC6 下设计。程序建议如下设计：

1）程序 Parent 在父进程中说明几个相关函数及指针定义，创建管道和启动子进程。

2）在 VC6 下程序实现步骤是：

① 利用 AppWizard(EXE)产生 Parent 应用框架，然后在文件 ParentDlg.h 头部加入两个进程，用于相互通信的结构和常量值。

② 在资源中加入"绘制矩形"、"绘制椭圆"、"绘制三角形"、"创建子进程"、"终止子进程"等按钮。它们的 ID 分别为：IDC_RECTANGLE、IDC_ELLIPSE、IIDC_TRIANGLE、

IDC_CREATE_CHILD、IDC_TERMINATE_CHILD，并 在 ClassWizard 中加入相应函数。

3）程序 Parent—Child 启动之后立刻创建一个新线程，并在新线程中执行读管道操作，利用读得参数使主窗口绘出形状。

4）在程序 Child 上增加一些控件资源按钮："启动多线程"，"挂起"；单选按钮："按线程优先级运行"，"同时运行"；编辑框："延迟时间"等。"启动多线程"后三个线程同时执行，在线程执行过程中可以将线程挂起，并可让挂起的线程再次执行。

5）根据结果分析程序动作。

B.11　教学数据库设计

1．实验要求

（1）用 FoxPro/SQL Server/Sybase 实现一个教务数据库结构及程序

（2）给出设计方案，有关数据如表 B-1 至表 B-5 所示。

1）检索教师 A 教学情况如下：

① 承担的教学任务。

② 课程 B 选课情况（学生人数、成绩）。

2）检索学生 S 选课情况如下：

① 共选了几门课、选课学分、已修学分（有成绩为已修）、相应课程的成绩。

② 课程 B 的成绩。

表 B-1　学生关系

学号	姓名	性别	年龄	班级	籍贯	家庭住址	身份证号

表 B-2　教师关系

工作证号	姓名	性别	年龄	职称	籍贯	家庭住址	身份证号	系别	学历

表 B-3　课程关系

课程号	课程名称	学时	学分	是否必修	开课学期	先修课程	指定参考书	内容简介
40250353	计算机仿真	48	3	必修	秋	控制理论,概率论与数理统计,计算机程序设计语言（C 语言）	1. 连续系统仿真与离散事件系统仿真,熊光楞等编著 2. Law,A M and W D Kelton: Simulation Modeling and Analysis	根据连续系统与离散事件系统的不同特点,讲授仿真原理、经典现代仿真建模方法学及仿真技术
40250353	数字图象处理	48	3	选修	春			

表 B-4　授课关系

课　程　号	工　作　证　号

表 B-5　成绩关系

课 程 号	学 号	成 绩

2. 实验目的

了解一门关系数据库语言，掌握基本的关系数据库设计方法。可以用 FoxPro 集成开发环境，也可以用 SQL Server 平台，开发工具任选。实验报告含数据库总体结构设计，包括基表、生成表关系的建立（列属性名称、类型、宽度等）。请按课堂上的教务数据库例子，或者参考清华大学自动化系主页 http://www.au.tsinghua.edu.cn/ixrw/jx_main.htm 构造关系数据，每个关系记录至少在 5 条以上。总体方案的基表设计、生成表设计要特别注意说明主键、外部键连接关系。

参 考 文 献

[1] 郑纬民，汤志忠．计算机系统结构[M]．2 版．北京:清华大学出版社，2001．

[2] 李芳芸，沈被娜，王选民．计算机软件技术基础[M]．2 版．北京：清华大学出版社，1993．

[3] 汤子瀛．计算机操作系统[M]．2 版．西安：西安电子科技大学出版社，1984．

[4] 屠祁，屠立德．操作系统基础[M]．3 版．北京：清华大学出版社，2000．

[5] 张尧学，史美林．计算机操作系统教程[M]．2 版．北京：清华大学出版社，2000．

[6] 李林英，张昆苍．操作系统原理 DOS 篇[M]．北京:清华大学出版社，1999．

[7] Andrew S Tanenbaum，Albert S Woodhull．操作系统设计及实现[M]．2 版，影印版.北京:清华大学出版社，1997．

[8] N wirth．算法＋数据结构＝程序[M]．曹德，刘椿年，译．北京：科学出版社，1984．

[9] 许卓群，张乃孝，杨冬青．数据结构[M]．北京：高等教育出版社，1987．

[10] 严蔚敏，吴维民．数据结构[M]．北京：清华大学出版社，1991．

[11] Clifford A Shaffer．数据结构与算法分析[M]．张铭，刘晓丹，译．北京：电子工业出版社，1998．

[12] 李春葆．数据结构——习题与解析[M]．北京：清华大学出版社，1998．

[13] Abraham Silberschatz，Henry F Korth S．Sudarshan．Database System Concepts[M]．3rd ed．NewYork：WCB/McGraw-Hill，1997．

[14] 王珊．数据库与数据库管理系统[M]．北京：电子工业出版社，1995．

[15] 萨师煊，王珊．数据库系统概论[M]．北京：高等教育出版社，2000．

[16] 王晓峰，李宛洲．广域网系统中的数据复制方案[J]．计算机工程与应用，2001，27(4)：116-117，190．

[17] 王东，李宛洲．管理信息系统中报表生成子系统的设计与实现[J]．计算机工程与应用，2001，37(10)：88-90．

[18] 李薇，李宛洲．基于数据仓库技术的进销存系统的设计与实现[J]．计算机工程与应用，2001，37(10)：95，126．

[19] 齐红胤，李宛洲．数据仓库中数据多维展现的设计方法[J]．计算机工程与应用，2004，40(22)：161-164．

[20] W H Inmon．数据仓库[M]．3 版．王志海，林友芳，等译．北京：机械工业出版社，2003．

[21] Han Jiawei，Micheline Kamber．数据挖掘概念与技术[M]．范明，孟小峰，译．北京：机械工业出版社，2001．

[22] Ramon A Mata-Toledo，Pauline K Cushman．关系数据库习题与解答[M]．周云晖，刘千里，等译．北京：机械工业出版社，2002．